普通高校"十二五"规划教材

机械设计基础

（非机类）

主编　尹喜云　杨国庆　马克新
主审　陈安华　罗善明

北京航空航天大学出版社

内 容 简 介

本书是根据教育部高等院校机械设计基础课程的教学基本要求以及新颁布的有关国家标准编写而成的,将机械原理与机械设计的内容有机地结合在一起,适应了目前教学改革的需要。

全书共分18章,内容包括:平面机构的自由度和速度分析、平面连杆机构、凸轮机构、齿轮传动、蜗杆传动、带传动、链传动、轮系、间歇运动机构、机械速度波动的调节、回转件的平衡、机械零件设计概论、机械联接设计、轴、滑动轴承、滚动轴承、联轴器和离合器、弹簧。各章结尾均附有一定数量的思考题。

本书可作为高等工科院校近机类相关专业"机械设计基础"课程教材,也可供有关工程技术人员参考。

图书在版编目(CIP)数据

机械设计基础:非机类 / 尹喜云,杨国庆,马克新主编. -- 北京:北京航空航天大学出版社,2015.8
ISBN 978 - 7 - 5124 - 1250 - 7

Ⅰ. ①机… Ⅱ. ①尹… ②杨… ③马… Ⅲ. ①机械设计－高等学校－教材 Ⅳ. ①TH122

中国版本图书馆 CIP 数据核字(2013)第 213830 号

版权所有,侵权必究。

机械设计基础(非机类)

主编 尹喜云 杨国庆 马克新
主审 陈安华 罗善明
责任编辑 罗晓莉 张 希

*

北京航空航天大学出版社出版发行

北京市海淀区学院路37号(邮编100191) http://www.buaapress.com.cn
发行部电话:(010)82317024 传真:(010)82328026
读者信箱:goodtextbook@126.com 邮购电话:(010)82316936
北京建宏印刷有限公司印装 各地书店经销

*

开本:787×1 092 1/16 印张:19.5 字数:499千字
2015年8月第1版 2023年6月第5次印刷 印数:5 001~6 000册
ISBN 978 - 7 - 5124 - 1250 - 7 定价:49.00元

若本书有倒页、脱页、缺页等印装质量问题,请与本社发行部联系调换。联系电话:010-82317024

前 言

本教材是根据 21 世纪创新型、复合型人才培养目标以及课程教学基本要求，结合多年来的教学经验与教改实践编写而成的。

本书以各种典型机构和通用零部件的种类、特点、应用范围、选择和设计方法为主线，介绍了各种典型机构与通用零部件的结构、功能和工作原理。在编写过程中，考虑到工科近机类、非机类专业覆盖学科领域广、对机械设计基础知识要求的不尽相同等特点，突出了机械设计中的一些共性问题，精选教程内容，注重了取材的先进性与实用性。同时，兼顾不同专业，适当进行了拓展，并增加了不同层次的课后习题，以加深读者对本书知识点的掌握。

本书共 18 章，参加编写的人员有：湖南科技大学的尹喜云（第 1 章、第 2 章、第 18 章），龙东平（第 3 章、第 4 章），杨国庆（第 5 章、第 6 章、第 14 章），朱秋玲（第 8 章、第 9 章），康辉民（第 10 章、第 11 章），马克新（第 15 章、第 16 章）与厦门理工学院的吕苇白（第 12 章、第 13 章），杨蓉（第 7 章、第 17 章）。本书由尹喜云、杨国庆、马克新担任主编。

本书带"*"章节为选学内容，使用时可酌情取舍。

承蒙湖南科技大学陈安华教授、厦门理工学院罗善明教授对本书的审阅，并提出了大量宝贵意见与建议，编者在此深表感谢！

在教材编写过程中参考了有关文献，在此对这些文献的作者表示衷心的感谢。

由于编者水平有限，书中难免存在不足和疏漏之处，恳请广大读者在使用过程中对本书的不足和欠妥之处进行批判指正，编者感激不尽。

本书配有教学课件及习题答案供任课教师参考，请发邮件至 goodtextbook@126.com 或致电 010-82317036 申请索取。

目 录

第1章 平面机构的自由度和速度分析 ································· 1
1.1 运动副及其分类 ································· 1
1.2 平面机构运动简图 ································· 2
1.2.1 运动副表达 ································· 2
1.2.2 构件表达 ································· 2
1.2.3 机构的组成 ································· 3
1.2.4 平面机构运动简图 ································· 4
1.3 平面机构的自由度 ································· 6
1.3.1 自由度与约束 ································· 6
1.3.2 平面机构自由度的计算公式 ································· 6
1.3.3 平面机构自由度计算的注意事项 ································· 7
1.4 速度瞬心及其应用 ································· 10
1.4.1 瞬心定义 ································· 10
1.4.2 瞬心位置 ································· 10
1.4.3 三心定理 ································· 11
习 题 ································· 12

第2章 平面连杆机构 ································· 15
2.1 平面连杆机构的特点及应用 ································· 15
2.1.1 平面连杆机构的特点 ································· 15
2.1.2 平面连杆机构的应用 ································· 15
2.2 平面四杆机构的基本类型及其演化 ································· 15
2.2.1 平面四杆机构的基本类型 ································· 15
2.2.2 平面四杆机构的演化 ································· 18
2.3 平面四杆机构的工作特性 ································· 21
2.3.1 转动副成为周转副的条件 ································· 21
2.3.2 急回运动特性 ································· 22
2.3.3 压力角和传动角 ································· 23
2.3.4 死 点 ································· 24
2.4 平面四杆机构的设计 ································· 25
2.4.1 图解法设计四杆机构 ································· 25
2.4.2 解析法设计四杆机构 ································· 28
2.4.3 实验法和图谱法设计四杆机构 ································· 30
习 题 ································· 31

第3章 凸轮机构 ………………………………………………………………………… 33
3.1 凸轮机构的应用和类型 ………………………………………………………… 33
3.1.1 凸轮机构的应用 ………………………………………………………… 33
3.1.2 凸轮机构的类型 ………………………………………………………… 34
3.2 从动件的常用运动规律 ………………………………………………………… 37
3.2.1 平面凸轮机构的工作过程和运动参数 ………………………………… 37
3.2.2 从动件常用的运动规律 ………………………………………………… 38
3.3 凸轮机构的压力角 ……………………………………………………………… 39
3.3.1 压力角与作用力的关系 ………………………………………………… 40
3.3.2 压力角与凸轮机构尺寸的关系 ………………………………………… 40
3.4 图解法绘制凸轮的轮廓 ………………………………………………………… 41
3.4.1 直动从动件盘形凸轮轮廓的绘制 ……………………………………… 41
3.4.2 摆动从动件盘形凸轮轮廓的绘制 ……………………………………… 44
3.5 解析法设计凸轮轮廓 …………………………………………………………… 45
3.5.1 滚子直动从动件盘形凸轮 ……………………………………………… 45
3.5.2 平底直动从动件盘形凸轮 ……………………………………………… 46
习 题 ………………………………………………………………………………… 47

第4章 齿轮传动 ………………………………………………………………………… 49
4.1 齿轮传动的特点、分类和对它的基本要求 …………………………………… 49
4.1.1 齿轮传动的特点 ………………………………………………………… 49
4.1.2 齿轮传动的分类 ………………………………………………………… 49
4.1.3 齿轮传动的基本要求 …………………………………………………… 50
4.2 齿廓啮合的基本定律 …………………………………………………………… 50
4.2.1 齿廓啮合的基本定律 …………………………………………………… 50
4.2.2 共轭齿廓 ………………………………………………………………… 51
4.2.3 节点和节圆 ……………………………………………………………… 51
4.3 渐开线齿廓及其啮合特性 ……………………………………………………… 51
4.3.1 渐开线的形成及其特性 ………………………………………………… 51
4.3.2 渐开线齿廓的啮合特性 ………………………………………………… 52
4.4 渐开线标准齿轮各部分的名称和几何尺寸 …………………………………… 53
4.4.1 直齿圆柱齿轮各部分的名称 …………………………………………… 53
4.4.2 直齿圆柱齿轮的基本参数 ……………………………………………… 54
4.4.3 渐开线标准直齿圆柱齿轮的几何尺寸计算 …………………………… 55
4.5 渐开线直齿圆柱齿轮的啮合传动 ……………………………………………… 56
4.5.1 渐开线齿轮正确啮合条件 ……………………………………………… 56
4.5.2 渐开线齿轮连续传动的条件 …………………………………………… 56
4.5.3 齿轮传动的无侧隙啮合条件及标准中心距 …………………………… 57
4.6 渐开线齿轮的切制原理及根切现象 …………………………………………… 57

  4.6.1 齿轮的加工方法 …………………………………………………………………… 57
  4.6.2 渐开线齿廓的根切问题 …………………………………………………………… 59
  4.6.3 变位齿轮 …………………………………………………………………………… 60
 4.7 齿轮的失效形式及设计准则 ……………………………………………………………… 61
  4.7.1 齿轮的失效形式 …………………………………………………………………… 61
  4.7.2 齿轮传动的设计准则 ……………………………………………………………… 63
 4.8 齿轮传动的精度及齿轮的材料 …………………………………………………………… 63
  4.8.1 齿轮传动的精度 …………………………………………………………………… 63
  4.8.2 对齿轮材料的基本要求 …………………………………………………………… 64
  4.8.3 齿轮的常用材料及热处理 ………………………………………………………… 64
 4.9 直齿圆柱齿轮传动的强度计算 …………………………………………………………… 66
  4.9.1 轮齿的受力分析和计算载荷 ……………………………………………………… 66
  4.9.2 齿面接触疲劳强度计算 …………………………………………………………… 67
  4.9.3 齿根弯曲疲劳强度计算 …………………………………………………………… 69
  4.9.4 参数的选择 ………………………………………………………………………… 70
 4.10 平行轴斜齿圆柱齿轮传动 ……………………………………………………………… 72
  4.10.1 斜齿轮齿廓曲面的形成 ………………………………………………………… 72
  4.10.2 斜齿圆柱齿轮的啮合特点 ……………………………………………………… 73
  4.10.3 斜齿轮的基本参数和几何尺寸计算 …………………………………………… 73
  4.10.4 斜齿轮传动的正确啮合条件 …………………………………………………… 74
  4.10.5 斜齿轮传动的重合度 …………………………………………………………… 74
  4.10.6 斜齿轮的当量齿轮和当量齿数 ………………………………………………… 75
  4.10.7 斜齿轮传动的强度计算 ………………………………………………………… 76
 4.11 直齿圆锥齿轮传动 ……………………………………………………………………… 80
  4.11.1 圆锥齿轮传动的特点 …………………………………………………………… 80
  4.11.2 圆锥齿轮的参数和几何尺寸计算 ……………………………………………… 80
  4.11.3 圆锥齿轮的当量齿轮和当量齿数 ……………………………………………… 81
  4.11.4 圆锥齿轮传动的强度计算 ……………………………………………………… 82
 4.12 齿轮的结构设计 ………………………………………………………………………… 83
  4.12.1 齿轮轴 …………………………………………………………………………… 83
  4.12.2 实心式齿轮 ……………………………………………………………………… 83
  4.12.3 腹板式齿轮 ……………………………………………………………………… 84
  4.12.4 轮辐式齿轮 ……………………………………………………………………… 85
 4.13 齿轮传动的润滑 ………………………………………………………………………… 85
  4.13.1 润滑方式 ………………………………………………………………………… 85
  4.13.2 润滑剂的选择 …………………………………………………………………… 86
 习 题 ……………………………………………………………………………………………… 87

第5章 蜗杆传动 …………………………………………………………………………………… 90
 5.1 概 述 ……………………………………………………………………………………… 90

  5.1.1 蜗杆传动的组成 …………………………………………………… 90
  5.1.2 蜗杆传动特点 …………………………………………………… 90
  5.1.3 蜗杆传动的类型 …………………………………………………… 91
  5.1.4 蜗杆传动的失效形式及设计准则 ………………………………… 91
  5.1.5 蜗杆、蜗轮的材料选择 …………………………………………… 91
 5.2 蜗杆传动的基本参数和尺寸 ……………………………………………… 92
  5.2.1 蜗杆传动的正确啮合条件 ………………………………………… 92
  5.2.2 基本参数 …………………………………………………………… 93
  5.2.3 蜗杆传动的基本尺寸计算 ………………………………………… 93
  5.2.4 蜗杆传动的结构 …………………………………………………… 94
  5.2.5 蜗杆传动的受力分析 ……………………………………………… 96
 5.3 蜗杆传动的设计 …………………………………………………………… 96
  5.3.1 蜗杆传动的强度计算方法 ………………………………………… 96
  5.3.2 蜗杆传动的热平衡计算 …………………………………………… 97
  *5.3.3 普通圆柱蜗杆和蜗轮设计计算 ………………………………… 99
 习　题 ………………………………………………………………………… 101

第6章　带传动 ……………………………………………………………………… 103

 6.1 带传动的类型、特点及应用 ……………………………………………… 103
  6.1.1 带传动的类型 …………………………………………………… 103
  6.1.2 带传动的特点及应用 …………………………………………… 104
 6.2 摩擦型带传动的受力分析和运动特性 …………………………………… 105
  6.2.1 带传动的受力分析 ……………………………………………… 105
  6.2.2 带传动的应力分析 ……………………………………………… 106
  6.2.3 带传动的弹性滑动和传动比 …………………………………… 107
 6.3 普通V带传动的设计 …………………………………………………… 108
  6.3.1 V带的结构和规格 ……………………………………………… 108
  6.3.2 单根普通V带的许用功率 …………………………………… 110
  6.3.3 设计计算步骤和参数 …………………………………………… 111
  6.3.4 V带轮的结构 …………………………………………………… 114
 6.4 同步带传动简介 …………………………………………………………… 118
 习　题 ………………………………………………………………………… 118

第7章　链传动 ……………………………………………………………………… 120

 7.1 滚子链 ……………………………………………………………………… 120
  7.1.1 链　条 …………………………………………………………… 120
  7.1.2 链　轮 …………………………………………………………… 122
 7.2 链传动运动特性和受力分析 ……………………………………………… 123
  7.2.1 链传动的运动特性 ……………………………………………… 123
  7.2.2 链传动的受力分析 ……………………………………………… 124

7.3 滚子链传动的设计 …………………………………………………………………… 125
   7.3.1 主要失效形式 ……………………………………………………………… 125
   7.3.2 滚子链传动的功率曲线 …………………………………………………… 125
   7.3.3 滚子链传动的设计计算 …………………………………………………… 126
   7.3.4 链传动的使用维护 ………………………………………………………… 129
习　题 ……………………………………………………………………………………… 131

第8章 轮　系 ……………………………………………………………………………… 133

8.1 定轴轮系 ………………………………………………………………………………… 133
   8.1.1 平行轴定轴轮系 …………………………………………………………… 134
   8.1.2 空间定轴轮系 ……………………………………………………………… 134
8.2 周转轮系 ………………………………………………………………………………… 135
8.3 复合轮系 ………………………………………………………………………………… 137
8.4 轮系的功用 ……………………………………………………………………………… 138
*8.5 几种特殊的行星传动简介 …………………………………………………………… 140
   8.5.1 少齿差行星齿轮传动 ……………………………………………………… 140
   8.5.2 谐波齿轮传动 ……………………………………………………………… 141
习　题 ……………………………………………………………………………………… 142

第9章 其他常用机构 ……………………………………………………………………… 144

9.1 螺旋机构 ………………………………………………………………………………… 144
   9.1.1 螺旋机构的工作原理和类型 ……………………………………………… 144
   9.1.2 螺旋机构的特点和应用 …………………………………………………… 145
9.2 棘轮结构 ………………………………………………………………………………… 145
   9.2.1 棘轮机构的工作原理和类型 ……………………………………………… 145
   9.2.2 棘轮机构的优、缺点和应用 ……………………………………………… 147
9.3 槽轮机构 ………………………………………………………………………………… 149
   9.3.1 槽轮机构的工作原理和类型 ……………………………………………… 149
   9.3.2 槽轮机构的运动系数 ……………………………………………………… 150
   9.3.3 槽轮机构的优、缺点和应用 ……………………………………………… 151
9.4 不完全齿轮机构 ………………………………………………………………………… 152
   9.4.1 不完全齿轮机构的工作原理和类型 ……………………………………… 152
   9.4.2 不完全齿轮机构的优、缺点和应用 ……………………………………… 152
习　题 ……………………………………………………………………………………… 153

第10章 机械速度波动的调节 …………………………………………………………… 154

10.1 速度波动分类及调节方法 …………………………………………………………… 154
   10.1.1 周期性速度波动 ………………………………………………………… 154
   10.1.2 非周期速度波动 ………………………………………………………… 155
10.2 飞轮设计的近似方法 ………………………………………………………………… 155
   10.2.1 机械运转的平均速度和不均匀系数 …………………………………… 155

10.2.2　飞轮设计的基本原理 …………………………………………………………… 156
10.2.3　最大盈亏功 $A_{\max}$ 的确定 ……………………………………………………… 157
10.3　飞轮主要尺寸的确定 ……………………………………………………………………… 158
习　题 ……………………………………………………………………………………………… 159

第 11 章　回转件的平衡 ………………………………………………………………………… 162
11.1　转子平衡的分类及其方法 ………………………………………………………………… 162
11.2　刚性转子的静平衡 ………………………………………………………………………… 163
11.3　刚性转子的动平衡 ………………………………………………………………………… 164
11.4　刚性转子的平衡试验 ……………………………………………………………………… 168
11.4.1　静平衡试验 …………………………………………………………………… 168
11.4.2　动平衡试验 …………………………………………………………………… 169
11.4.3　转子的平衡精度 ……………………………………………………………… 170
习　题 ……………………………………………………………………………………………… 170

第 12 章　机械零件设计概论 …………………………………………………………………… 173
12.1　机械零件的强度 …………………………………………………………………………… 173
12.1.1　应力的种类 …………………………………………………………………… 174
12.1.2　静应力下的许用应力 ………………………………………………………… 175
12.1.3　变应力下的许用应力 ………………………………………………………… 176
12.1.4　安全系数 ……………………………………………………………………… 176
12.2　机械零件的接触强度 ……………………………………………………………………… 177
12.2.1　接触强度的概念 ……………………………………………………………… 177
12.2.2　接触疲劳强度的设计准则 …………………………………………………… 177
12.3　机械零件的耐磨性 ………………………………………………………………………… 178
12.3.1　耐磨性的概念 ………………………………………………………………… 178
12.3.2　耐磨性的设计准则 …………………………………………………………… 179
12.4　机械制造常用材料及其选择 ……………………………………………………………… 179
12.4.1　金属材料 ……………………………………………………………………… 179
12.4.2　非金属材料 …………………………………………………………………… 180
12.5　公差与配合、表面粗糙度和优先数系 …………………………………………………… 181
12.5.1　公差与配合 …………………………………………………………………… 181
12.5.2　表面粗糙度 …………………………………………………………………… 182
12.5.3　优先系数 ……………………………………………………………………… 182
12.6　机械零件的工艺及标准化 ………………………………………………………………… 183
12.6.1　工艺性 ………………………………………………………………………… 183
12.6.2　标准化 ………………………………………………………………………… 183
习　题 ……………………………………………………………………………………………… 184

第 13 章　机械联接设计 ………………………………………………………………………… 186
13.1　螺纹联接 …………………………………………………………………………………… 186

13.1.1 机械中的常用螺纹……………………………………………………………… 186
13.1.2 螺纹联接件及螺纹联接的类型………………………………………………… 190
13.1.3 螺纹联接的预紧与防松………………………………………………………… 193
13.1.4 螺栓组联接的结构设计………………………………………………………… 195
13.1.5 螺纹联接件的材料与许用应力………………………………………………… 197
13.1.6 螺纹联接的强度计算…………………………………………………………… 198
13.1.7 提高螺栓联接强度的措施……………………………………………………… 201
13.2 键联接、花键联接及销联接………………………………………………………… 204
13.2.1 键联接…………………………………………………………………………… 204
13.2.2 花键联接………………………………………………………………………… 207
13.2.3 销联接…………………………………………………………………………… 208
13.3 机械联接实例设计与分析…………………………………………………………… 209
13.3.1 大带轮与减速器高速轴的键联接设计与计算………………………………… 209
13.3.2 连杆盖与连杆体之间的螺纹联接……………………………………………… 210
习 题……………………………………………………………………………………… 211

第14章 轴
14.1 轴的材料及其选择…………………………………………………………………… 214
14.2 轴的结构设计………………………………………………………………………… 215
14.2.1 拟定轴上零件的装配方案……………………………………………………… 215
14.2.2 轴上零件的定位和固定………………………………………………………… 216
14.2.3 各轴段的直径和长度的确定…………………………………………………… 217
14.2.4 轴的结构工艺性………………………………………………………………… 217
14.3 轴的强度计算………………………………………………………………………… 218
14.3.1 按扭转强度计算………………………………………………………………… 218
14.3.2 按弯扭合成强度计算…………………………………………………………… 218
14.4 轴的刚度计算………………………………………………………………………… 222
14.4.1 弯曲变形计算…………………………………………………………………… 223
14.4.2 扭转变形的计算………………………………………………………………… 223
14.5 轴的临界转速的概念………………………………………………………………… 224
14.6 提高轴的强度、刚度和减轻轴的重量的措施……………………………………… 224
14.6.1 改进轴的结构,减少应力集中………………………………………………… 224
14.6.2 合理布置轴上零件 减小轴受转矩…………………………………………… 224
14.6.3 选择受力方式以减小轴的载荷,改善轴的强度和刚度……………………… 225
14.6.4 改善表面质量提高轴的疲劳强度……………………………………………… 226
习 题……………………………………………………………………………………… 227

第15章 滑动轴承
15.1 滑动轴承的主要结构形式…………………………………………………………… 229
15.1.1 整体式径向滑动轴承…………………………………………………………… 229

         15.1.2 剖分式径向滑动轴承……………………………………………………230
         15.1.3 推力滑动轴承…………………………………………………………231
    15.2 滑动轴承的失效形式及常用材料……………………………………………231
         15.2.1 滑动轴承的失效形式…………………………………………………231
         15.2.2 轴承材料………………………………………………………………232
    15.3 滑动轴承润滑剂的选用………………………………………………………235
         15.3.1 润滑脂及其选择………………………………………………………235
         15.3.2 润滑油及其选择………………………………………………………236
         15.3.3 固体润滑剂……………………………………………………………236
    15.4 不完全液体润滑滑动轴承设计计算…………………………………………236
         15.4.1 径向滑动轴承的计算…………………………………………………237
         15.4.2 止推滑动轴承的计算…………………………………………………237
    15.5 液体动力润滑径向滑动轴承设计计算………………………………………238
         15.5.1 流体动压润滑的基本原理……………………………………………238
         15.5.2 流体动力润滑的基本方程……………………………………………239
         15.5.3 径向滑动轴承形成流体动力润滑的过程……………………………242
         15.5.4 径向滑动轴承的几何关系和承载量系数……………………………242
         15.5.5 最小油膜厚度 h_{min} ………………………………………………245
         15.5.6 轴承的热平衡计算……………………………………………………245
         15.5.7 参数选择………………………………………………………………247
         15.5.8 液体动力润滑径向滑动轴承设计举例………………………………248
    15.6 其他形式滑动轴承简介………………………………………………………251
         15.6.1 无润滑轴承与自润滑轴承……………………………………………251
         15.6.2 多油楔轴承……………………………………………………………252
         15.6.3 液体静压轴承…………………………………………………………254
         15.6.4 气体润滑轴承…………………………………………………………255
    习　题………………………………………………………………………………255
第16章 滚动轴承………………………………………………………………………257
    16.1 滚动轴承的结构………………………………………………………………257
         16.1.1 滚动轴承的构造………………………………………………………257
         16.1.2 滚动轴承的结构特性…………………………………………………258
    16.2 滚动轴承的主要类型及选择…………………………………………………258
         16.2.1 常用滚动轴承类型及特点……………………………………………258
         16.2.2 滚动轴承的代号………………………………………………………260
    16.3 轴承的组合设计………………………………………………………………261
         16.3.1 滚动轴承内、外圈的轴向固定 ………………………………………261
         16.3.2 轴系的固定……………………………………………………………262
         16.3.3 滚动轴承组合结构的调整……………………………………………262
         16.3.4 滚动轴承的配合………………………………………………………264

         16.3.5 滚动轴承的装拆 ·· 264
         16.3.6 支承部位的刚度和同轴度 ··· 265
         16.3.7 角接触球轴承和圆锥滚子轴承的排列方式 ··· 266
         16.3.8 滚动轴承的润滑 ·· 267
         16.3.9 滚动轴承的密封 ·· 267
         16.3.10 轴承的维护 ··· 268
    16.4 滚动轴承的工作情况分析及计算 ·· 268
         16.4.1 滚动轴承的主要失效形式 ··· 268
         16.4.2 滚动轴承的设计准则 ··· 269
         16.4.3 轴承的寿命计算 ·· 269
    习 题 ·· 272

第17章 联轴器和离合器 ·· 275
    17.1 联轴器 ··· 275
         17.1.1 联轴器的性能要求 ··· 275
         17.1.2 联轴器的分类 ··· 276
         17.1.3 常用联轴器的结构和特点 ··· 276
         17.1.4 联轴器的选择 ··· 279
    17.2 离合器 ··· 280
         17.2.1 离合器的性能要求 ··· 280
         17.2.2 离合器的分类 ··· 280
         17.2.3 常用离合器的结构和特点 ··· 280
    习 题 ·· 282

第18章 弹 簧 ··· 283
    18.1 弹簧的类型 ·· 283
    18.2 弹簧的材料、许用应力与制造 ·· 284
         18.2.1 弹簧的材料和许用应力 ·· 284
         18.2.2 弹簧的制造 ·· 285
    18.3 圆柱螺旋压缩(拉伸)弹簧的设计计算 ··· 286
         18.3.1 圆柱螺旋弹簧的几何参数 ··· 286
         18.3.2 弹簧特性曲线 ··· 287
         18.3.3 强度和刚度计算 ·· 289
         18.3.4 圆柱螺旋压缩弹簧的稳定性计算 ·· 290
         18.3.5 弹簧的设计实例 ·· 290
    习 题 ·· 291

附录 A ·· 293

参考文献 ·· 296

第 1 章 平面机构的自由度和速度分析

所有构件都在同一个平面或平行平面内运动的机构称为平面机构。

本章主要研究平面机构运动简图的绘制,机构的组成及其具有确定运动的条件,自由度的计算,以及利用瞬心法对简单机构进行速度分析。

1.1 运动副及其分类

在机构中,每个构件还必须与另一构件相联接,并使构件间保持一定的相对运动。这种使两构件直接接触并能产生一定相对运动的联接被称为运动副,图 1-1 为常见的运动副。

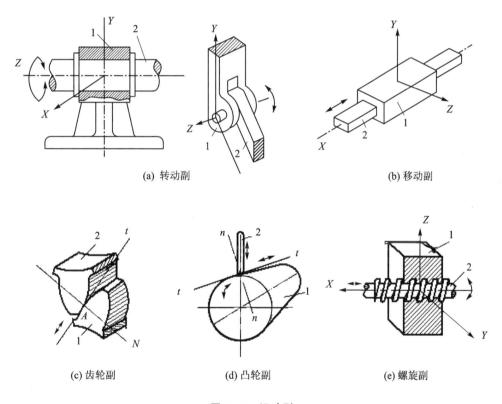

图 1-1 运动副

组成运动副的两构件以点、线或面的形式接触。根据两构件的接触情况,平面运动副可分为低副和高副两类。

1. 低　副

两构件以面接触组成的运动副被称为低副。低副受载时,单位面积上的压力较小。根据构件相对运动形式的不同,低副又可分为转动副和移动副。

(1) 转动副

两构件只能在一个平面内作相对转动的运动副称为转动副,或称铰链,如图 1-1(a)所示。其左图中因一个构件固定,称为固定铰链;右图的两个构件均可活动,称为活动铰链。

(2) 移动副

两构件只能沿轴线作相对移动的运动副称为移动副,如图 1-1(b)所示。

2. 高　副

两构件以点或线的形式接触的运动副称为高副。由于构件以点、线接触,接触处的压力较大。

齿轮副(见图 1-1(c))和凸轮副(见图 1-1(d))都属于高副。

此外,常见运动副,还有螺旋副如图 1-1(e)所示,它属于空间运动副。

1.2　平面机构运动简图

1.2.1　运动副表达

图 1-2(a)、(b)、(c)是两个构件组成转动副的表示方法。用圆圈表示转动副,其圆心代表相对转动轴线。若组成转动副的二构件都是活件,则用图 1-2(a)表示。若其中有一个为机架,则在代表机架的构件上加阴影线,如图 1-2(b)和图 1-2(c)所示。

两构件组成移动副的表示方法如图 1-2(d)、图 1-2(e)、图 1-2(f)所示。移动副的导路必须与相对移动方向一致。同前所述,图中画阴影的构件表示机架。

两构件组成高副时,在简图中应当画出两构件接触处的曲线轮廓,图 1-2(g)所示。

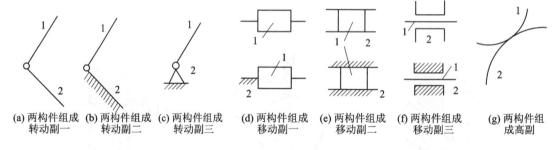

(a) 两构件组成转动副一　(b) 两构件组成转动副二　(c) 两构件组成转动副三　(d) 两构件组成移动副一　(e) 两构件组成移动副二　(f) 两构件组成移动副三　(g) 两构件组成高副

图 1-2　平面运动副的表示方法

1.2.2　构件表达

图 1-3 为构件的表示方法。图 1-3(a)表示参与组成两个转动副的构件。图 1-3(b)表示参与组成一个转动副和一个移动副的构件。在一般情况下,参与组成三个转动副的构件,可用三角形表示。为了表明三角形是一个刚性整体,常在三角形内加剖面线或在三个角上涂以焊缝的标记,如图 1-3(c)所示;如果三个转动副中心在一条直线上,则可用图 1-3(d)表示。超过三个运动副的构件的表示方法可依此类推。对于机械中常用的构件和零件,有时还可采用习惯画法,例如用粗实线或点画线画出一对节圆来表示互相啮合的齿轮;用完整的轮廓曲线来表示凸轮。其他常用零部件的表示方法可参看 GB4460-84《机构运动简图符号》。

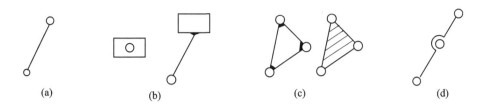

图 1-3 构件的表示方法

1.2.3 机构的组成

机构中的构件可分为三类：

1. 固定构件（机架）

固定构件（机架）是用来支承活动构件（运动构件）的构件。例如图 1-4 所示的汽缸体就是固定构件，它用以支撑活塞和曲轴等。研究机构中活动构件的运动时，常以固定构件作为参考坐标系。

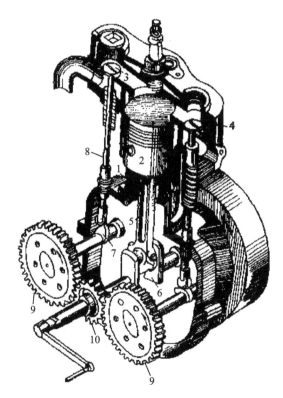

1—缸体；2—活塞；3—进气阀；4—排气阀；5—连杆；6—曲轴；7—凸轮；8—推杆；9,10—齿轮

图 1-4 内燃机

2. 原动件（主动件）

原动件（主动件）是运动规律已知的活动构件。它的运动是由外界输入的，故又称为输入构件。例如图 1-4 中的活塞就是原动件。

3. 从动件

从动件是机构中随着原动件的运动而运动的其余活动构件。其中输出预期运动的从动件称为输出构件,其他从动件则起传递运动的作用。例如图 1-4 中的连杆和曲轴都是从动件。由于该机构的功用是将直线运动变换为定轴转动,因此,曲轴是输出构件,连杆是用于传递运动的从动件。

任何一个机构中,必有一个构件被相对地看作固定构件。例如汽缸体虽然跟随汽车运动,但在研究发动机的运动时,仍把汽缸当作固定构件。在活动构件中必须有一个或几个原动件,其余的都是从动件。

1.2.4 平面机构运动简图

实际构件的外形和结构往往很复杂,在研究机构运动时,为了使问题简化,有必要忽略那些与运动无关的构件外形和运动副的具体构造,仅用简单线条和符号来表示构件和运动副,并按比例定出各运动副的位置。这种说明机构各构件间相对运动关系的简化图形,称为机构运动简图。

下面举例说明机构运动简图的绘制方法。

例 1-1 绘制图 1-5(a)所示颚式破碎机的机构运动简图。

解:(1) 确定构件数目,辨清主、从动件

颚式破碎机的主体机构由机架 1、偏心轴(又称曲轴)2、动颚 3、肘板 4 四个构件组成。带轮与偏心轴固联成一体,它是运动和动力输入构件,即原动件,其余构件都是从动件。当带轮和偏心轴 2 绕轴线 A 相对转动时,驱使输出构件动颚 3 做平面复杂运动,从而将矿石轧碎。

(2) 分析相对运动性质,从而确定运动副类型和数目

在确定构件数目之后,再根据各构件的相对运动确定运动副的种类和数目。偏心轴 2 与机架 1 绕轴线 A 相对转动,故构件 1、2 组成以 A 为中心的转动副;动颚 3 与偏心轴 2 绕轴线 B 相对转动,故构件 2、3 组成以 B 为中心的转动副;肘板 4 与颚 3 绕轴线 C 相对转动,故构件 3、4 组成以 C 为中心的转动副;肘板与机架绕轴线 D 相对转动,故构件 4、1 组成以 D 为中心的转动副。

(3) 选定比例尺,用线条和规定符号作图

选定适当比例尺,根据图 1-5(a)尺寸定出 A、B、C、D 的相对位置,用构件和运动副的规定符号绘出机构运动简图,如图 1-5(b)所示。

最后,将图中的机架画上阴影线,并在原动件 2 上标出指示运动方向的箭头。

需要指出,虽然动鄂 3 与偏心轴 2 用一个半径大于 AB 的轴颈连接的,但是运动副的规定符号仅与性质有关,而与运动副的结构尺寸无关,所以在简图中仍可用小圆圈表示。

例 1-2 绘制图 1-6(a)所示活塞泵的机构运动简图。

解:(1) 确定构件数目,辨清主、从动件

活塞泵由曲柄 1、连杆 2、齿扇 3、齿条活塞 4 和机架 5 共五个构件组成。曲柄 1 是原动件,2、3、4 为从动件,当原动件 1 回转时,活塞在气缸中往复运动。

(2) 分析相对运动性质,从而确定运动副类型和数目

各构件之间的联接如下:构件 1 和 5、2 和 1、3 和 2、3 和 5 之间为相对转动,分别构成转动副 A、B、C、D。构件 3 的齿轮与构件 4 的齿构成平面高副 E。构件 4 与构件 5 之间为相对移

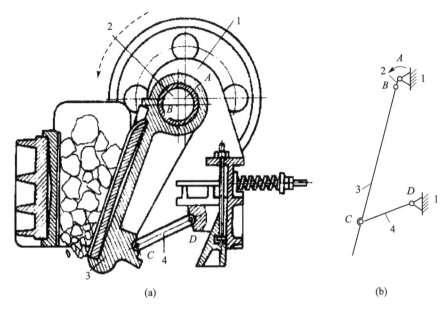

图 1-5　颚式破碎机及其机构运动简图

动构成移动副 F。

（3）选定比例尺，用线条和规定符号作图

选取适当比例，按图 1-6(a)尺寸，用构件和运动副的规定符号画出机构运动简图，如图 1-6(b)所示。

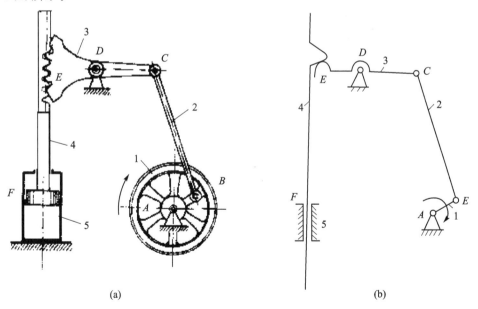

图 1-6　活塞泵及其机构运动简图

应当说明，绘制机构运动简图时，原动件的位置选择不同，所绘机构简图的图形也不同。当原动件位置选择不当时，构件互相重叠或交叉，使图形不易辨认。为了清楚地表达各相互关系，应当选择一个恰当的原动件位置来绘图。

1.3 平面机构的自由度

机构的各构件之间应具有确定的相对运动。显然,不能产生相对运动或作无规则运动的一堆构件难以用来传递运动。为了使组合起来的构件能产生相对运动并具有运动确定性,有必要探讨机构自由度和机构具有确定运动的条件。

1.3.1 自由度与约束

一个自由构件在平面内可以产生三个独立的运动(见图 1-7),即沿 x 轴的移动、沿 y 轴的移动和在平面内转动。要确定构件在平面内的位置,就需要三个独立的参数。例如,构件 AB 作平面运动时的位置,可以用构件上任一点 A 的坐标 x 和 y 及过 A 点的直线 AB 绕 A 点的转角 α 来表示。构件的这种独立运动称为自由度。作平面运动的自由构件具有三个自由度。

当该构件与另一构件组成运动副时,由于两构件直接接触和联接,使其具有的独立运动受到限制,因此自由度将减少。对独立运动所加的限制称为约束。自由度减少的个数等于约束的数目。

运动副所引入的约束数目与其类型有关。低副引入两个约束,减少两个自由度。如图 1-1(a)所示的转动副约束了两个移动的自由度,只保留了一个相对转动的自由度;图 1-1(b)所示的移动副约束了沿 y 轴的移动和绕 z 轴的转动两个自由度,只保留沿 x 轴移动的自由度。高副引入一个约束,减少一个自由度。如图 1-1

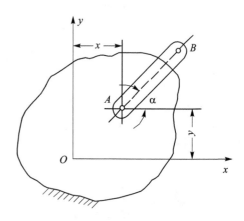

图 1-7 构件的自由度

(c)、(d)所示的高副,只约束了沿接触点 A 处公法线 nn 方向移动的自由度,保留了绕接触点的转动和沿接触处公切线方向 tt 移动的两个自由度。

1.3.2 平面机构自由度的计算公式

设平面机构共有 K 个构件。除去固定构件,则机构中的活动构件数为 $n=K-1$。在未用运动副连接之前,这些活动构件的自由度总数为 $3n$。当用运动副将构件连接起来组成机构之后,机构中的构件具有的自由度就减少了。若机构中低副数为 P_L 个,高副数为 P_H 个,则机构中全部运动副所引入的约束总数为 $2P_L+P_H$。因此活动构件的自由度总数减去运动副引入的约束总数就是该机构的自由度,以 F 表示,即

$$F = 3n - 2P_L - P_H \tag{1-1}$$

这就是计算平面机构自由度的公式。由式(1-1)可知,机构自由度 F 取决于活动构件的数目以及运动副的性质(低副或高副)和个数。

机构的自由度也就是机构相对于机架所具有的独立运动的数目。由前述可知,从动件是不能独立运动的,只有原动件才能独立运动。通常每个原动件只具有一个独立运动(如电动机

转子具有一个独立运动,内燃机活塞具有一个独立运动),因此,机构的自由度必定与原动件数相等。

例 1-3 计算图 1-5(b)所示颚式破碎机主体机构的自由度。

解:在颚式破碎机主体机构中,有三个活动构件,即 $n=3$;包含四个转动副,$P_L=4$;没有高副,$P_H=0$。所以由式(1-1)得机构自由度

$$F = 3n - 2P_L - P_H = 3 \times 3 - 2 \times 4 = 1$$

该机构具有一个原动件(曲轴 2),原动件数与机构的自由度相等,机构具有确定的运动。

例 1-4 计算图 1-6 所示活塞泵机构的自由度。

解:活塞泵具有四个活动构件,即 $n=4$;五个低副(四个转动副和一个移动副),$P_L=5$;一个高副,$P_H=1$。由式(1-1)得

$$F = 3n - 2P_L - P_H = 3 \times 4 - 2 \times 5 - 1 = 1$$

该机构中自由度与原动件(曲柄 1)数相等。

机构的原动件的独立运动是由外界给定的。如果给出的原动件数不等于机构的自由度,则将产生以下的影响:

图 1-8 所示原动件数小于机构自由度的例子(图中原动件数等于 1,而机构的自由度 $F=3\times 4-2\times 5=2$)。当只给定原动件 1 的位置角 φ_1 时,从动件 2、3、4 的位置不能确定,不具有确定的相对的运动。只有给出两个原动件,使构件 1、4 都处于给定位置,才能使从动件获得确定运动。

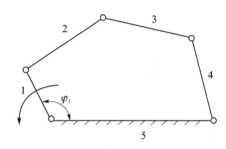

图 1-8 原动件数<F

图 1-9 所示为原动件数大于机构自由度的例子(图中原动件数等于 2,机构的自由度 $F=3\times 3-2\times 4=1$)。如果原动件 1 和原动件 3 的给定运动都要同时满足,必将杆 2 拉断。

图 1-10 所示为机构自由度等于零的构件组合($F=3\times 4-2\times 6=0$)。它的各构件之间不可能产生相对运动。

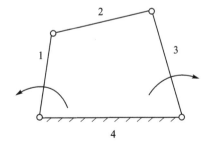

图 1-9 原动件数>F

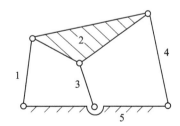

图 1-10 F=0 的构件组合

综上所述,机构具有确定运动的条件是:$F>0$,且 F 等于原动件数。

1.3.3 平面机构自由度计算的注意事项

应用式(1-1)计算平面机构的自由度时,对下述几种情况必须加以注意。

1. 复合铰链

两个以上的构件同时在一处用转动副相连接就构成复合铰链。如图 1-11(a) 所示为三个构件汇交成的复合铰链,图(b)是它的俯视图。由图(b)可以看出,这三个构件共组成两个转动副。依次类推,K 个构件汇交而成的复合铰链应具有 $(K-1)$ 个转动副,在计算机构自由度时应注意识别复合铰链,以免把转动副的个数算错。

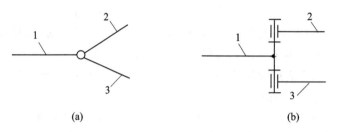

图 1-11 复合铰链

例 1-5 计算图 1-12 所示圆盘锯主体机构的自由度。

解:机构中有 7 个活动构件,即 $n=7$;A、B、C、D 四处都是三个构件汇交的复合铰链,各有两个转动副,E、F 处各有一个转动副,故 $P_L=10$。由式(1-1)可得

$$F = 3n - 2P_L - P_H = 3 \times 7 - 2 \times 10 = 1$$

F 与机构原动件数相等。当原动件 8 转动时,圆盘中心 E 将确定地沿 EE' 移动。

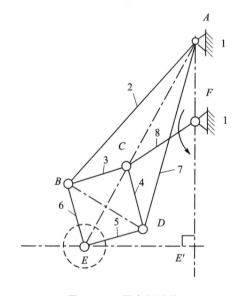

图 1-12 圆盘锯结构

2. 局部自由度

机构中常出现一种与输出构件运动无关的自由度,被称为局部自由度(或多余自由度),在计算机构自由度时应予以排除。

例 1-6 计算图 1-13(a)所示为滚子从动件凸轮机构的自由度。

解:如图 1-13(a)所示,当原动件凸轮 1 转动时,通过滚子 3 驱使从动件 2 以一定的运动规律在机架 4 中往复移动。因此,从动件 2 是输出构件。不难看出,在这个机构中,无论滚子 3 绕其轴线 C 是否转动或转动快慢,都不影响输出构件 2 的运动。因此滚子绕其中心的转动是一个局部自由度。为了在计算机构自由度时排除这个局部自由度,可设想将滚子与从动件焊成一体(转动副 C 也随之消失),变成图 1-13(b)所示形式。在图 1-13(b)中,$n=2$,$P_L=2$,$P_H=1$。由式(1-1)可得

$$F = 3n - 2P_L - P_H = 3 \times 2 - 2 \times 2 - 1 = 1$$

局部自由度虽然不影响整个机构的自由度,但滚子可使高副接触处的滑动摩擦变成滚动摩擦,减少磨损,所以实际机械中常有局部自由度出现。

3. 虚约束

在运动副引入的约束中,有些约束对机构自由度的影响是重复的,它对机构运动不起任何

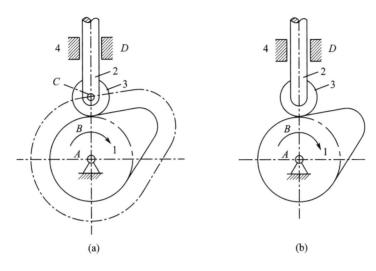

图 1-13 局部自由度

限制作用。这种重复而对机构运动不起限制作用的约束被称为虚约束或消极约束。在计算机构自由度时应当除去不计。

虚约束是构件间几何尺寸满足某些特殊条件的产物。平面机构中的虚约束常出现在下列场合：

① 两个构件之间组成多个导路平行的移动副时，只有一个移动副起作用，其余都是虚约束。例如图 1-4 中顶杆 8 与缸体之间组成两个移动副，其中之一为虚约束。

② 两个构件之间组成多个轴线重合的转动副时，只有一个转动副起作用，其余都是虚约束。例如两个轴承支持一根轴只能看作一个转动副。

③ 机构中传递运动不起独立作用的对称部分。例如图 1-14 所示轮系，中心轮 1 经过两个对称布置的小齿轮 2 和 2′驱动内齿轮 3，其中有一个小齿轮对传递运动不起独立作用。但由于第二个小齿轮的加入，使机构增加了一个虚约束（加入一个构件增加三个自由度，组成一个转动副和两个高副，共引入四个约束）。

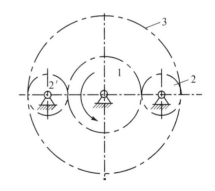

图 1-14 对称结构的虚约束

还有一些类型的虚约束需要复杂的数学证明才能判别，就不一一列举了。虚约束对输出运动虽不起作用，但可以增加构件的刚性，使构件的受力均衡，如图 1-14 所示，所以实际机械中虚约束常有应用。只有将机构运动简图中的虚约束排除，才能算出真实的机构自由度。

例 1-7 计算图 1-15(a)所示大筛机构的自由度。

解： 机构中的滚子有一个局部自由度，顶杆与机架在 E 和 E' 组成两个导路平行的移动副，其中之一为虚约束，C 处是复合铰链。今将滚子与顶杆焊成一体，去掉移动副 E'，并在 C 点注明转动副数，如图 1-15(b)所示。由图 1-15(b)得，$n=7$，$P_L=9$（7 个转动副和两个移动副），$P_H=1$，故由式(1-1)得

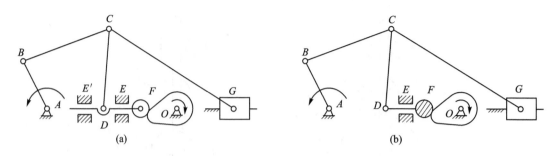

图 1-15 大筛机构

$$F = 3n - 2P_L - P_H = 3 \times 7 - 2 \times 9 - 1 = 2$$

此机构的自由度等于 2，应有两个原动件，机构具有确定的相对运动。

1.4 速度瞬心及其应用

1.4.1 瞬心定义

瞬心是相对运动的两刚体在任一瞬时的绝对速度相等的点，即相对速度为零的重合点。

图 1-16 所示为刚体 2 相对刚体 1 作平面运动，刚体 2 上 A、B 两点的瞬时速度如图所示。在图示瞬时，刚体 2 相对刚体 1 的运动可看作是绕刚体 1 上点 P_{12} 的瞬时转动，显然，该时刻刚体 2、1 的重合点 P_{12} 的绝对速度是相等的。把该重合点称为瞬时回转中心或速度瞬心，简称瞬心。

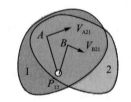

图 1-16 瞬心

通常，若两刚体都是运动的，则其瞬心称为相对速度瞬心（简称相对瞬心或动瞬心）；若两刚体之一是静止的，则其瞬心称为绝对速度瞬心（简称绝对瞬心或静瞬心）。

瞬心数目：一个机构若有 k 个构件，则瞬心总数为：

$$N = k(k-1)/2 \tag{1-2}$$

1.4.2 瞬心位置

① 在图 1-16 中，设已知重合点 A_2 和 A_1 的相对速度 V_{A21} 的方向，以及 B_2 和 B_1 的相对速度 V_{B21} 的方向，则该两速度向量垂线的交点便是构件 1 和构件 2 的瞬心 P_{12}。

② 两构件组成转动副，如图 1-17(a) 所示，转动副的中心便是它们的瞬心。

③ 两构件组成移动副，如图 1-17(b) 所示，因所有重合点的相对速度方向都平行移动方向，故瞬心位于导路垂线的无穷远处。

④ 两构件组成纯滚动高副，如图 1-17(d) 所示，接触点相对速度为零，所以接触点就是其瞬心。

⑤ 两构件组成滑动兼滚动的高副，如图 1-17(c) 所示，因接触点的相对速度沿切线方向，故瞬心应位于过接触点的公法线上，具体位置还要根据其他条件才能确定。

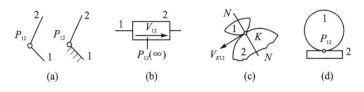

图 1-17 瞬心位置

1.4.3 三心定理

三心定理是指作平面运动的三个构件共有三个瞬心,这三个瞬心必位于同一直线上。

如图 1-18 所示,根据式(1-2),构件 1、2、3 共有三个瞬心。为证明方便起见,设构件 1 为固定件。则 P_{12} 和 P_{13} 各为构件 1、2 和构件 1、3 之间的绝对瞬心。如图所示,假定 P_{23} 不在直线 $P_{12}P_{13}$ 上,而在其他任一点 C,重合点 C_2 和 C_3 的绝对速度 V_{C2} 和 V_{C3} 各垂直于 CP_{12} 和 CP_{13},显然,这时 V_{C2} 和 V_{C3} 的方向不一致。瞬心应是绝对速度相同(方向相同、大小相等)的重合点,今 V_{C2} 与 V_{C3} 的方向不同,故 C 点不可能是瞬心。只有位于 $P_{12}P_{13}$ 直线上的重合点,速度方向才是一致的,才有可能是瞬心,所以瞬心 P_{23} 必在 P_{12} 和 P_{13} 的连线上。

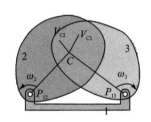

图 1-18 三心定理

在构件不多的情况下,采用瞬心法分析机构的速度很方便,下面对铰链四杆机构、齿轮或摆动从动件凸轮机构、直动从动件凸轮机构进行探讨。用瞬心法求简单机构的速度很方便,不足之处是构件数较多时,瞬心数目太多,求解费时,且作图时常有些瞬心落在图纸之外。

① 如图 1-19 所示的铰链四杆机构中,P_{24} 是构件 4 和构件 2 的等速点,因此,通过 P_{24} 可以求出构件 4 和构件 2 的角速度比。令构件 4 绕绝对速度瞬心 P_{14} 转动,构件 4 上点 P_{24} 的绝对速度为 $V_{P24}=\omega_4 \times P_{14}P_{24}$,构件 2 绕绝对瞬心 P_{12} 转动,构件 2 上 P_{24} 的绝对速度为 $V_{P24}=\omega_2 \times P_{12}P_{24}$,故得 $\omega_2/\omega_4 = P_{14}P_{24}/P_{12}P_{24}$。

该式表明:两构件的角速度比与其绝对速度瞬心至相对速度瞬心的距离成反比。如图 1-19 所示,若

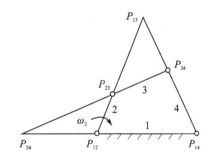

图 1-19 铰链四杆机构

P_{24} 在 P_{14} 和 P_{12} 的同一侧,则 ω_2 和 ω_4 方向相同;若 P_{24} 在 P_{14} 和 P_{12} 之间,则 ω_2 和 ω_4 方向相反。应用类似方法可求出其他任意两构件的角速度比的大小和角速度的方向。

② 如图 1-20 所示的齿轮或摆动从动件凸轮机构,其回转中心 P_{13} 和 P_{12} 是绝对瞬心。相对瞬心 P_{23} 应在过接触点的公法线上,又应位于 P_{13} 和 P_{12} 的连线上(三心定理),因此该两直线的交点就是 P_{23}。因 P_{23} 是构件 2 和 3 的等速点,其速度 V_{P23} 可通过构件 2 和构件 3 求得,即 $V_{P23}=\omega_2 \times P_{12}P_{23}=\omega_3 \times P_{13}P_{23}$。

上式表明:组成高副的两构件,其角速度比与连心线被接触点公法线所分割的两线段长度成反比。

③ 如图 1-21 所示的直动从动件凸轮机构,其 P_{13} 位于凸轮的回转中心,P_{23} 在垂直于从

动件导路的无穷远处。过 P_{13} 作导路的垂线代表 P_{13} 和 P_{23} 之间的连线,它与法线 NN 的交点就是 P_{12}。P_{12} 是构件 1 和构件 2 的同速点,其速度 V_{P12} 可通过构件 1 和构件 2 求得。由构件 1 可得 $V_{P12}=\omega_1 \times P_{12}P_{13}$;由构件 2 可得 $V_{P12}=V_2$(构件 2 为平动构件,其上各点速度都等于 V_2),故得 $P_{12}P_{13}=V_2/\omega_1$。

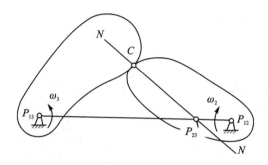

图 1-20 齿轮或摆动从动件凸轮机构

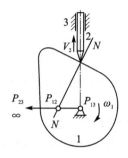

图 1-21 直动从动件凸轮机构

习　题

1. 填空题

(1) 在平面机构中具有一个约束的运动副是_____副。

(2) 使两构件直接接触并能产生一定相对运动的联接称为_____。

(3) 平面机构中的低副有转动副和_____副两种。

(4) 机构中的构件可分为三类:固定构件(机架)、原动件(主动件)、_____件。

(5) 在平面机构中若引入一个高副将引入_____个约束。

(6) 在平面机构中若引入一个低副将引入_____个约束。

(7) 在平面机构中具有两个约束的运动副是_____副。

(8) 速度瞬心是两刚体上_____为零的重合点。

(9) 当两构件组成回转副时,其相对速度瞬心在_____。

(10) 当两构件不直接组成运动副时,其瞬心位置用_____确定。

2. 简答题

(1) 在计算平面机构自由度时应注意哪些事项?

(2) 平面机构中的虚约束常出现在哪些场合?

(3) 运动副的定义是什么?常见的有哪些?

(4) 什么叫速度瞬心?绝对速度瞬心和相对速度瞬心有什么区别?

(5) 什么叫三心定理?它有什么用途?

3. 分析题

(1) 绘制图 1-22 所示各机构的运动简图。

(2) 指出图 1-23 所示各机构中的复合铰链、局部自由度和虚约束,计算机构的自由度,并判定它们是否有确定的运动(标有箭头的构件为原动件)。

(3) 试问图 1-24 机构在组成上是否合理?如不合理,请针对错误提出修改方案。

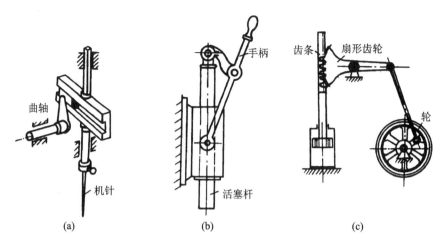

图 1-22 分析题(1)图

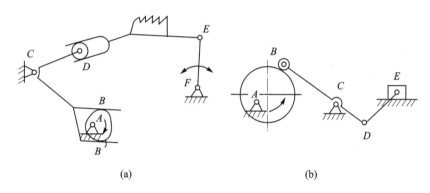

图 1-23 分析题(2)图

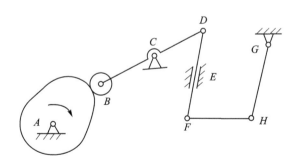

图 1-24 分析题(3)图

(4) 计算题如图 1-25(a)与(b)所示,求机构的自由度(若有复合铰链,局部自由度或虚约束应明确指出)。

(5) 计算题图 1-26 所示机构的自由度(若有复合铰链,局部自由度或虚约束应明确指出),并标出原动件。

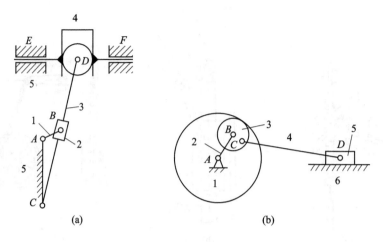

(a)   (b)

图 1-25 分析题(4)图

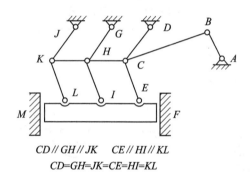

CD // GH // JK   CE // HI // KL
CD=GH=JK=CE=HI=KL

图 1-26 分析题(5)图

第2章 平面连杆机构

2.1 平面连杆机构的特点及应用

连杆机构是若干刚性构件用低副连接组成的机构,又称为低副机构。在连杆机构中,若各运动构件均在相互平行的平面内运动,则称为平面连杆机构;若各运动构件不都在相互平行的平面内运动,则称空间连杆机构。

2.1.1 平面连杆机构的特点

如前所述,平面连杆机构中的运动副一般均为低副,低副两元素为面接触,故其优点是承载能力大,便于润滑,不易磨损,低副两元素间的几何形状也比较简单,便于加工制造。并且在平面连杆机构中,当原动件以相同的运动规律运动时,如果改变各构件的相对长度关系,可使从动件得到不同的运动规律。连杆机构的缺点是:运动副磨损后的间隙不能自动补偿,容易积累运动误差,运动中的惯性力难以平衡,因此常用于速度较低的场合。另外它们不易精确地实现复杂的运动规律。

2.1.2 平面连杆机构的应用

平面连杆机构被广泛应用于各种机械(动力机械、轻工机械、重型机械)和仪表中。诸如飞机起落架机构、汽车车门的开闭机构和如图2-1所示的内燃机曲柄滑块机构等。人造卫星太阳能板的展开机构、机械手的传动机构、折叠伞的收放机构以及人体的假肢机构等,也都用到连杆机构。

近年来,国内外在连杆机构的研究方面都有长足的发展,不再限于单自由度四杆机构的研究,也注重多自由度多杆机构的分析与综合。由于计算机技术的发展和现代数学工具的日益完善,人们开发了许多通用性强、使用方便,适用于分析和设计连杆的智能化CAD软件,为平面连杆机构的设计和研究奠定了坚实的基础。

图2-1 曲柄滑块机构

2.2 平面四杆机构的基本类型及其演化

2.2.1 平面四杆机构的基本类型

最简单的平面连杆机构是由四个构件组成的,简称平面四杆机构。它的应用非常广泛,是组成多杆机构的基础。全部由转动副组成的平面四杆机构被称为铰链四杆机构,如图2-2所示。在此机构中,固定件4为机架,与机架直接相连的构件1和构件3两构件称为连架杆,与机架相对的构件 2 称为连杆。在连架杆中,能作整周回转的称为曲柄,只能在一定范围内摆动的则称为摇杆。若组成转动副的两构件能作整周相对运动,则该转动副称为整转副或周转副,不能作整周相对转动的则称为摆转副。对于铰链四杆机构来说,机架和连杆总是存在的,因此可按两连架杆的运动形式将铰链四杆机构分为三种基本形式:曲柄摇杆机构、双曲柄机构、双摇杆机构。

1. 曲柄摇杆机构

在铰链四杆机构中,若两个连架杆中一个为曲柄,另一个摇杆,则此四杆机构称为曲柄摇杆机构。在这种机构中,当曲柄为原动件,摇杆为从动件时,可将曲柄的连续转动,转变成摇杆的往复摆动。此种机构应用广泛,如图 2-3 所示的雷达天线俯仰机构即为此种机构。曲柄 1 缓慢地匀速转动,通过连杆 2,使摇杆 3 在一定的角度范围内摆动,从而调整天线俯仰角的大小。

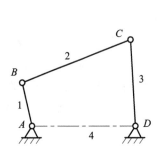

图 2-2 铰链四杆机构　　图 2-3 雷达俯仰角调整机构

2. 双曲柄机构

在铰链四杆机构中,若两个连架杆都是曲柄,则称为双曲柄机构。如两曲柄长度不同,则称为不等双曲柄机构。在这种机构中,当主动曲柄以等角速度连续转动时,从动曲柄以变角速度连续转动,且其变化幅度相当大,最大值和最小值可相差 2～3 倍。图 2-4 所示的惯性筛机构就是利用了双曲柄机构的这个特性,从而使筛子 6 的往复运动具有较大变化的加速度,使被筛的材料颗粒得到很好的筛分。

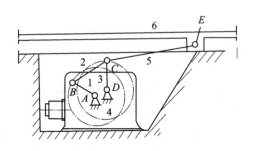

图 2-4 惯性筛机构

在双曲柄机构中,若其相对两杆平行且相等则成为平行四边形机构,如图 2-5 所示。这种机构的运动特点是两曲柄 1 和 3 以相同的角速度同向转动,而连杆 2 作平移运动。如图 2-6 所示的机车车轮,其联动机构就是利用了两曲柄等速同向转动的特性。

平行四边形机构在运动过程中,当两曲柄与连杆及机架共线时,在原动曲柄转向不变的条件下,从动曲柄会出现转动方向不确定的现象。图 2-5 中当主动曲柄 1 由 AB_1 转到 AB_2 时,从动曲柄 3 可能转到 DC_2,也可能转到 DC_2'。为了保证从动曲柄转向不变,可在机构中安装一个惯性较大的轮形构件(称为飞轮),借助它的转动惯性,使从动曲柄按原转向继续转动,或者采用多组相同机构错开相位排列的方法,如车轮联动机构图2-6所示,来保持从动曲柄的转向不变。

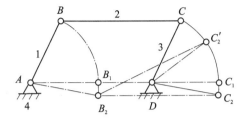

图2-5 平行四边形机构

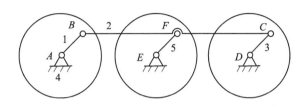

图2-6 机车车轮联动机构

曲柄长度相等,而连杆与机架长度相等但不平行的铰链四杆机构,称为反平行四边形机构,如图2-7所示。这种机构主从动曲柄转向相反。当主动曲柄匀速转动时,从动曲柄反向、变速转动。图2-8所示的车门开闭机构即为其应用实例,它可以使两扇车门同时反向打开或关闭。

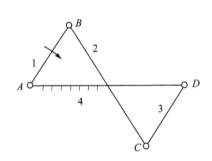

图2-7 反平行四边形机构

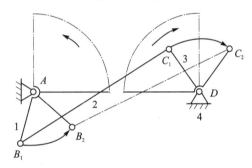

图2-8 汽车车门开闭机构

3. 双摇杆机构

若铰链四杆机构的两连架杆都是摇杆,则称为双摇杆机构。图2-9所示鹤式起重机机构的四杆机构 ABCD 即为双摇杆机构。当主动摇杆 AB 摇动时,从动摇杆 CD 也随之摆动,位于连杆 BC 延长线上的重物悬挂点 E 近似地水平直线移动,从而避免了重物因不必要的升降而发生事故和损耗能量。

在双摇杆机构中,若两摇杆长度相等,则形成等腰梯形机构。图2-10所示的汽车、拖拉机前轮的转向机构 ABCD 即为等腰梯形机构。

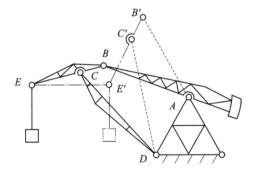

图2-9 鹤式起重机机构

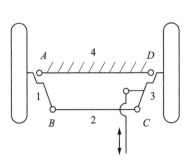

图2-10 车轮转向机构

除上述三种形式的铰链四杆机构之外，在实际机器中，还广泛地应用着其他类型的四杆机构。这些四杆机构可以看做是由铰链四杆机构通过用移动副取代转动副、变更机架、变更杆长和扩大转动副等途径演化而来。掌握这些演化方法，有利于对连杆机构进行创新设计。

2.2.2 平面四杆机构的演化

1. 曲柄滑块机构

在图 2-11(a)所示的曲柄摇杆机构中，当曲柄 1 绕轴 A 转动时，铰链 C 将沿圆弧 $\overset{\frown}{mm}$ 往复运动。摇杆长度越长，曲线 $\overset{\frown}{mm}$ 越平直。设将摇杆 3 的长度增至无穷大，则铰链 C 运动的轨迹 $\overset{\frown}{mm}$ 将变为直线。这时可以将摇杆 3 做成滑块，转动副 D 将演化成移动副。这种机构称为曲柄滑块机构，如图 2-11(b)所示。当滑块轨迹的延长线与回转中心 A 存在偏距 e 时，称为偏置曲柄滑块机构。图 2-11(c)所示为没有偏心距的对心曲柄滑块机构。

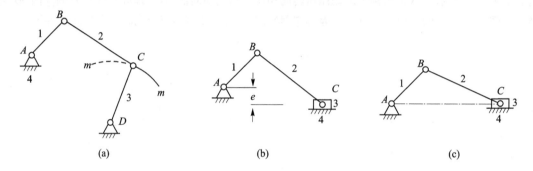

图 2-11 曲柄摇杆机构及其演化

曲柄滑块机构广泛地应用在冲床、内燃机、空气压缩机等各种机械中。

2. 导杆机构

导杆机构可以看成是曲柄滑块机构中选取不同的构件为机架演化而成的。在图 2-12(a)所示的曲柄滑块机构中，若改选构件 1 为机架，则构件 4 将绕轴 A 转动，而滑块 3 将以构件 4 为导轨并沿构件 4 相对移动，如图 2-12(b)所示。构件 4 称为导杆，此机构称为导杆机构。导杆机构中，通常取杆 2 为原动件，若杆 1 的长度 AB<BC(见图 2-12(b))，杆 2 和杆 4 均能整周转动，则称为转动导杆机构；若 AB>BC，杆 4 仅能在某一角度范围内往返摆动，则称为摆动导杆机构。

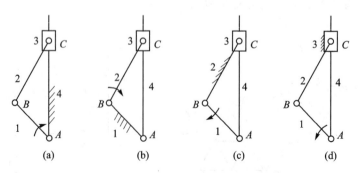

图 2-12 曲柄滑块机构的演化

图 2-13 所示即为摆动导杆机构在牛头刨床中的应用实例。当 BC 杆绕 B 点做等速转动

时，AD 杆绕 A 点作变速摆动，DE 杆驱动刨刀做变速往返运动。

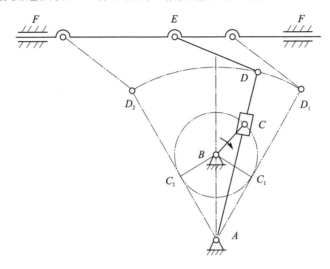

图 2-13　牛头刨床的摆动导杆机构

3. 摇块机构

若在图 2-12(a)所示的曲柄滑块机构中，改选构件 BC 为机架，则将演化为图 2-12(c)所示的曲柄摇块机构，其中构件 3 仅能绕点 C 摇摆。这种机构广泛用于摆动式内燃机和液压驱动装置内。图 2-14 所示的自卸卡车车厢的举升机构，即为此机构的应用实例。

4. 定块机构

在图 2-12(a)所示的曲柄滑块机构中，若改选构件 3 为机架，则将演化为图 2-12(d)所示的定块机构。这种机构常用于如图 2-15 所示的手摇唧筒等机构中。

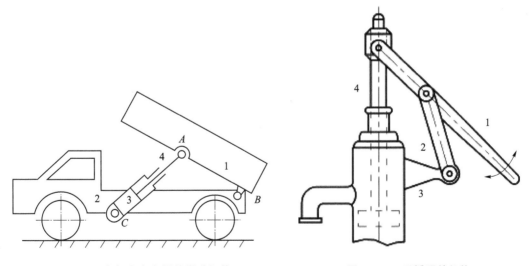

图 2-14　自卸卡车车厢的举升机构　　　**图 2-15　手摇唧筒机构**

5. 偏心轮机构

在图 2-16(a)所示的曲柄摇杆机构中，当曲柄 1 的尺寸较小时，由于结构的需要，常将曲柄 1 改作成如图 2-16(b)所示的一个几何中心不与回转中心相重合的圆盘，此圆盘称为偏心轮,回转中心与几何中心间的距离称为偏心距,它等于曲柄长,这种机构则称为偏心轮机构。显然,此偏心轮机构与原曲柄摇杆机构的运动特性完全相同。此偏心轮机构,可认为是将图 2-16(a)所示的曲柄摇杆机构中的转动副 B 的半径扩大,使之超过曲柄的长度而演化而成的。

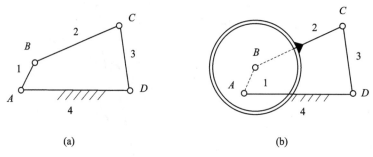

图 2-16 偏心轮机构

当曲柄长度很小时,通常把曲柄做成偏心轮,这样不仅增加了轴颈的尺寸,提高了偏心轴的刚度和强度,而且当轴颈位于中部时,还可以安装整体式连杆,使结构简化。这种机构广泛应用于冲床、剪床、柱塞油泵等设备中。

6. 双滑块机构

双滑块机构是具有两个移动副的四杆机构,可以认为是铰链四杆机构中的两杆长度趋于无穷大演化而来的。

按照两移动副所处位置不同,可将双滑块机构分为四种形式。

① 两个移动副不相邻,如图 2-17 所示。这种机构从动件的位移与原动件的转角的正切成正比,因此又称为正切机构。

② 两个移动副相邻,且其中一个移动副与机架相关联,如图 2-18 所示。这种机构从动件的位移与原动件的转角的正弦成正比,因此又称为正弦机构。

③ 两个移动副均与机架相关联,如图 2-19 所示的椭圆仪就是这种机构的应用实例。当滑块 1 和滑块 3 沿机架的十字槽滑动时,连杆 2 上的各点便描绘出长、短轴不同的椭圆。

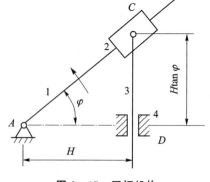

图 2-17 正切机构

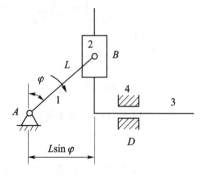

图 2-18 正弦机构

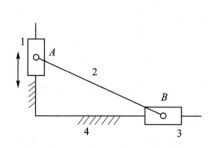

图 2-19 椭圆仪

④ 两个移动副相邻,且均不与机架相关联,如图 2-20(a)所示。这种机构的主动件 1 与从动件 3 具有相同的角速度。图 2-20(b)所示滑块联轴器就是这种机构的应用实例,它可以用来连接中心线不重合的两根轴。

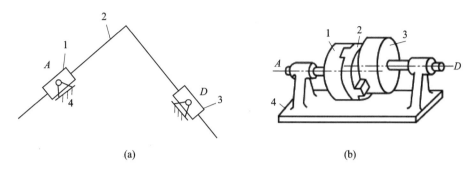

图 2-20 滑块联轴器

2.3 平面四杆机构的工作特性

了解平面四杆机构运动和传力的基本特性,对于正确选择机构类型、进行机构设计具有重要的指导意义。

2.3.1 转动副成为周转副的条件

在工程实际中,用于驱动机构的原动机通常是做整周转动的。因此要求机构的主动件也能整周转动,即希望主动件是曲柄。下面以图 2-21 所示铰链四杆机构为例来分析转动副为周转副的条件。

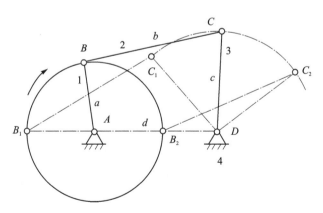

图 2-21 曲柄摇杆机构有周转副的条件

设分别以 a、b、c、d 表示铰链四杆机构各杆的长度。设 $a<d$,当杆 1 绕转动副 A 转动过程中,铰链 B 和 D 点的距离是不断变化的。设 BD 的长度为 f,由图 2-21,当杆 1 转至位置 AB_1 时 f 达到最大值 $f_{max}=a+d$;当杆 1 转至位置 AB_2 时,f 达到最小值 $f_{min}=d-a$。

若杆 1 能绕转动副 A 相对机架 4 做整周转动(即转动副 A 为周转副),则杆 1 应能占据与机架共线的 AB_1 和 AB_2 这两个关键位置,即可以构成三角形 B_1C_1D 和三角形 B_2C_2D。根据三角形构成原理可以推出下列各式：

由 $\triangle B_1C_1D$ 可得：
$$a+d \leqslant b+c \tag{a}$$

由 $\triangle B_2C_2D$ 可得：$b-c \leqslant d-a$，
和 $c-b \leqslant d-a$

亦即
$$a+b \leqslant c+d \tag{b}$$
$$a+c \leqslant b+d \tag{c}$$

将式(a)、式(b)、式(c)分别两两相加得

$$\left.\begin{array}{l} a \leqslant c \\ a \leqslant b \\ a \leqslant d \end{array}\right\} \tag{2-1}$$

如 $d<a$，用同样的方法可得杆1能绕转动副 A 相对机架4做整周转动的条件：

$$d+a \leqslant b+c \tag{d}$$
$$d+b \leqslant a+c \tag{e}$$
$$d+c \leqslant a+b \tag{f}$$

$$\left.\begin{array}{l} d \leqslant a \\ d \leqslant b \\ d \leqslant c \end{array}\right\} \tag{2-2}$$

分析式(2-1)和式(2-2)说明，组成周转副 A 的两个构件中必有一个为最短杆；式(a)、式(b)、式(c)、式(d)、式(e)、式(f)说明最短杆与最长杆的长度和必小于或等于其他两杆的长度和，此条件通常称为杆长条件。

综合以上两种情况可得出铰链四杆机构有周转副的条件是：

① 最短杆与最长杆的长度之和小于或等于其他两杆的长度之和。

② 组成该周转副的两杆中必有一杆为四杆中的最短杆。

曲柄是连架杆，周转副处于机架上才能形成曲柄。因此具有周转副的铰链四杆机构是否存在曲柄还应根据选取何杆为机架来判断。

① 当最短杆为机架时，机架上有两个周转副，故得双曲柄机构。

② 当最短杆为连架杆时，机架上有一个周转副，该四杆机构将成为曲柄摇杆机构。

③ 当最短杆为连杆时，机架上没有周转副，得到双摇杆机构。

若铰链四杆机构各杆的长度不满足杆长条件，则在该机构中将不存在周转副(即其四个转动副都是摆转副)，因而也就不可能存在曲柄。此时不论以何杆为机架，该四杆机构均为双摇杆机构。

2.3.2 急回运动特性

图2-22所示为一曲柄摇杆机构，设曲柄 AB 为原动件，在其转动一周过程中，有两次与连杆共线，这时摇杆 CD 分别位于两极限位置 C_1D 和 C_2D。摇杆在两极限位置间的摆角为 ψ。机构在两个极位时，原动件 AB 所处两个位置之间所夹的锐角 θ 称为极位夹角。如图2-22所示，当曲柄以等角速度 ω_1 顺时针转 $\varphi_1=180°+\theta$ 时，摇杆由位置 C_1D 摆到 C_2D，摆角是 ψ。

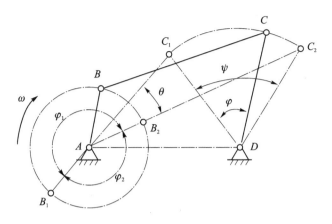

图 2-22 曲柄摇杆机构的急回特性

设所需时间为 t_1，C 点的平均速度为 v_1。当曲柄继续转过 $\varphi_2=180°-\theta$ 时，摇杆又从位置 C_2D 回到 C_1D，摆角仍然是 ψ，设所需时间为 t_2，C 点的平均速度为 v_2。由于摇杆往复摆动的摆角虽然相同，但是相应的曲柄转角不等，即 $\varphi_1>\varphi_2$，而曲柄又是等速转动的，所以有 $t_1>t_2$，因而 $v_1<v_2$。它表明摇杆在摆回运动中的急回程度，通常用所谓行程速度变化系数 K 来衡量，即

$$K=\frac{v_2}{v_1}=\frac{\overset{\frown}{C_1C_2}/t_2}{\overset{\frown}{C_1C_2}/t_1}=\frac{t_1}{t_2}=\frac{\varphi_1}{\varphi_2}=\frac{180°+\theta}{180°-\theta} \tag{2-3}$$

如已知 K（也称为行程速比系数），即可以求得极位夹角

$$\theta=180°\times\frac{K-1}{K+1} \tag{2-4}$$

上述分析表明：当曲柄摇杆机构在运动过程中出现极位夹角 θ 时，机构便具有急回运动特性。θ 角愈大，K 值愈大，机构的急回运动特性也愈显著。所以可通过分析机构中是否存在极位夹角 θ 及 θ 的大小，来判定机构是否有急回运动及急回运动的程度。在一般机械中，$1\leqslant K\leqslant 2$。

图 2-23(a)、图 2-23(b) 分别表示偏置曲柄滑块机构和摆动导杆机构的极位夹角。用式 (2-3) 同样可求相应的行程速度变化系数 K。

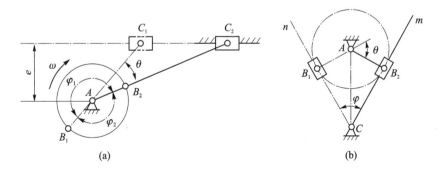

图 2-23 极位夹角

2.3.3 压力角和传动角

在图 2-24 所示的四杆机构中，若不考虑各运动副中的摩擦力及构件重力和惯性力的影

响,则连杆 BC 为二力杆,由主动件 AB 经过连杆 BC 传递到从动件 CD 上点 C 的力,将沿 BC 方向。力 F 可分解为沿受力点 C 的速度方向的分力 F_t 及垂直 v_x 方向的分力 F_n。设力 F 与受力点 C 的速度方向之间所夹锐角为 α,则

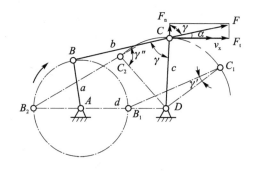

图 2-24 压力角和传动角

$$\left. \begin{array}{l} F_t = F\cos\alpha, \\ F_n = F\sin\alpha \end{array} \right\} \quad (2-5)$$

其中 F_t 是推动从动件 CD 运动的有效分力,而 F_n 只能使铰链 C 和 D 产生径向压力。

由上式可知 α 越大,径向压力 F_n 也越大,故称角 α 为压力角。F_n 在摩擦副中产生较大的阻力,当 F_t 不能克服这个阻力时,从动件不能运动,机构自锁。压力角的余角称为传动角,用 γ 表示,$\gamma = 90° - \alpha$(连杆 BC 与从动件 CD 所夹的锐角)。由上式可见,γ 角愈大,则有效分力 F_t 愈大,而 F_n 愈小,因此对机构的传动愈有利。在连杆机构中,为了度量方便,常用传动角的大小及变化情况来表示机构传力性能的好坏。

在机构的运动过程中,传动角 γ 的大小是变化的。当曲柄 AB 转到与机架重叠共线(AB_1 位置)和拉直共线时(AB_2 位置),传动角出现极值 γ' 和 γ''。这两个角大小分别为:

$$\left. \begin{array}{l} \gamma' = \arccos \dfrac{b^2 + c^2 - (d-a)^2}{2bc} \\ \gamma'' = 180° - \arccos \dfrac{b^2 + c^2 - (d+a)^2}{2bc} \end{array} \right\} \quad (2-6)$$

比较这两个位置的传动角,即可求得最小传动角。为了保证机构的传动性能良好,设计时通常应使 $\gamma_{\min} \geqslant 40°$;在传递力矩较大时,则应使 $\gamma_{\min} \geqslant 50°$,对于一些受力很小或不常使用的操作机构,则可允许传动角小些,只要不发生自锁即可。

2.3.4 死 点

在图 2-25 所示的曲柄摇杆机构中,设摇杆 CD 为主动件,则当机构处于图示虚线两个位置之一时,连杆与从动曲柄共线,出现了传动角 $\gamma = 0°$ 的情况。这时主动件 CD 通过连杆作用于从动件 AB 上的力恰好通过其回转中心,所以不能使构件 AB 转动而出现"顶死"现象。机构的此种位置称为死点。为了消除死点位置的不良影响,可以对从动曲柄施加外力或利用飞轮及构件自身惯性的作用,使机构能够顺利地通过死点而正常运转。

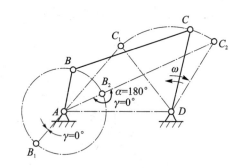

图 2-25 曲柄摇杆机构的死点

如图 2-26 所示的缝纫机脚踏板驱动机构,就是利用传动带轮的惯性作用使机构通过死点位置的。

死点位置对传动虽然不利,但在工程实践中,也常常利用机构的死点来实现特定的工作要

求。例如图 2-27 所示的飞机起落架机构,在机轮放下时,杆 BC 与杆 CD 的力通过其回转中心 D,所以起落架不会反转(折回),这样可使降落更加可靠。

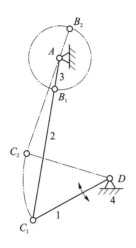

图 2-26 缝纫机踏板

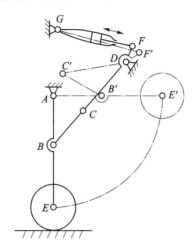

图 2-27 飞机起落架机构

2.4 平面四杆机构的设计

平面四杆机构设计的基本问题是根据工作要求选定机构的类型,并确定机构的几何尺寸(称为尺度综合)。为了使机构设计得合理、可靠,通常还需要满足结构条件和动力条件(如最小传动角)等。在设计中主要解决两类问题:按照给定构件的位置或运动规律的要求,设计四杆机构;按照给定点的轨迹设计四杆机构。

四杆机构的设计方法有作图法、解析法和实验法。作图法直观,可以手绘图,但误差较大,若采用 AutoCAD、CAXA 等软件可实现精确绘图;解析法精确,可通过 MATLAB 等软件实现;实验法简便。随着计算机技术的普及,解析法应用越来越广泛。

2.4.1 图解法设计四杆机构

1. 按连杆预定的位置设计四杆机构

当四杆机构的四个铰链中心确定后,其各杆的长度也就相应确定了,所以根据设计要求确定各杆的长度,可以通过确定四个铰链的位置来解决。

如图 2-28 所示,已知连杆的两个位置 B_1C_1,B_2C_2 和连杆的长度 l_2,要求用图解法设计该铰链四杆机构。

如上所述,这时该机构设计的主要问题是确定两固定铰链 A 和 D 点的位置,即可确定其他三杆长度。由于 B 和 C 两点运动轨迹是圆,该圆的中心就是固定铰链的位置。因此 A 和 D 的位置应分别位于 B_1B_2 和

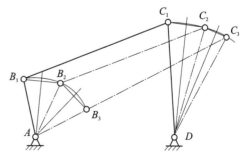

图 2-28 给定连杆三个位置设计

C_1C_2 的垂直平分线上,具体位置可根据需要选取,故有无穷多解。为了得到确定的解,可根据具体情况添加辅助条件。

若要求连杆占据预定的三个位置 B_1C_1,B_2C_2,B_3C_3,则可用上述方法分别作 B_1B_2,B_2B_3 的垂直平分线,其交点即为固定铰链 A 的位置;同理,分别作 C_1C_2,C_2C_3 的垂直平分线,其交点即为固定铰链 D 的位置。AB_1C_1D 即为所求的四杆机构。

2. 按给定的行程速比系数 K 设计四杆机构

根据行程速比系数 K 设计四杆机构时,可利用机构在极限位置时的几何关系,再结合其他辅助条件进行设计。

(1) 曲柄摇杆机构

设已知摇杆的长度 l_3、摆角 ψ 及行程速比系数 K,要求设计此曲柄摇杆机构。

设计的实质是确定铰链中心 A 点的位置,定出其他三杆的尺寸 l_1,l_2,l_4。设计步骤如下:

① 由给定的行程速比系数 K 计算极位夹角
$$\theta = 180°(K-1)/(K+1)$$

② 选取比例尺,然后如图 2-29 任取铰链 D,由摇杆的长度 l_3、摆角 ψ,作出摇杆的两个极限位置 C_1D 和 C_2D;

③ 连接 C_1 和 C_2,作 $C_1N \perp C_1C_2$;

④ 再作 C_2M 使 $\angle C_1C_2M = 90° - \theta$,得 C_2M 与 C_1N 的交点 P。显然 $\angle C_1PC_2 = \theta$;

⑤ 作 $\triangle PC_1C_2$ 的外接圆,则圆弧 C_1PC_2 上任一点 A 至 C_1 和 C_2 的连线的夹角 $\angle C_1AC_2$ 都等于极位夹角 θ,所以曲柄轴心 A 应在此圆弧上;

⑥ 因极限位置曲柄与连杆共线,故 $AC_1 = l_2 - l_1$,$AC_2 = l_2 + l_1$,故 $l_1 = (AC_2 - AC_1)/2$。再以 A 为圆心,l_1 为半径作圆交 C_1A 延长线与点 B_1,交 AC_2 于点 B_2,即得 $B_1C_1 = B_2C_2 = l_2$,$AD = l_4$。

由于 A 点可以在 $\triangle PC_1C_2$ 的外接圆上任选,故按前述条件,可得无穷多的解。但 A 点位置不同,机构传动角的大小、变化也不一样。故可以按照最小传动角或其他辅助条件来确定 A 点位置。如给定机架尺寸,则点 A 的位置也随之确定。

(2) 导杆机构

设已知摆动导杆机构的机架长度 l_4,行程速比系数 K,要求设计此机构。

由图 2-30 可以看出,导杆机构的极位夹角 θ 与导杆的摆角 ψ 相等。设计此四杆机构时,需要确定的几何尺寸仅有曲柄的长度 l_1。设计步骤如下:

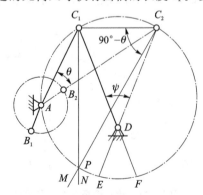

图 2-29 按 K 值设计曲柄摇杆机构

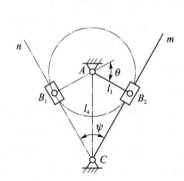

图 2-30 按 K 值设计导杆机构

① 根据行程速比系数 K 算出极位夹角
$$\theta = 180°(K-1)/(K+1)$$
② 选取比例尺,任选一点 C,作 $\angle mCn = \psi = \theta$,得出导杆两极限位置 Cm 和 Cn;
③ 再作摆角的平分线,在线上取 $AC = l_4$,即得曲柄的回转中心 A;
④ 过点 A 作导杆任一极位的垂直线 AB_1(或 AB_2),则该线段长即为曲柄的长度 l_1。

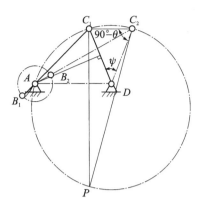

图 2-31 曲柄摇杆机构设计

例 2-1 设计一曲柄摇杆机构 $ABCD$。已知摇杆的长度 $l_{CD} = 40$ mm,摇杆的摆角 $\psi = 45°$,行程速比系数 $K = 1.2$,机架的长度 d 等于连杆长度 b 减去曲柄长度 a。试用作图法确定其余各杆尺寸。

解: ① 由给定的行程速比系数 K 计算极位夹角 $\theta = 180°(K-1)/(K+1) = 180° \times \frac{1.2-1}{1.2+1} = 16.36°$;

② 取 $\mu_l = 2$ mm/mm,如图 2-31 任取一点为固定铰链 D,根据 $l_{CD} = 40$ mm,$\psi = 45°$,作出摇杆的两个极限位置 C_1D 和 C_2D;

③ 连接 C_1 和 C_2,作 $C_1P \perp C_1C_2$,$\angle C_1C_2P = 90° - \theta = 73.64°$,交点为 P,以 C_2P 为直径,作 $\triangle PC_1C_2$ 的外接圆;

④ 作 C_1D 的中垂线与 $\triangle PC_1C_2$ 的外接圆交于 A 点。由作图可知 $\triangle AC_1D$ 是等腰三角形,故 $AD = AC_1 = b - a$,A 即为固定铰链 A 点;

⑤ 连接 AC_1 和 AC_2。

量得 $\overline{AC_2} = 40$ mm 即 $l_{AB} + l_{BC} = \mu_l \cdot \overline{AC_2} = 2 \times 40$ mm $= 80$ mm

量得 $\overline{AC_1} = 26.5$ mm 即 $l_{BC} - l_{AB} = \mu_l \cdot \overline{AC_1} = 2 \times 26.5$ mm $= 53$ mm

$l_{AB} + l_{BC} - (l_{BC} - l_{AB}) = 2l_{AB} = 27$ mm,所以 $l_{AB} = 13.5$ mm

$l_{AB} + l_{BC} + l_{BC} - l_{AB} = 2l_{BC} = 133$ mm,所以 $l_{BC} = 66.5$ mm

$l_{AD} = \mu_l \cdot \overline{AD} = 2 \times 26.5$ mm $= 53$ mm

例 2-2 试设计一偏置曲柄滑块机构。已知滑块的行程速比系数 $K = 1.4$,滑块的行程 $H = 400$ mm,导路的偏距 $e = 200$ mm,如图 2-32 所示。求曲柄 l_{AB} 和连杆 l_{BC} 的长度。

解:分析: 已知行程速比系数 K,设计偏置曲柄滑块机构的方法与设计曲柄摇杆机构类似,先求出极位夹角,然后再根据滑块的行程 H,导路的偏距 e 确定各杆长度。

取作图比例尺 $\mu_l = 10$ mm/mm 作图:

① 由给定的行程速比系数 K 计算极位夹角
$$\theta = 180°(K-1)/(K+1) = 180° \times (1.4-1)/(1.4+1) = 30°$$

② 如图 2-31 作直线 C_1C_2,取 $C_1C_2 = 400\mu_l = 40$ mm,作 C_1C_2 的平行线 mn,且与 C_1C_2 相距 $e/\mu_l = 20$ mm;

③ 作 $C_2P \perp C_1C_2$,$\angle C_2C_1P = 90° - \theta = 60°$,二线交于 P 点;

④ 作 $\triangle PC_1C_2$ 的外接圆,与 mn 交于 A 点;

⑤ 连接 AC_1 和 AC_2。

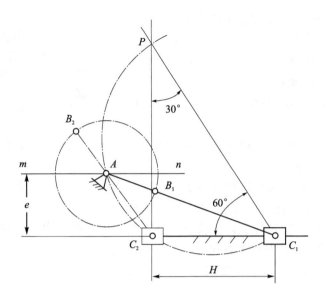

图 2-32 偏置曲柄滑块机构设计

量得 $\overline{AC_1}=60$ mm，即 $l_{AB}+l_{BC}=\mu_l \cdot \overline{AC_1}=10\times 60=600$ mm

量得 $\overline{AC_2}=25$ mm，即 $l_{BC}-l_{AB}=\mu_l \cdot \overline{AC_2}=10\times 25=250$ mm

故 $l_{AB}+l_{BC}+(l_{BC}-l_{AB})=2l_{BC}=850$ mm，所以 $l_{BC}=425$ mm

故 $l_{AB}+l_{BC}-(l_{BC}-l_{AB})=2l_{AB}=350$ mm，所以 $l_{AB}=175$ mm

2.4.2 解析法设计四杆机构

按两连架杆预定的对应位置设计四杆机构。在图 2-33 所示的铰链四杆机构中，已知连架杆 AB 和 CD 的三个对应位置 $\varphi_1,\psi_1;\varphi_2,\psi_2;\varphi_3,\psi_3$。要求确定各杆的长度 l_1,l_2,l_3 和 l_4。现以解析法求解。该机构的各杆长度按同一比例增减时，各杆转角间的关系不变，因此只需确定各杆的相对长度。取 $l_1=1$，则该机构的待求参数只有三个。

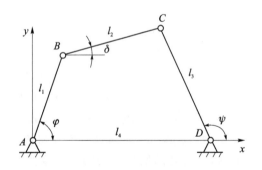

图 2-33 机构封闭多边形

该机构组成封闭的四边形，取各杆在 x 轴和 y 轴的投影，可得以下关系式：

$$\left.\begin{array}{r}\cos\varphi+l_2\cos\delta=l_4+l_3\cos\psi\\ \sin\varphi+l_2\sin\delta=l_3\sin\psi\end{array}\right\} \quad (2-7)$$

将 $\cos\varphi$ 和 $\sin\varphi$ 移到等式右边，再把等式两边平方相加，即可消去 δ，整理后得：

$$\cos\varphi=\frac{l_4^2+l_3^2+1-l_2^2}{2l_4}+l_3\cos\psi-\frac{l_3}{l_4}\cos(\psi-\varphi)$$

为简化上式，令

$$\left.\begin{array}{l} P_0 = l_3 \\ P_1 = -l_3/l_4 \\ P_2 = \dfrac{l_4^2 + l_3^2 + 1 - l_2^2}{2l_4} \end{array}\right\} \quad (2-8)$$

则有

$$\cos\varphi = P_0\cos\psi + P_1\cos(\psi-\varphi) + P_2 \quad (2-9)$$

式(2-9)即为两连架杆转角之间的关系式。将已知的三对对应转角分别代入上式可得方程组

$$\left.\begin{array}{l} \cos\varphi_1 = P_0\cos\psi_1 + P_1\cos(\psi_1-\varphi_1) + P_2 \\ \cos\varphi_2 = P_0\cos\psi_2 + P_1\cos(\psi_2-\varphi_2) + P_2 \\ \cos\varphi_3 = P_0\cos\psi_3 + P_1\cos(\psi_3-\varphi_3) + P_2 \end{array}\right\} \quad (2-10)$$

解方程组(2-10)可以解出三个未知数。将它们代入式(2-8)即可求得 l_1, l_2, l_3 和 l_4。各杆长同时乘以任意比例系数,所得的机构都能实现对应的转角。

如果仅给定两连架杆的两对位置,则方程组只能得两个方程,三个参数中的一个可以任意给定,故有无穷个解。若给定两连架杆的位置超过三对,一般没有精确解,但可以用优化的方法或实验法试做,求其近似解。

例 2-3 已知两连架杆的三组对应位置:$\varphi_1=55°, \psi_1=60°$;$\varphi_2=75°, \psi_2=85°$;$\varphi_3=105°, \psi_3=100°$。若取机架的 AD 长度 $l_{AD}=300$ mm,试用解析法求解铰链四杆机构的各杆长度。

解:将三组对应转角代入方程组

$$\left.\begin{array}{l} \cos 55° = P_0\cos 60° + P_1\cos(60°-55°) + P_2 \\ \cos 75° = P_0\cos 85° + P_1\cos(85°-75°) + P_2 \\ \cos 105° = P_0\cos 100° + P_1\cos(100°-105°) + P_2 \end{array}\right\}$$

解得各杆的相对长度 $P_0=1.2356, P_1=-17.1591, P_2=17.0496$。即各杆的相对长度,$l_3=P_0=1.2356, l_4=-l_3/P_1=0.072, l_2=\sqrt{l_4^2+l_3^2+1-2l_4^2 P_2}=0.2771, l_1=1$。

将 $l_{AD}=300$ mm 代入可得四杆机构各杆的尺寸 $l_{AB}=4167$ mm,$l_{BC}=1155$ mm,$l_{CD}=5148$ mm,$l_{AD}=300$ mm。

解析法设计四杆机构可以利用软件编程实现。MATLAB 作为一种应用最广泛的基于矩阵的科学计算软件,不仅具有强大的数值计算、符号运算功能,而且可以像 BASIC、C 等计算机高级语言一样进行程序设计、编写 M 文件。MATLAB 语言还提供了丰富的图形表达功能,能够实现二维、三维甚至四维图像的可视化。

本例题如果采用 MATLAB 语言编程求解,程序如下。

％JD1 代表角度 φ_1,D1 代表角度 ψ_1,JD2 代表角度 φ_2,D2 代表角度 ψ_2,JD3 代表角度 φ_3,D3 代表角度 ψ_3。LAD 代表 AD 杆长。

```
function f=sgig(JD1,D1,JD2,D2,JD3,D3,LAD)
A=[cos(D1*pi/180)cos(D1*pi/180-JD1*pi/180)1;
cos(D2*pi/180)cos(D2*pi/180-JD2*pi/180)1;
cos(D3*pi/180)cos(D3*pi/180-JD3*pi/180)1];
B=[cos(JD1*pi/180)cos(JD2*pi/180)cos(JD3*pi/180)];
x=A\B;
```

```
p0=x(1,1);
p1=x(2,1);
p2=x(3,1);
L3=p0;
L4=-L3/p1;
L2=sqrt(L4*L4+L3*L3+1-2*L4*p2);
LAB=LAD/L4
LBC=LAB*L2
LCD=LAB*L3
```

2.4.3 实验法和图谱法设计四杆机构

如图 2-34 所示，已知两连架杆 1 和连架杆 3 的四对对应转角 $\varphi_{12}, \varphi_{23}, \varphi_{34}, \varphi_{45}$ 和 $\psi_{12}, \psi_{23}, \psi_{34}, \psi_{45}$，试用实验法近似实现满足这一要求的四杆机构。

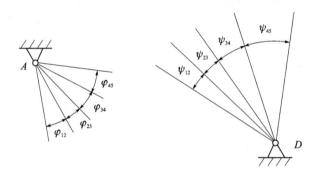

图 2-34 给定连架杆四对位置

① 如图 2-35(a)所示，在图纸上任取一点 A 作为连架杆 1 的转动中心，并任选 AB_1 作为连架杆 1 的长度 l_1，根据给定的 $\varphi_{12}, \varphi_{23}, \varphi_{34}, \varphi_{45}$ 作出 AB_2, AB_3, AB_4 和 AB_5。

② 选取连杆 2 的合适长度 l_2，以 B_1, B_2, B_3, B_4 和 B_5 各点为圆心，以 l_2 为半径做圆弧 K_1, K_2, K_3, K_4 和 K_5。

③ 如图 2-35(b)所示，在透明纸上选定一点 D 作为连架杆 3 的转动中心，并任选 Dd_1 作为连架杆 3 的第一位置，根据给定的 $\psi_{12}, \psi_{23}, \psi_{34}$ 和 ψ_{45}，作出 Dd_1, Dd_2, Dd_3 和 Dd_4。再以点 D 为圆心，以连架杆 3 可能的不同长度为半径作一系列同心圆弧。

④ 将画在透明纸上的图 2-35(b)覆盖在图 2-35(a)上进行试凑(见图 2-35(c))，使圆弧 K_1, K_2, K_3, K_4, K_5 分别与连架杆 3 的对应位置 $Dd_1, Dd_2, Dd_3, Dd_4, Dd_5$ 的交点 C_1, C_2, C_3, C_4, C_5 位于(或近似位于)以 D 为圆心的某一同心圆周上。则图形 AB_1C_1D 即为所要的四杆机构。

若移动透明纸，不能使交点 C_1, C_2, C_3, C_4 落在同一圆弧上，则需要改变连架杆 2 的长度，然后重复以上步骤，直到这些交点正好落在或近似落在透明纸的同一圆弧上。

上述方法求出的图形 AB_1C_1D 只表达所求机构各杆的相对长度。各杆的实际尺寸只要与 AB_1C_1D 保持同样的比例，都能满足设计要求。

这种几何实验法方便、实用，并相当精确，在机械设计中被广泛使用。这种方法同样适用于曲柄滑块机构的设计。

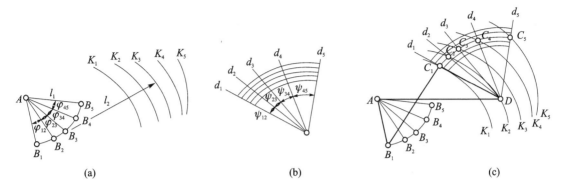

图 2-35 几何实验法设计四杆机构

四杆机构运动时,连杆作平面复杂运动,连杆上每一点都绘出一条封闭曲线——连杆曲线。在工程上,常常利用事先编成的连杆曲线谱,即采用图谱法设计铰链四杆机构。所设计的连杆机构能近似地实现按照给定的运动轨迹进行工作的要求。

习 题

1. 简答题

(1) 什么是连杆机构的急回运动特性?

(2) 什么叫"死点",如何利用或避免"死点"位置?

(3) 什么是连杆机构的压力角和传动角?

(4) 加大四杆机构原动件的驱动力,能否使该机构越过死点位置?应采用什么方法越过死点位置?

2. 分析题

(1) 根据图 2-36 中注明的尺寸,判别各四杆机构的类型。

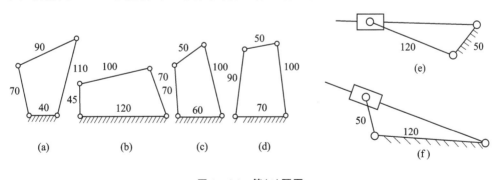

图 2-36 第(1)题图

(2) 在图 2-37 所示的铰链四杆机构中,已知 $l_{BC}=100$ mm,$l_{CD}=70$ mm,$l_{AD}=60$ mm,AD 为机架。试问:

① 若此机构为曲柄摇杆机构,且 AB 为曲柄,求 l_{AB} 的最大值;

② 若此机构为双曲柄机构,求 l_{AB} 的最小值;

③ 若此机构为双摇杆机构,求 l_{AB} 的取值范围。

(3) 设计一曲柄摇杆机构,如图 2-38 所示,已知机构的摇杆 DC 长度为 150 mm,摇杆的两极限位置的夹角为 45°,行程速比系数 K=1.5,机架长度取 90 mm。(用图解法求解,μ_l=4 mm/mm)

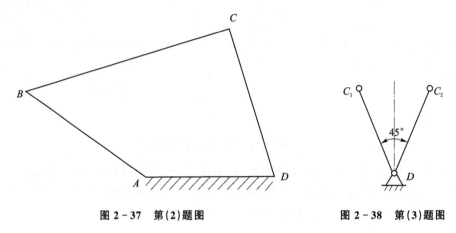

图 2-37 第(2)题图　　　图 2-38 第(3)题图

(4) 设计一摆动导杆机构,已知摆动导杆机构的机架长度 d=450 mm,行程速比系数 K=1.40。(比例尺 μ_l=13 mm/mm)

第 3 章 凸轮机构

3.1 凸轮机构的应用和类型

3.1.1 凸轮机构的应用

凸轮是一种具有曲线轮廓或凹槽的构件,它通过与从动件的高副接触,在运动时可以使从动件获得连续或不连续的任意预期运动。凸轮机构在各种机械中有大量的应用。即使在现代化程度很高的自动机械中,凸轮机构的作用也是不可替代的。

凸轮机构由凸轮、从动件和机架三部分组成,结构简单、紧凑,只要设计出适当的凸轮轮廓曲线,就可以使从动件实现任意的运动规律。在自动机械中,凸轮机构常与其他机构组合使用,充分发挥各自的优势,扬长避短。由于凸轮机构是高副机构,易于磨损;磨损后会影响运动规律的准确性,因此只适用于传递动力不大的场合。

图 3-1 所示为内燃机配气凸轮机构,凸轮以等角速度回转,它的轮廓驱使从动件阀杆按预期的运动规律启闭阀门。

图 3-2 所示为绕线机中用于排线的凸轮机构,当绕线轴快速转动时,经蜗轮蜗杆传动带动凸轮缓慢地转动,通过凸轮轮廓与尖顶 A 之间的作用,驱使从动件往复摆动,从而使线均匀地缠绕在绕线轴上。

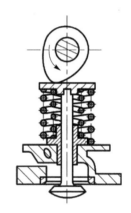

图 3-1 内燃机配气机构

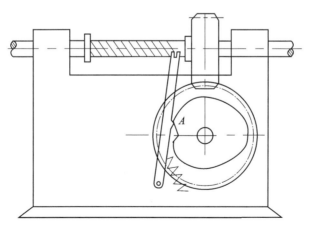

图 3-2 绕线机构

图 3-3 为自动机床中的横向进给机构,当凸轮等速回转一周时,凸轮的曲线外廓推动从动件带动刀架完成以下动作:车刀快速接近工件,等速进刀切削,切削结束刀具快速退回,停留

一段时间再进行下一个运动循环。

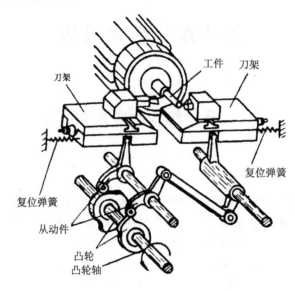

图 3-3 自动机床中的横向进给机构

图 3-4 为糖果包装剪切机构,它采用了凸轮—连杆机构,槽凸轮 1 绕定轴 B 转动,摇杆 2 与机架铰接于 A 点。构件 5 和 6 与构件 2 组成转动副 D 和 C,与构件 3 和 4(剪刀)组成转动副 E 和 F。构件 3 和 4 绕定轴 K 转动。凸轮 1 转动时,通过构件 2、5 和 6,使剪刀打开或关闭。

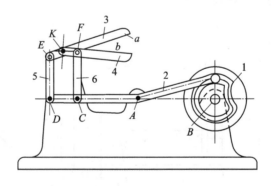

图 3-4 糖果包装剪切机构

3.1.2 凸轮机构的类型

凸轮机构由凸轮、从动件和机架三部分组成,根据凸轮的形状可分为盘形凸轮、移动凸轮和圆柱凸轮三种,按照从动件的形式可分为尖顶从动件、滚子从动件和平底从动件。

1. 按凸轮的形状分

(1) 盘形凸轮

盘形凸轮是凸轮的最基本型式。这种凸轮是一个绕固定轴转动并且具有变化半径的盘形零件,如图 3-5 所示。

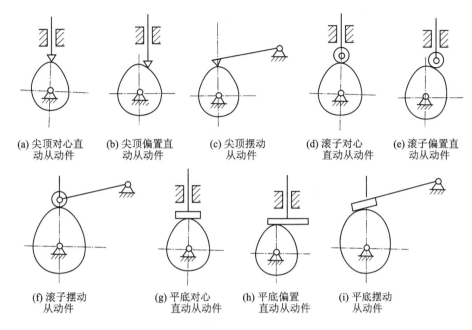

图 3-5 盘形凸轮

(2) 移动凸轮

当盘形凸轮的回转中心趋于无穷远时,凸轮相对机架作直线运动,这种凸轮称为移动凸轮,如图 3-6 所示。

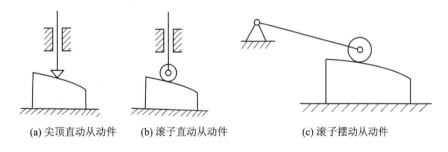

图 3-6 移动凸轮

(3) 圆柱凸轮

将移动凸轮卷成圆柱体即成为圆柱凸轮,如图 3-7 所示。

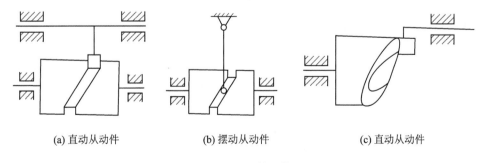

图 3-7 圆柱凸轮

2. 按从动件的形状分

(1) 尖顶从动件

如图 3-2 所示,尖顶能与复杂的凸轮轮廓保持接触,因而能实现任意预期的运动规律。但尖顶与凸轮是点接触,磨损快,只宜用于受力不大的低速凸轮机构。

(2) 滚子从动件

如图 3-8 所示。为了克服尖顶从动件的缺点,在从动件的尖顶处安装一个滚子,即成为滚子从动件。滚子和凸轮轮廓之间为滚动摩擦,耐磨损,可承受较大载荷,所以是从动件中最常用的一种型式。

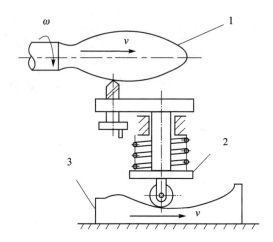

1—工件;2—刀架;3—靠模板

图 3-8 靠模车削凸轮机构

(3) 平底从动件

如图 3-1 所示,这种从动件与凸轮轮廓表面接触的端面为一平面。显然,它不能与凹陷的凸轮轮廓相接触。这种从动件的优点是:当不考虑摩擦时,凸轮与从动件之间的作用力始终与从动件的平底相垂直,传动效率较高,且接触面间易形成油膜,利于润滑,故常用于高速凸轮机构。

3. 按从动件的运动形式分

(1) 直动从动件

从动件相对于机架作往复直线运动,如图 3-1、图 3-7(a),图 3-7(c) 和图 3-8 所示。

(2) 摆动从动件

从动件相对于机架作往复摆动,如图 3-2 和图 3-4 所示。

4. 按凸轮与从动件维持高副接触(锁合)的方式分

(1) 力锁合

利用从动件的重力、弹簧力或其他外力使从动件和凸轮保持接触,如图 3-1、图 3-2 和图 3-8 所示。

(2) 几何锁合

依靠凸轮与从动件的特殊几何形状而始终维持接触,如图 3-4 和图 3-7(a),图 3-7(c) 所示。

3.2 从动件的常用运动规律

设计凸轮结构时,首先应根据工作要求确定从动件的运动规律,然后按照这一运动规律设计凸轮轮廓线。

3.2.1 平面凸轮机构的工作过程和运动参数

以图 3-9 所示的尖顶直动从动件盘形凸轮机构为例,说明从动件的运动规律与凸轮轮廓线之间的相互关系。

如图 3-9(a)所示从动件偏心布置,偏心距为 e,过圆心 O 以 e 为半径的圆称为偏距圆;以凸轮轮廓的最小向径 r_0 为半径所绘的圆称为基圆。当尖顶与凸轮轮廓上的 A 点(基圆与轮廓 AB 的连接点)相接触时,从动件处于上升的起始位置。当凸轮以 ω 等角速逆时针方向回转 δ_t 时,从动件尖顶被凸轮轮廓推动,以一定运动规律由离回转中心最近位置 A 到达最远位置,这个过程称为推程。这时它所走过的距离 h 称为从动件的行程,而与推程对应的凸轮转角称为推程运动角。当凸轮继续回转 δ_s 时,以 O 点为中心的圆弧 BC 与尖顶相作用,从动件在最远位置停留不动,称为远休止角。凸轮继续回转 δ_h 时,从动件在弹簧力或重力作用下,以一定运动规律回到最低点,这个过程称为回程,回程中移动的距离也为 h,δ_h 称为回程运动角。当凸轮继续回转 δ_s' 时,以 O 点为中心的圆弧 DA 与尖顶相作用,从动件在最近位置停留不动,称为近休止角。凸轮转过一圈,机构完成一个工作循环,从动件则完成一个"升—停—降—停"的运动循环。

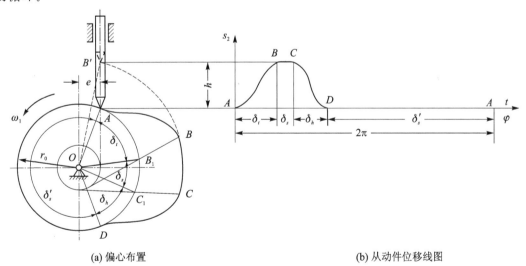

(a) 偏心布置 (b) 从动件位移线图

图 3-9 凸轮轮廓与从动件位移线图

如果以直角坐标系的纵坐标代表从动件位移 s_2,横坐标表示凸轮转角 φ_1(因通常凸轮等角速转动,故横坐标也代表时间 t),则可以画出从动件位移 s_2 与凸轮转角 φ_1 之间的关系曲线,如图 3-9(b)所示,称为从动件位移线图。

由以上分析可知,从动件的位移线图取决于凸轮轮廓曲线的形状。也就是说,从动件的不同运动规律要求凸轮具有不同的轮廓曲线。

3.2.2 从动件常用的运动规律

常用的从动件运动规律有等速运动规律,等加速—等减速运动规律、余弦加速度运动规律以及正弦加速度运动规律等。表 3-1 中介绍了几种从动件常用运动规律。

表 3-1 从动件常用运动规律

运动规律		运动方程	推程运动线图	冲击
等速运动	推程	$s = \dfrac{h}{\delta_t}\varphi$ $v = v_0 = \dfrac{h}{\delta_t}\omega$ $a = 0$		刚性
	回程	$s = h - \dfrac{h}{\delta_h}(\varphi - \delta_t - \delta_s')$ $v = -\dfrac{h}{\delta_h}\omega$ $a = 0$		
简谐运动	推程	$s = \dfrac{h}{2}\left(1 - \cos\dfrac{\pi}{\delta_t}\varphi\right)$ $v = \dfrac{h\pi\omega}{2\delta_t}\sin\dfrac{\pi}{\delta_t}\varphi$ $a = \dfrac{h\pi^2\omega^2}{2\delta_t^2}\cos\dfrac{\pi}{\delta_t}\varphi$		柔性
	回程	$s = \dfrac{h}{2}\left[1 + \cos\dfrac{\pi}{\delta_h}(\varphi - \delta_t - \delta_s)\right]$ $v = -\dfrac{h\pi\omega}{2\delta_h}\sin\dfrac{\pi}{\delta_h}(\varphi - \delta_t - \delta_s)$ $a = -\dfrac{h\pi^2\omega^2}{2\delta_h^2}\cos\dfrac{\pi}{\delta_h}(\varphi - \delta_t - \delta_s')$		
正弦加速度运动	推程	$s = h\left(\dfrac{\varphi}{\delta_t} - \dfrac{1}{2\pi}\sin\dfrac{2\pi}{\delta_t}\varphi\right)$ $v = \dfrac{h\omega}{\delta_t}\left(1 - \cos\dfrac{2\pi}{\delta_t}\varphi\right)$ $a = \dfrac{2h\pi\omega^2}{\delta_t^2}\sin\dfrac{2\pi}{\delta_t}\varphi$		无
	回程	$s = h\left[1 - \dfrac{\varphi - \delta_t - \delta_s'}{\delta_h} + \dfrac{1}{2\pi}\sin\dfrac{2\pi}{\delta_h}(\varphi - \delta_t - \delta_s')\right]$ $v = -\dfrac{h\omega}{\delta_h}\left[1 - \cos\dfrac{2\pi}{\delta_h}(\varphi - \delta_t - \delta_s')\right]$ $a = -\dfrac{2h\pi\omega^2}{\delta_h^2}\sin\dfrac{2\pi}{\delta_h}(\varphi - \delta_t - \delta_s')$		

1. 等速运动

如表 3-1 所列,从动件推程作等速运动时,其位移线图为一斜直线,速度线图为一水平直线。运动开始时,从动件速度由零突变为 v_0,理论上该处加速度 a 趋近 $+\infty$;同理,运动终止时,速度由 v_0 突变为零,a 趋近 $-\infty$(由于材料有弹性变形,实际上不可能达到无穷大)。由此产生的巨大惯性力导致强烈冲击。这种强烈冲击称为刚性冲击,会造成严重危害。因此,等速运动规律不宜单独使用,运动开始和终止段必须加以修正(参看图 3-10)。

2. 简谐运动

点在圆周上匀速运动时,它在这个圆的直径上的投影所构成的运动称为简谐运动。

简谐运动规律位移线图的做法如表 3-1 所列。把从动件的行程 h 作为直径画半圆,将此半圆分成若干等分(图中为 6 等分),得 1、2、3、…。再把凸轮运动角 δ_t 也分成相同等分,并作垂直线 11、22、33、…,然后将圆周上的等分点投影到相应的垂直线上得 $1'$、$2'$、$3'$、…点。用光滑曲线连接这些点,便得到简谐运动的位移线图。其方程为

$$S = \frac{h}{2}(1 - \cos\theta)$$

由图可知,当 $\delta_t = \pi$ 时,$\theta = \frac{\pi}{\delta_t}\varphi$。代入上式可得从动件推程作简谐运动的位移方程。由此可导出其速度方程和加速度方程。

从加速度线图可见,简谐运动规律在运动开始和运动终止时,加速度数值有突变,导致惯性力突然变化而产生冲击。但是此处加速度的变化量和冲击都是有限的。这种有限冲击称为柔性冲击,在高速状态下也会产生不良的影响。由此,简谐运动规律只宜用于中、低速凸轮机构。

3. 正弦加速度运动

如表 3-1 所列,正弦加速度运动规律的 a-t 线图为一正弦曲线,其位移为摆线在纵轴上的投影,故又称摆线运动规律。由运动线图可见,这种运动规律既无速度突变,也没有加速度突变,没有任何冲击,故可用于高速凸轮。它的缺点是加速度最大值 $a_{\max}$ 较大,惯性力较大,要求较高的加工精度。

上述运动规律的推程和回程运动方程列于表 3-1 之中。

为了进一步降低 $a_{\max}$ 或满足某些特殊要求,近代高速凸轮的运动线图还采用多项式曲线或几种曲线的组合。例如图 3-10 所示运动线图便是等速运动和正弦加速度两种运动规律组合而成。既使从动件大部分行程保持匀速运动,又能避免起始和终止阶段产生冲击。

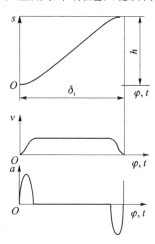

图 3-10 组合运动规律

3.3 凸轮机构的压力角

作用在从动件上的驱动力与该力作用点绝对速度之间所夹的锐角称为压力角。在不计摩擦时,高副中构件的力是沿法线方向作用的。因此,对于高副机构,压力角也就是接触轮廓法线与从动件速度方向所夹的锐角。

在设计凸轮机构时,除了要求从动件能实现预期运动规律之外,还希望机构有较好的受力

情况和较小的尺寸,为此,需要讨论压力角对机构的受力情况及尺寸的影响。

3.3.1 压力角与作用力的关系

图 3-11 所述为尖顶直动从动件盘形凸轮机构。当不计凸轮与从动件之间的摩擦时,凸轮给予从动件的力 F 是沿法线方向的,从动件运动方向与力 F 之间的锐角 α 即压力角。力 F 可分解为沿从动件运动方向的有用分力 F_y 和使从动件紧压导路的有害分力 F_x,且

$$F_x = F_y \tan \alpha$$

上式表明,驱动从动件的有用分力 F_y 一定时,压力角 α 越大,则有害分力 F_x 越大,机构的效率越低。当 α 增大到一定程度,以致 F_x 在导路中所引起的摩擦阻力大于有用分力 F_y 时,无论凸轮加给从动件的作用力多大,从动件都不能运动。这种现象称为自锁。为了保证凸轮机构正常工作并具有一定的传动效率,必须对压力角加以限制。凸轮轮廓曲线上各点的压力角一般是变化的,在设计时应使最大压力角不超过许可值。通常,对于直动从动件凸轮机构,建议取许用压力角 $[\alpha]=45°$。常见的依靠外力使从动件与凸轮维持接触的凸轮机构,其从动件是在弹簧或重力作用下返回的,回程不会出现自锁。因此,对于这类凸轮机构,通常只需校核推程压力角。

3.3.2 压力角与凸轮机构尺寸的关系

由图 3-11 可以看出,在其他条件都不变的情况下,若把基圆增大,则凸轮的尺寸也将随之增大。因此,欲使机构紧凑就应当采用较小的基圆半径。但是,必须指出,基圆半径减小会引起压力角增大,这可以从下面压力角计算公式得到证明。

图 3-11 所示为偏置尖顶直动从动件盘形凸轮机构推程的一个任意位置。过凸轮与从动件的接触点 B 作公法线 $n-n$,它与过凸轮轴心 O 且垂直于从动件导路的直线相交于 P,P 就是凸轮和从动件的相对速度瞬心。由式(1-5)可知,$\overline{op} = \dfrac{v}{\omega} = \dfrac{ds_2}{d\varphi}$。因此,可由图得到直动从动件盘形凸轮机构的压力角计算公式为

$$\tan \alpha = \dfrac{\dfrac{ds_2}{d\varphi} \mp e}{s_2 + \sqrt{r_0^2 - e^2}} \quad (3-1)$$

式中:s_2 为对应凸轮转角 φ 的从动件位移。

公式说明,在其他条件不变的情况下,基圆 r_0 越小,压力角 α 越大。基圆半径过小,压力角就会超过许用值。因此,实际设计中应在保证凸轮轮廓的最大压力角不超过许用值的前提下,考虑缩小凸轮的尺寸。

在式(3-1)中,e 为从动件导路偏离凸轮回转中心的距离,称为偏距。当导路和瞬心 P 在凸轮轴心 O 的同侧时,式中取"-"号,e 增大,可

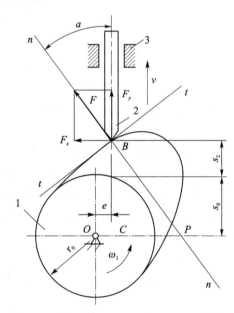

1—凸轮;2—从动件;3—机架

图 3-11 凸轮机构的压力角

使压力角减小；反之，当导路和瞬心 P 在凸轮轴心 O 的异侧时，取"+"号，e 增大，压力角将增大。因此，为了减小推程压力角，应将从动件导路向推程相对速度瞬心的同侧偏置。但须注意，用导路偏置法虽可使推程压力角减小，但同时却使回程压力角增大，所以偏距 e 不宜过大。

3.4 图解法绘制凸轮的轮廓

在合理地选择从动件的运动规律之后，根据工作要求、结构所允许的空间、凸轮转向和凸轮的基圆半径，就可设计凸轮的轮廓曲线。设计方法通常有图解法和解析法。图解法简单、直观，但精度有限，因此作图法用于低速或精度要求不高的场合。解析法精度较高，适用于高速或要求较高的场合。本节介绍几种常见的凸轮轮廓的绘制方法。

绘制原理

当凸轮机构工作时，凸轮是运动的，而绘制凸轮轮廓时，却需凸轮与图纸相对静止。所以用图解法绘制凸轮轮廓曲线要利用相对运动原理。

图 3-12 为一偏置直动尖顶从动件盘形凸轮机构。当凸轮以等角速度 ω_1 逆时针转动时，从动件将在导路内完成预期的运动规律。根据相对运动原理，如果给整个机构附加一个上绕凸轮轴心 O 的公共角速度 $-\omega_1$，机构各构件间的相对运动不变，但这样凸轮将静止不动，而从动件一方面随机架和导路以角速度 $-\omega_1$ 绕 O 点转动，另一方面又在导路中按原来的运动规律往复移动。由于尖顶始终与凸轮轮廓相接触，所以在从动件的这种复合运动中，其尖顶的运动轨迹就是凸轮轮廓曲线。这种按相对运动原理绘制凸轮轮廓曲线的方法称为"反转法"。

用"反转法"绘制凸轮轮廓在已知从动件位移线图和基圆半径等后，主要包含三个步骤：将凸轮的转角和从动件位移线图分成对应的若干等份；用"反转法"画出反转后从动件各导路的位置；根据所分的等份量得从动件相应的位移，从而得到凸轮的轮廓曲线。

3.4.1 直动从动件盘形凸轮轮廓的绘制

1. 偏置直动尖顶从动件盘形凸轮轮廓的绘制

图 3-12(a)所示为从动件导路通过凸轮回转中心的偏置尖顶直动从动件盘形凸轮机构。根据已知条件从动件的位移线图，如图 3-12(b)所示，凸轮的基圆半径 r_0，以及凸轮以等角速度 ω 顺时针转动，要求绘出此凸轮的轮廓。根据"反转法"原理，可以作图如下：

① 选择长度比例尺 μ_l（实际线性尺寸/图样线性尺寸）和角度比例尺 μ_δ（实际角度/图样线性尺寸）。

② 以基圆半径为半径作基圆，以 e 为半径作偏距圆与从动件导路切于 K 点。基圆与导路的交点 B_0 便是从动件尖顶的起始位置。

③ 位移线图的推程和回程所对应的转角分成若干等份（图中推程分 4 份，回程分 6 份）。

④ 在偏距圆上，自 OK 沿 ω_1 的相反方向取角度 $\delta_t、\delta s、\delta_h、\delta s'$，并将它们各分成与图 3-12(b) 对应的若干等分得 K_1、K_2、K_3……点。

⑤ 过 K_1、K_2、K_3……作偏距圆的一系列切线，它们便是反转后从动件导路线的各个位置。与基圆分别交于 C_1，C_2，C_3……点。

⑥ 在位移曲线中量取各个位移量，并取 $B_1'C_1 = 11'$，$B_2'C_2 = 22'$，$B_3'C_3 = 33'$……得反转后从动件尖顶的一系列位 B_1，B_2，B_3……

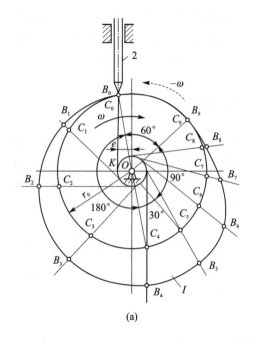
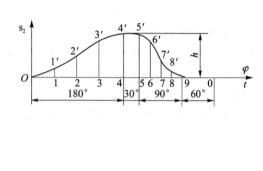

(a) (b)

图 3-12 偏置尖顶直动从动件盘形凸轮

⑦ 将 B_0, B_1, B_2, B_3 ……连成光滑的曲线,即是所求的偏置尖顶直动从动件盘形凸轮轮廓曲线。

2. 滚子直动从动件盘形凸轮

掌握了偏置直动尖顶从动件盘形凸轮轮廓的绘制技巧,如果从动件不是尖顶,而是滚子凸轮轮廓又怎样绘制出来呢?对于滚子从动件盘形凸轮机构,设计方法与尖顶从动件盘形凸轮相同,只是要把它的滚子中心看作为尖顶,则由上方法得出的轮廓曲线 η 称为理论轮廓曲线,然后以 η 上各点为圆心,滚子半径 r_T 为半径画一系列圆,再画这些圆的包络曲线 η',即为所设计的实际轮廓曲线,η' 称为实际轮廓曲线。

由作图过程可知,滚子从动件凸轮的基圆半径和压力角 α 均应当在理论轮廓上度量。

必须指出,滚子半径的大小对凸轮实际轮廓有很大影响。如图 3-14 所示,设理论轮廓外凸部分的最小曲率半径用 ρ_{min} 表示,滚子半径用 r_T 表示,则相应位置实际轮廓的曲率半径 $\rho' = \rho_{min} - r_T$。

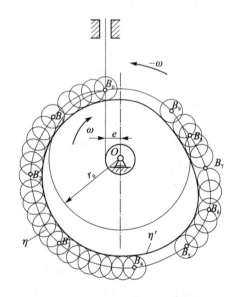

图 3-13 滚子直动从动件盘形凸轮

当 $\rho_{min} > r_T$ 时,如图 3-14(a)所示,这时,$\rho' > 0$,实际轮廓为一平滑曲线;

当 $\rho_{min} = r_T$ 时,如图 3-14(b)所示,这时,$\rho' = 0$,在凸轮实际轮廓上产生了尖点,这种尖点极易磨损,磨损后就会改变原定的运动规律;

当 $\rho_{min} < r_T$ 时,如图 3-14(c)所示,这时,$\rho' < 0$,实际轮廓曲线发生自交,交点以上的轮廓曲线在实际加工时将被切去,使这一部分运动规律无法实现,出现从动件规律失真现象。为了使凸轮轮廓在任何位置既不变尖,更不自交,滚子半径必须小于理论轮廓外凸部分的最小曲率半径 ρ_{min}(理论轮廓的内凹部分对滚子半径的选择没有影响)。如果 ρ_{min} 过小,按上述条件选择的滚子半径太小而不能满足安装和强度要求,就应当把凸轮基圆尺寸加大,重新设计凸轮轮廓。

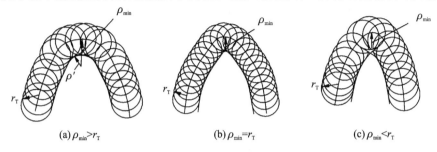

图 3-14 滚子半径的选择

3. 平底直动从动件盘形凸轮

当从动件的端部是平底时,凸轮实际轮廓曲线的求法与上述相仿。如图 3-15 所示,首先取平底与导路的交点 B_0 当作从动件的尖顶,按照尖顶从动件凸轮轮廓的绘制方法,求出尖顶反转后的一系列位置 $B_1、B_2、B_3、\cdots$,其次,过这些点画出一系列平底,最后作这些平底的包络线,便得到凸轮的实际轮廓曲线。由于平底与实际轮廓曲线相切的点是变化的,为了保证在所有位置平底都能与轮廓曲线相切,平底左右两侧的宽度必须分别大于导路至左右最远切点的距离 m 和 l。此外,还必须指出,基圆太小会使从动件运动失真。

如图 3-16 所示为位移线图相同,基圆大小不同求出的两条实际轮廓。显然,与 r_0' 对应的实际轮廓 η' 不能与过 $2'$ 的平底相切,导致运动失真;若基圆半径增大至 r_0'',则与之对应的实际轮廓 η'' 便可以与各个位置的平底相切,避免运动失真。

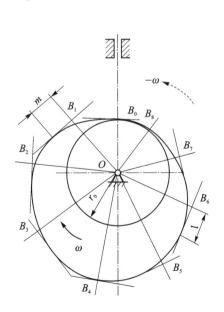

图 3-15 平底直动从动件盘形凸轮

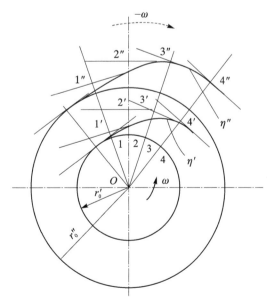

图 3-16 运动失真

3.4.2 摆动从动件盘形凸轮轮廓的绘制

已知从动件的角位移线图,如图 3-17(b)所示,凸轮与摆动从动件的中心距 L_{OA},摆动从动件的长度 L_{AB},凸轮的基圆半径 r_0,以及凸轮以等角速度 ω 逆时针方向回转,要求绘出此凸轮的轮廓。

用"反转法"求凸轮轮廓。令整个凸轮机构以角速度 $-\omega$ 绕 O 点回转,结果凸轮不动而摆动从动件一方面随机架以等角速度 $-\omega$ 绕 O 点回转,另一方面又绕 A 点摆动。因此,尖顶摆动从动件盘形凸轮轮廓曲线可按以下步骤绘制:

① 取比例尺,根据 L_{OA} 定出 O 点与 A_0 点的位置,以 O 为圆心以 r_0 为半径作基圆,再以 A_0 为中心及 L_{AB} 为半径作圆弧交基圆于 B_0 点,该点即为从动件尖顶的起始位置。ψ_0 称为从动件的初位角。

② 将 $\psi-\varphi$ 线图的推程运动角和回程运动角分为若干等分(图中各分为 4 等分)。

③ 以 O 点为圆心及 OA_0 为半径画圆,并沿 $-\omega$ 的方向取角 175°、150°、35°,各分为与图 3-17(b)相对应的若干等分,得 $A_1A_2A_3\cdots$,这些点即为反转后从动件回转轴心的一系列位置。

④ 由图 3-17(b)求出从动件摆角 ψ 在不同位置的数值。根据画出摆动从动件相对于机架的一系列位置 A_1B_1、A_2B_2、$A_3B_3\cdots$,即 $\angle OA_1B_1 = \psi_0 + \psi_1$、$\angle OA_2B_2 = \psi_0 + \psi_2$、$\angle OA_3B_3 = \psi_0 + \psi_3 + \cdots$。

⑤ 以 $A_1A_2A_3\cdots$ 为圆心、L_{AB} 为半径画弧截 A_1B_1 于 B_1 点,截 A_2B_2 于 B_2 点,截 A_3B_3 于 B_3 点…。最后将 B_0、B_1、B_2、$B_3\cdots$ 点连成光滑曲线,使得到尖顶摆动从动件凸轮的轮廓。

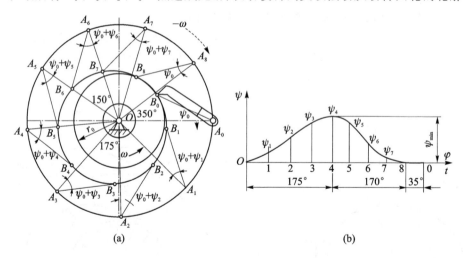

图 3-17 尖顶摆动从动件盘形凸轮

同上所述,如果采用滚子或平底从动件,则上述凸轮轮廓即为理论轮廓,只要在理论轮廓上选一系列点作滚子或平底,最后作它们的包络线,便可求出相应的实际轮廓。

按照结构需要选取基圆半径并按上述方法绘制的凸轮轮廓,必须校核推程压力角。以尖顶摆动从动件盘形凸轮为例(图 3-18),在凸轮推程轮廓比较陡峭的区段取若干点 B_1、$B_2\cdots$,作出过这些点的轮廓法线和从动件尖顶的运动方向线,求出它们之间所夹的锐角 α_1、α_2、$\cdots$,看其中最大值 α_{max} 是否超过许用压力角 $[\alpha]$。如果超过,就应修改设计。通常可用加大基圆半径的方法使 α_{max} 减小。

滚子从动件凸轮只需校核理论轮廓的压力角。平底从动件凸轮机构的压力角很小(例如图 3-15 中的平底从动件凸轮机构压力角恒等于零),且为不变量,故可不必校核。

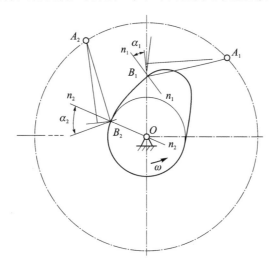

图 3-18 检验压力角

3.5 解析法设计凸轮轮廓

图解法可以简便地设计出凸轮轮廓,但由于作图误差较大,所以只适用于对从动件运动规律要求不太严格的地方。对于精度要求高的高速凸轮、靠模凸轮等,必须用解析法进行精确设计。

用解析法设计凸轮首先是建立凸轮轮廓曲线的数学方程式,然后根据方程准确地计算出凸轮轮廓曲线上各点的坐标值。这种繁琐、费时的大量计算工作,需要借助计算机。

凸轮轮廓曲线通常用以凸轮回转中心为极点的极坐标来表示。其理论轮廓曲线上各点的极坐标记为(ρ,θ);实际轮廓曲线上各对应点的极坐标记为(ρ_T,θ_T)。下面介绍几种凸轮轮廓的解析法设计。

3.5.1 滚子直动从动件盘形凸轮

设已知偏距e,基圆半径r_0,滚子半径r_T,从动件运动规律$s=s(\varphi)$以及凸轮以等角速度ω顺时针方向回转。根据反转法原理,可画出相对初始位置反转φ角的机构位置,如图 3-19 所示。

此时,从动件滚子中心B所在位置也就是理论轮廓上的一点,其极坐标为

$$\rho = \sqrt{(s+s_0)^2 + e^2}$$
$$\theta = \varphi + \beta - \beta_0$$

其中

$$s_0 = \sqrt{r_0^2 - e^2}$$
$$\tan \beta_0 = \frac{e}{s_0}$$

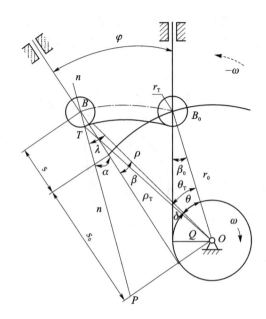

图 3-19 滚子直动从动件盘形凸轮轮廓——极坐标

$$\tan \beta = \frac{e}{s_0 + s}$$

由于凸轮实际轮廓曲线是理论轮廓曲线的等距曲线,所以两轮廓曲线对应点具有公共的曲率中心和法线。在图 3-19 中,过 B 点作理论轮廓的法线交滚子与 T 点,T 点就是实际轮廓上的对应点。由图知

$$\lambda = \alpha + \beta$$

式中;α 为压力角,其计算公式见式(3-1)。

实际轮廓上对应点 T 的极坐标为

$$\rho_T = \sqrt{\rho^2 + r_T^2 - 2\rho r_T \cos \lambda}$$
$$\theta_T = \theta + \delta$$

其中

$$\delta = \arctan \frac{r_T \sin \lambda}{\rho - r_T \cos \lambda}$$

3.5.2 平底直动从动件盘形凸轮

图 3-20 所示为一平底直动从动件盘形凸轮机构。

设已知基圆半径 r_0,从动件运动规律 $s = s(\varphi)$ 以及凸轮以等角速度 ω 顺时针方向回转。根据反转法原理,当机构相对初始位置反转 φ 角时,从动件的平底与凸轮轮廓在 T 点相切。过 T 点作公法线。求得凸轮与从动件的相对瞬心 P,由式(1-5)得

$$l_{op} = \frac{v}{\omega} = \frac{\mathrm{d}s}{\mathrm{d}\varphi}$$

由 $\triangle OTP$ 可求出凸轮实际轮廓上 T 点的极坐标值为

$$\rho_T = \sqrt{\left(\frac{\mathrm{d}s}{\mathrm{d}\varphi}\right)^2 + (r_0 + s)^2}$$

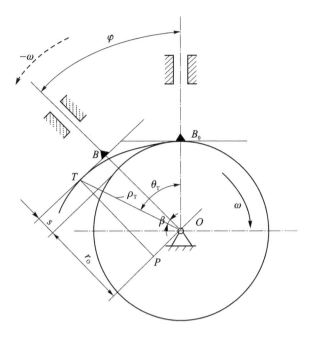

图 3-20 平底直动从动件盘形凸轮——极坐标

$$\theta_T = \varphi + \beta$$

其中

$$\tan\beta = \frac{ds/d\varphi}{r_0 + s}$$

当前,计算机辅助设计已广泛用于解析法设计凸轮轮廓。按照设计要求绘出程序框图,根据程序框图编写源程序,然后上机计算。它不仅能迅速得到凸轮轮廓上各点坐标值,而且可以在屏幕上画出凸轮轮廓,以便随时修改设计参数,得到最佳设计方案。为了简化设计,对于凸轮机构的不同类型(对心、偏置、直动、摆动、尖顶、滚子、平底)以及从动件的各种常用运动规律,都可以编制成子程序以备调用。输入不同的数据,计算机就会输出相应的轮廓坐标、图形和最大压力角值。随着计算机软件技术的发展,已经出现了多种新型绘图软件和设计软件,这里不再阐述。

习 题

(1) 图 3-21 所示为一偏置直动从动件盘形凸轮机构。已知 AB 段为凸轮的推程廓线,试在图上标注推程运动角 φ。

(2) 图 3-22 所示为一偏置直动从动件盘形凸轮机构。已知凸轮是一个以 C 为圆心的圆盘,试求轮廓上 D 点与尖顶接触时的压力角,并作图表示。

(3) 已知直动从动件升程 $h=30$ mm,$\varphi=150°$,$\varphi_1=30°$,$\varphi'=120°$,$\varphi''=60°$,从动件在推程和回程均作简谐运动,试运用作图法绘出其运动线图 $s-t$、$v-t$ 和 $a-t$。

(4) 设计图 3-23 所示偏置直动滚子从动件盘形凸轮。已知凸轮以等角速度顺时针方向回转,偏距 $e=10$ mm,凸轮基圆半径 $r_0=60$ mm,滚子半径 $r_T=10$ mm,从动件的升程及运动规律与题第 3 题相同,试用图解法绘出凸轮的轮廓并校核推程压力角。

(5) 已知条件同题 4,试用解析法通过计算机辅助设计求出凸轮理论轮廓和实际轮廓上各点的坐标值(每隔 2°计算一点),推程 α 的数值,并打印凸轮轮廓。

(6) 图 3-24 所示自动车床控制刀架的滚子摆动从动件凸轮机构中,已知 $L_{OA}=60$ mm,$L_{AS}=36$ mm,$r_0=35$ mm,$r_T=8$ mm。从动件的运动规律如下:当凸轮以等角速度 ω 逆时针方向回转 150°时,从动件以简谐运动向上摆 15°;当凸轮自 150°转到 180°时,从动件停止不动。当凸轮自 180°转到 300°时,从动件以简谐运动摆回原处,当凸轮自 300°转到 360°时,从动件又停留不动。试绘制凸轮的轮廓。

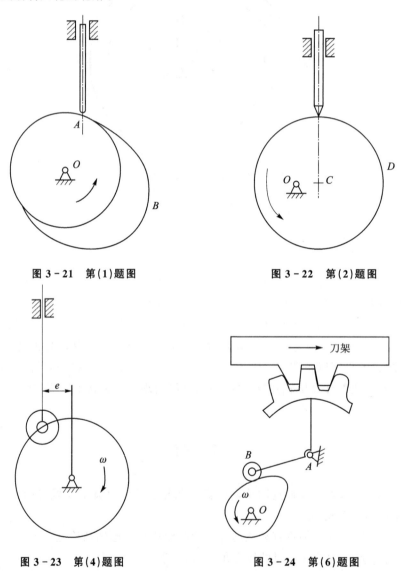

图 3-21 第(1)题图　　　　图 3-22 第(2)题图

图 3-23 第(4)题图　　　　图 3-24 第(6)题图

(7) 设计一平底直动从动件盘形凸轮机构。已知凸轮以等角速度 ω 逆时针方向回转,凸轮的基圆半径 $r_0=40$ mm,从动件升程 $h=10$ mm,$\varphi=120°$,$\varphi_{s_1}=30°$,$\varphi'=120°$,$\varphi_t=90°$,从动件在推程和回程均做简谐运动。试绘出凸轮的轮廓。

第4章 齿轮传动

4.1 齿轮传动的特点、分类和对它的基本要求

4.1.1 齿轮传动的特点

齿轮传动是应用最广泛的一种机械传动。和其他传动形式相比,其主要优点有:①适用的速度和功率范围广;②传动比准确;③效率高;④工作可靠;⑤寿命长;⑥可实现平行轴、相交轴、交错轴之间的传动;⑦结构紧凑。其主要缺点有:①制造和安装精度要求较高,成本较高;②不适宜于远距离两轴之间的传动。

4.1.2 齿轮传动的分类

齿轮传动的类型很多,按照两齿轮轴线的相对位置和齿向的不同,齿轮传动可分类如下所示。

齿轮传动
- 平面齿轮传动(两轴平行)
  - 按轮齿方向
    - 直齿圆柱齿轮传动,见图4-1(a)
    - 斜齿圆柱齿轮传动,见图4-1(b)
    - 人字齿圆柱齿轮传动,见图4-1(c)
  - 按啮合情况
    - 外啮合齿轮传动,见图4-1(a),图4-1(b),图4-1(c)
    - 内啮合齿轮传动,见图4-1(d)
    - 齿轮齿条啮合传动,见图4-1(d)
- 空间齿轮传动(两轴不平行)
  - 两轴相交的齿轮传动——圆锥齿轮传动,见图4-1(f)
  - 两轴交错的齿轮传动
    - 交错轴斜齿轮传动,见图4-1(g)
    - 蜗杆传动,见图4-1(h)

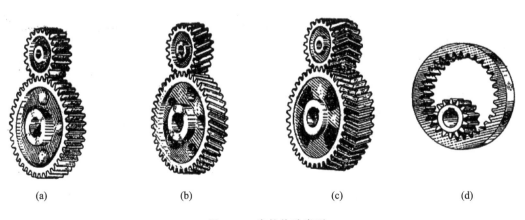

图4-1 齿轮传动类型

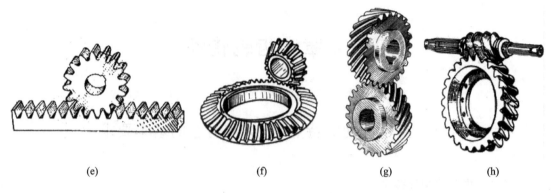

(e)   (f)   (g)   (h)

图 4-1 齿轮传动类型(续)

按照工作条件的不同，齿轮传动可分为闭式传动、开式传动和半开式传动。闭式传动的齿轮封闭在有润滑油的箱体内，因而能保证良好的润滑和洁净的工作条件，故多用于重要场合。开式传动的齿轮是外露的，润滑和工作条件较差，轮齿易于磨损，因而多用于低速传动和不重要的场合。半开式齿轮传动装有简单的防护罩，有时还把大齿轮部分浸入油池中，工作条件虽有改善，但不能做到严密防止外界杂物侵入，润滑条件也不算最好。

4.1.3 齿轮传动的基本要求

齿轮用于传递运动和动力，必须满足以下两个要求：

① 传动准确、平稳

齿轮传动的最基本要求之一是瞬时传动比恒定不变。以避免产生动载荷、冲击、振动和噪声。这与齿轮的齿廓形状、制造和安装精度有关。

② 承载能力强

齿轮传动在具体的工作条件下，必须有足够的工作能力，以保证齿轮在整个工作过程中不致产生各种失效。这与齿轮的尺寸、材料、热处理工艺因素有关。

4.2 齿廓啮合的基本定律

4.2.1 齿廓啮合的基本定律

齿轮传动的最基本要求之一是瞬时传动比恒定不变。主动齿轮以等角速度回转时，如果从动齿轮的角速度为变量，将产生惯性力。它不仅会引起机器的振动和噪声，影响工作精度，还会影响齿轮的寿命。齿轮的齿廓形状究竟符合什么条件，才能满足齿轮传动的瞬时传动比保持不变呢？本节就来分析齿廓曲线与齿轮传动比的关系。

如图 4-2 所示，O_1、O_2 为两轮的回转中心，C_1 和 C_2 为两轮相互啮合的一对齿廓，其啮合点为 K。两轮的角速度分别为 ω_1 和 ω_2，则齿廓 C_1 上 K 点的速度 $v_1=\omega_1\overline{O_1K}$；齿廓 C_2 上 K 点的速度 $v_2=\omega_2\overline{O_2K}$。

过 K 点作两齿廓的公法线 NN 与连心线 O_1O_2 交于 P 点，为了保证两轮连续平稳地传动，v_1 与 v_2 在 NN 上的分速度应相等。否则，两齿廓啮合时将互相嵌入或彼此分离。

过 O_2 作 NN 的平行线,并与 O_1K 的延长线交于 Z 点。因 $\triangle Kab$ 与 $\triangle KO_2Z$ 的三边互相垂直,故 $\triangle Kab \backsim \triangle KO_2Z$,因而

$$\frac{v_1}{v_2} = \frac{\overline{KZ}}{\overline{O_2K}} \quad 即 \quad \frac{\omega_1 \cdot \overline{O_1K}}{\omega_2 \cdot \overline{O_2K}} = \frac{\overline{KZ}}{\overline{O_2K}}$$

又 $\because PK // O_2Z,\triangle O_2PK \backsim \triangle O_1O_2Z$

$$i = \frac{\omega_1}{\omega_2} = \frac{\overline{KZ}}{\overline{O_1K}} = \frac{\overline{O_2P}}{\overline{O_1P}} \quad (4-1)$$

式(4-1)表明:一对传动齿轮的瞬时角速度之比等于连心线 $\overline{O_1O_2}$ 被齿廓在接触点处的公法线所分得的两线段长度成反比,这个规律称为齿廓啮合的基本定律。

由此可知,要使两轮的角速比恒定不变,则应使 $\dfrac{\overline{O_2P}}{\overline{O_1P}}$ 恒为常数。欲满足上述要求,必须使 P 成为连心线上的一个固定点。或者说欲使齿轮传动得到定传动比,不论轮齿齿廓在任何位置接触,过接触点所作齿廓的公法线都必须与连心线交于一定点 P。

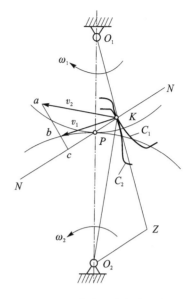

图 4-2 齿廓啮合基本定律

4.2.2 共轭齿廓

凡能满足齿廓啮合基本定律的一对齿廓均称为共轭齿廓。理论上可作一对齿轮共轭齿廓的曲线有很多。但在生产实际中,齿廓曲线除满足齿廓啮合基本定律外,还要考虑到制造、安装和强度等要求。机械传动中通常采用的齿廓曲线有渐开线齿廓、摆线齿廓和圆弧齿廓等,由于渐开线齿廓具有很好的传动性能,而且便于制造、安装、测量和互换使用等优点,所以渐开线齿廓应用最广,本章重点研究渐开线齿轮。

4.2.3 节点和节圆

过齿廓接触点的公法线 NN 与连心线 O_1O_2 的交点 P 称为节点。以 O_1 和 O_2 为圆心,过节点 P 所作的两个相切的圆称为节圆,节圆半径分别为 r_1'、r_2'。两齿廓在节点啮合时,速度大小、方向均相等,相当于两节圆之间作纯滚动;在其他点啮合时,速度大小、方向均不等,相对运动既有滚动,又有滑动。

4.3 渐开线齿廓及其啮合特性

4.3.1 渐开线的形成及其特性

1. 渐开线的形成

当一直线 L 沿一圆周作纯滚动时,直线上任意点 K 的轨迹 AK 即为该圆的渐开线(图 4-3)。这个圆称为渐开线的基圆,其半径用 r_b 表示。而该直线 L 称为渐开线的发生线。

2. 渐开线的特性

根据渐开线的形成过程，可知其有如下特性：

① 因为发生线在基圆上作纯滚动，所以发生线在基圆上滚过的一段长度等于基圆上被滚过的弧长，即 $\overline{NK}=\overset{\frown}{AN}$。

② 渐开线任意点 K 的法线 $\overline{NK}$ 必切于基圆，且 $\overline{NK}$ 为 K 点的曲率半径，N 点为 K 点的曲率中心。

③ 渐开线上任一点 K 所受法向力的方向线（即渐开线在该点的法线）与该点绕基圆中心转动的速度方向线所夹的锐角 a_K，称为该点的压力角。由图 4-3 可知

$$\cos a_K = \overline{ON}/\overline{OK} = r_b/r_K \tag{4-2}$$

上式表明渐开线上各点的压力角不等，向径 r_K 越大，其压力角也越大。基圆上的压力角为零。

④ 渐开线的形状取决于基圆的大小，如图 4-4 所示。随着基圆半径增大，渐开线上对应点的曲率半径也增大，当基圆半径为无穷大时，渐开线则成为直线。故渐开线齿条的齿廓为直线。

⑤ 由于渐开线是以基圆为起点向外展开的，故基圆内无渐开线。

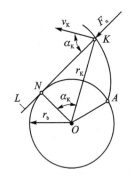
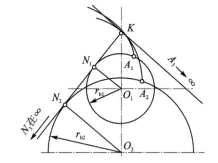

图 4-3 渐开线的形成及性质　　图 4-4 渐开线形状与基圆半径的关系

4.3.2 渐开线齿廓的啮合特性

1. 能保持恒定的传动比

如图 4-5 所示，两渐开线齿廓 C_1 和 C_2 在任意点 K 接触，过 K 点作两齿廓 C_1 和 C_2 的公法线 N_1N_2，根据渐开线的特性 2 可知，该公法线必然同时与两轮的基圆相切，即为两基圆的内公切线 N_1N_2。在两基圆大小和位置一定时，则两基圆一侧的内公切线只有一条，因此它与中心线 $\overline{O_1O_2}$ 的交点 P 为一定点。直角三角形 PO_1N_1 ∽ 直角三角形 PO_2N_2 根据齿廓啮合基本定律有

$$i = \frac{\omega_1}{\omega_2} = \frac{\overline{O_2P}}{\overline{O_1P}} = \frac{r_2'}{r_1'} = \frac{r_{b2}}{r_{b1}} \tag{4-3}$$

在讨论一对齿轮传动时，下标 1 表示小齿轮，下标 2 表示大齿轮。在以下各章节中，也按这一规则标注。上式表明，两渐开线齿轮啮合时，其传动比与两定值基圆半径成反比，故一对渐开线齿轮瞬时传动比为常数，从而可减少因速度变化所产生的附加动载荷、振动和噪音，延长齿轮的使用寿命，提高机器的工作精度。

2. 渐开线齿廓间正压力方向不变

两轮齿廓接触点的轨迹称为啮合线。由渐开线的特性可知,渐开线齿廓无论在何位置接触,接触点都应当在两基圆的内公切线上,即啮合点在 N_1N_2 线上移动,故直线 N_1N_2 即为齿轮传动的啮合线,如图 4-5 所示。若不计两齿廓间摩擦力,齿面间的法向正压力的方向也不改变,始终在啮合线所在的方向上,故齿轮传动有一定的平稳性。啮合线与节圆在节点的公切线 tt 所夹的锐角称为啮合角,用 α' 表示。

啮合线、啮合点的公法线和基圆的内公切线三线合一。

节圆和啮合角是一对齿轮啮合传动时才具有的参数,单个齿轮没有节圆和啮合角。

3. 具有传动的可分性

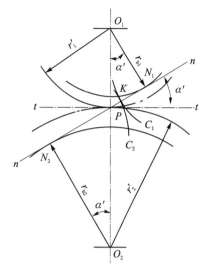

图 4-5 渐开线齿廓的啮合传动

由式(4-3)可知,渐开线齿轮的传动比与两轮基圆半径成反比。在齿轮加工完成之后,其基圆大小就已完全确定。所以即使由于制造、安装、受力变形和轴承磨损等原因使两轮的实际中心距与设计中心距略有偏差,也不会影响两齿轮的传动比。渐开线齿廓传动的这种特性称为传动的可分性。这种传动的可分性,对于渐开线齿轮的加工和装配都是十分有利的。

由于上述三个特性,工程上广泛采用渐开线齿廓曲线。

4.4 渐开线标准齿轮各部分的名称和几何尺寸

4.4.1 直齿圆柱齿轮各部分的名称

图 4-6 所示为外直齿圆柱齿轮的一部分,各部分的名称如下:

① 齿顶圆　过齿轮的齿顶所作的圆称为齿顶圆,其直径和半径分别用 d_a 和 r_a 表示。
② 齿根圆　过齿轮各齿槽底部所作的圆称为齿根圆,其直径和半径分别用 d_f 和 r_f 表示。
③ 分度圆　为了便于齿轮各部分尺寸的计算,在齿轮上选择一个圆作为计算的基准,称该圆为齿轮的分度圆,其直径和半径分别用 d 和 r 表示。
④ 基圆　基圆是形成齿廓渐开线的圆,其直径和半径分别用 d_b 和 r_b 表示。
⑤ 齿顶高　齿轮的齿顶圆与分度圆之间的径向距离称为齿顶高,用 h_a 表示。
⑥ 齿根高　分度圆与齿根圆之间的径向距离称为齿根高,用 h_f 表示。
⑦ 齿全高　齿顶圆与齿根圆之间的径向距离称为齿全高,用 h 表示,$h=h_a+h_f$。
⑧ 齿厚、齿槽宽和齿距　在齿轮的任意圆周上,一个轮齿两侧齿廓间的弧长称为该圆上的齿厚,用 s_K 表示;一个齿槽两侧齿廓间的弧长称为该圆上的齿槽宽,用 e_K 表示;相邻两齿同侧齿廓间的弧长称为该圆上的齿距,用 p_K 表示。则 $p_K=s_K+e_K$。在分度圆上齿厚、齿槽宽和齿距分别用 s、e 和 p 表示,且 $p=s+e$。
⑨ 法向齿距　相邻两齿同侧齿廓间在公法线方向上的距离称为法向齿距,用 p_n 表示。由渐开线性质可知:$p_n=p_b$(p_b 为基圆齿距)。

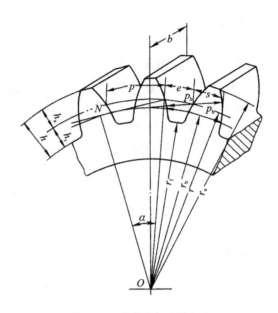

图 4-6 齿轮各部分的名称

⑩ 齿宽 齿轮轮齿部分的轴向尺寸称为齿宽,用 b 表示。

4.4.2 直齿圆柱齿轮的基本参数

决定齿轮尺寸和齿形的基本参数有 5 个,即齿数 z、模数 m、压力角 α、齿顶高系数 h_a^* 和顶隙系数 c^*。

① 齿数 z 一个齿轮圆周表面上的轮齿总数。

② 模数 m 由前述已知,当给定齿轮的齿数 z 及齿距 p 时,分度圆直径即可由 $d=zp/\pi$ 求出。但由于 π 为一无理数,它将给齿轮的设计、计算、制造和检验等带来很大不便。为了便于设计、制造及互换使用,将 p/π 规定为标准值,此值称为模数 m,单位为 mm,分度圆上的模数已经标准化,计算几何尺寸时应采用我国规定的标准模数系列,如表 4-1 所列。

表 4-1 标准模数系列(GB/T1357—1987)

第一系列	1	1.25	1.5	2	2.5	3	4	5	6	8	10	12	16	20	25	32	40	50
第二系列	1.75	2.25	2.75	(3.25)	3.5	(3.75)	4.5	5.5	(6.5)	7	9	(11)	14	18	22	28	(30)	36	45

注:本表适用于渐开线圆柱齿轮,对斜齿轮指法向模数。

模数是决定齿轮尺寸的一个基本参数,齿数相同的齿轮,模数大则齿轮尺寸也大(图 4-7(a))。

而当模数一定时,齿数 z 不同,则齿廓渐开线的形状也不同(图 4-7(b))。

③ 压力角 α 渐开线上各点的压力角各不相同,分度圆上的压力角用 α 表示。国家标准中规定分度圆上的压力角为标准值,$\alpha=20°$。

对于分度圆,现在可以给出一个明确的定义:齿轮上具有标准模数和标准压力角的圆即为分度圆。

④ 齿顶高系数、顶隙系数 轮齿的齿顶圆与齿根圆之间的径向尺寸称为齿全高,用 h 表

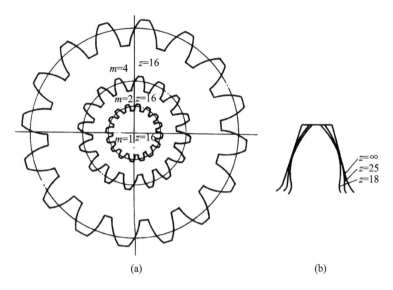

(a)   (b)

图 4-7 不同模数和不同齿数的轮齿

示;齿全高包含了齿顶高 h_a 与齿根高 h_f,其值分别为 $h_a = h_a^* m$ 和 $h_f = (h_a^* + c^*)m$,式中 h_a^* 和 c^* 分别称为齿顶高系数和顶隙系数。这两个系数也已经标准化了,其值为

正常齿制 $\qquad h_a^* = 1, \quad c^* = 0.25$
短齿制 $\qquad h_a^* = 0.8, \quad c^* = 0.3$

4.4.3 渐开线标准直齿圆柱齿轮的几何尺寸计算

若一齿轮的模数、分度圆压力角、齿顶高系数和顶隙系数均为标准值,且其分度圆上齿厚与齿槽宽相等,则称为标准齿轮。

渐开线标准直齿圆柱齿轮的几何尺寸计算公式见表 4-2。

表 4-2 标准直齿圆柱齿轮的几何尺寸计算公式

名 称	代 号	计算公式
齿顶高	h_a	$h_a = h_a^* m = m \quad (h_a^* = 1)$
齿根高	h_f	$h_f = (h_a^* + c^*)m = 1.25m \quad (c^* = 0.25)$
齿全高	h	$h = h_a + h_f = 2.25m$
分度圆直径	d	$d = mz$
齿顶圆直径	d_a	$d_a = d + 2h_a = d + 2m$
齿根圆直径	d_f	$d_f = d - 2h_f = d - 2.5m$
基圆直径	d_b	$d_b = d\cos\alpha$
齿距	p	$p = \pi m$
齿厚	s	$s = p/2 = \pi m/2$
齿槽宽	e	$e = p/2 = \pi m/2$
基圆齿距	p_b	$p_b = p\cos\alpha$
中心距	a	$a = (d_1 + d_2)/2 = \pi m(z_1 + z_2)/2$

4.5 渐开线直齿圆柱齿轮的啮合传动

4.5.1 渐开线齿轮正确啮合条件

为了使一对齿轮能正确啮合,如图 4-8 所示,必须保证处于啮合线上的各对轮齿都能正确地进入啮合状态。为此,一对相互啮合的齿轮的法向齿距必须相等,即 $p_{b1}=p_{b2}$。又因为,$p_b=\pi m\cos\alpha$,所以,两齿轮的正确啮合条件为

$$m_1\cos\alpha_1 = m_2\cos\alpha_2$$

由于模数 m 和压力角 α 均已标准化,故正确啮合条件为

$$\left.\begin{array}{l}m_1 = m_2 = m \\ \alpha_1 = \alpha_2 = \alpha\end{array}\right\} \tag{4-4}$$

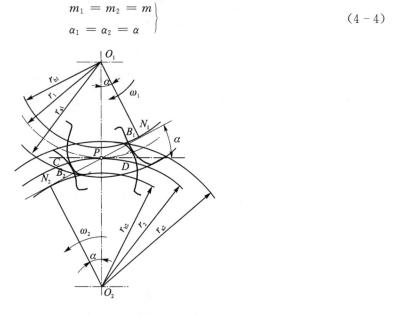

图 4-8 渐开线齿轮的啮合传动

4.5.2 渐开线齿轮连续传动的条件

在一对齿轮啮合传动中,设轮 1 为主动轮并沿顺时针方向回转,则一对齿廓在 B_2 点进入啮合(B_2 点为从动轮的齿顶圆与啮合线的交点),到 B_1 点脱离啮合(B_1 点为主动轮的齿顶圆与啮合线的交点)。从一对轮齿的啮合过程来看,啮合点实际走过的轨迹只是啮合线上的一段,即线段 $\overline{B_1B_2}$,称为实际啮合线。当两轮齿顶圆加大时,点 B_2 和 B_1 将分别趋近于点 N_1 和 N_2,实际啮合线将加长,但因基圆内无渐开线,所以实际啮合线不会超过 $\overline{N_1N_2}$,即 $\overline{N_1N_2}$ 是理论上可能的最长啮合线,称为理论啮合线,如图 4-8 所示。

要保证连续传动,必须保证在前一对轮齿尚未脱离啮合时,后一对轮齿就已经进入啮合。为此,要求实际啮合线段 $\overline{B_1B_2}$ 的长度大于轮齿的法向齿距 $P_n(P_n=P_b)$。实际啮合线段的长度与法向齿距的比值称为齿轮传动的重合度,用 ε_a 表示。齿轮的连续传动条件为

$$\varepsilon_a = \overline{B_1B_2}/P_b \geqslant 1 \tag{4-5}$$

从理论上讲重合度 $\varepsilon_a \geqslant 1$ 就能保证齿轮的连续传动,但在实际应用中考虑到制造和安装的误差,为确保齿轮传动的连续,ε_a 应大于或至少等于许用值 $[\varepsilon_a]$。

重合度 ε_a 越大,表示同时参与啮合的轮齿对数越多,传动就越平稳,每对轮齿承担的载荷也越小,从而提高了齿轮的承载能力。

4.5.3 齿轮传动的无侧隙啮合条件及标准中心距

一对齿轮传动时,一轮节圆上的齿槽宽与另一轮节圆上的齿厚之差称为齿侧间隙。在齿轮加工时,刀具轮齿与工件轮齿之间是没有齿侧间隙的;在齿轮传动中,为了消除反向传动空程和减少撞击,也要求齿侧间隙等于零。

考虑到轮齿工作过程中受力变形,受热膨胀、润滑和安装的需要,实际齿侧间隙不为零,由公差来保证。

由于标准齿轮分度圆上的齿厚和齿槽宽相等,且正确啮合的一对渐开线齿轮的模数和压力角相等,所以若使分度圆与节圆重合(即两轮分度圆相切),则齿侧间隙为零。一对标准齿轮分度圆相切时中心距称为标准中心距,以 a 表示,即

$$a = r'_1 + r'_2 = r_1 + r_2 = \frac{m(z_1 + z_2)}{2} \quad (4-6)$$

应当指出,分度圆和压力角是单个齿轮所具有的,而节圆和啮合角是两个齿轮相互啮合时才出现的。标准齿轮传动只有在分度圆与节圆重合时,压力角和啮合角才相等。

4.6 渐开线齿轮的切制原理及根切现象

4.6.1 齿轮的加工方法

齿轮的加工方法有铸造、热轧、冲压和切削等。生产上常用的是切削加工方法,按其原理可分为成形法和展成法。

1. 成形法

成形法是在铣床上用铣刀切制轮齿。分为圆盘形铣刀(见图 4-9(a))与指状铣刀(见图 4-9(b))。铣刀的轴面形状与齿轮的齿槽形状相同。铣齿时,盘形铣刀转动,安装在铣床工作台上的轮坯作轴向移动,铣好一个齿槽后,轮坯轴向退回原位,转过 $360°/z$,铣下一个齿槽,直至加工出全部轮齿。指状铣刀一般用于切制大模数齿轮($m \geqslant 20$ mm)。这种加工方法

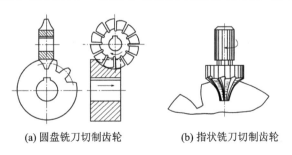

(a) 圆盘铣刀切制齿轮 (b) 指状铣刀切制齿轮

图 4-9 成形法切齿

简单,不需要专用机床,但生产率低,精度差,只适用于单件生产及精度要求不高的齿轮加工。

2. 展成法

展成法是利用一对齿轮(或齿轮与齿条)互相啮合时其共轭齿廓互为包络线的原理来切齿的。如果把其中一个齿轮(或齿条)做成刀具,就可以切出与它共轭的渐开线齿廓。

此法可以保证齿形的正确和分齿均匀,用同一把刀具可以加工出同一模数和压力角而齿数不同的齿轮,展成法制造精度高,适用于大批生产。缺点是需要专用机床,故加工成本高。

用展成法加工齿轮时,常用的刀具有齿轮型刀具(如齿轮插刀)和齿条型刀具(如齿条插刀、滚刀)两大类。

(1) 齿轮插刀加工

齿轮插刀形状如图4-10所示,齿轮插刀是一个具有切削刃的渐开线外齿轮。插齿时,插刀与轮坯严格地按定比传动作展成运动(即啮合传动),同时插刀沿轮坯轴线方向作上下往复的切削运动。为了防止插刀退刀时擦伤已加工的齿廓表面,在退刀时,轮坯还须作小距离的让刀运动。另外,为了切出轮齿的整个高度,插刀还需要向轮还中心移动,作径向进给运动。

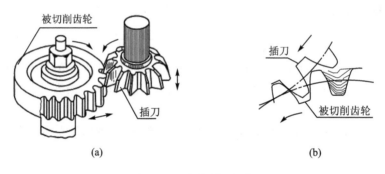

图4-10 齿轮插刀切齿

(2) 齿条插刀加工

用齿条插刀切齿是模仿齿条与齿轮的啮合过程,把刀具做成齿条状,如图4-11所示。其切齿原理与用齿轮插刀加工齿轮的原理相同。

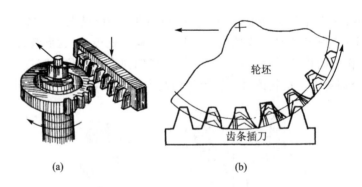

图4-11 齿条插刀切齿

(3) 齿轮滚刀加工 用以上两种刀具加工齿轮,其切削是不连续的,不仅影响生产率的提高,还限制了加工精度。因此,在生产中更广泛地采用齿轮滚刀来切制齿轮。如图4-12所示为用齿轮滚刀切制齿轮的情况。滚刀形状像一螺杆,它的轴向剖面为一齿条。当滚刀转动时,相当于多个齿条作轴向移动,滚刀转一周,齿条移动一个导程的距离。所以用滚刀切制齿轮的原理和齿条插刀切制齿轮的原理基本相同。滚刀除了旋转之外,还沿着轮坯的轴线方向缓慢地进给,以便切出整个齿宽。

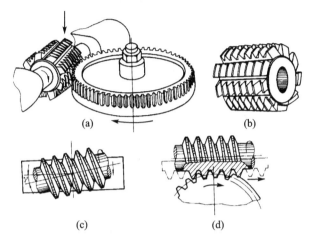

图 4-12 齿轮滚刀切齿

4.6.2 渐开线齿廓的根切问题

1. 根切现象

用展成法加工齿轮时,有时会出现刀具的顶部切入齿根,将齿根部分渐开线齿廓切去的现象,称之为根切。

如图 4-13(a)所示,虚线表示该轮齿的理论齿廓,实线表示根切后的齿廓。产生严重根切的齿轮削弱了轮齿的抗弯强度,导致传动的不平稳,降低重合度,对传动十分不利,因此,应尽力避免根切现象的产生。

避免根切的方法:N_1 点上移(增加齿数);刀具下移(变位齿轮)。

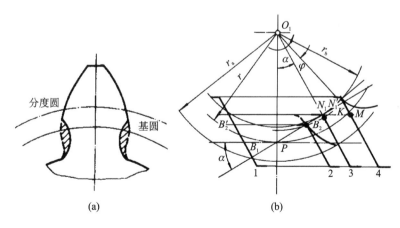

图 4-13 渐开线齿廓的根切

2. 标准齿轮无根切的最少齿数

图 4-13(b)所示为齿条插刀加工标准齿轮的图例。图中齿条插刀的分度线与轮坯的分度圆相切,B_1 点为轮坯齿顶圆与啮合线的交点,而 N_1 点为轮坯基圆与啮合线的切点。根据啮合原理可知:刀具将从位置 1 开始切削齿廓的渐开线部分,而当刀具行至位置 3 时,齿廓的渐开线已全部切出。如果刀具的齿顶线恰好通过 N_1 点,则当展成运动继续进行时,该切削刃即与切好的渐开线齿廓脱离,因而就不会发生根切现象。但是若如图所示刀具的顶线超过了 N_1 点,当展成运动继续进行时,刀具还将继续切削,超过极限点 N_1 部分的刀具将与已加工完成的齿轮渐开线廓线发生干涉,从而导致根切现象的发生。

用齿条型刀具切制渐开线标准直齿圆柱齿轮时,为了避免根切,被切齿轮的最少齿数为

$$z_{\min} = \frac{2h_a^*}{\sin^2 \alpha}$$

对于 $h_a^*=1, \alpha=20°$ 的标准直齿圆柱齿轮,不发生根切的最少齿数 $z_{\min}=17$。在工程实际中,轮齿若有轻微的根切,对齿轮的承载能力影响甚微。因此,允许取最少齿数为 14。

4.6.3 变位齿轮

1. 标准齿轮的局限性

标准齿轮存在的主要缺点:

① 标准齿轮的齿数必须大于或等于最少齿数 $z_{\min}$ 否则会产生根切;

② 标准齿轮不适用于实际中心距小于标准中心距的场合;

③ 一对互相啮合的标准齿轮,小齿轮齿根厚度小于大齿轮齿根厚度,故大小齿轮的抗弯能力存在着差别。

为了弥补上述渐开线标准齿轮的不足,我们可以采用变位齿轮。由于变位齿轮与标准齿轮相比具有很多优点,而且并不增加加工的难度,因此,变位齿轮在各种机械中得到广泛的应用。

2. 标准齿轮与变位齿轮的比较

在用齿条型刀具加工齿轮时,若齿条刀具的分度线(又称中线)与轮坯的分度圆相切并作纯滚动,这时加工出来的齿轮为标准齿轮,此种安装形式称为标准安装(图 4-14(a))。

若在加工齿轮时,不采用标准安装,而是将刀具相对于轮坯中心向外移出或向内移近一段距离 xm,如图 4-14(b)、(c)所示,则刀具的中线将不再与轮坯的分度圆相切。刀具移动的距离 xm 称为径向变位量,其中 m 为模数,x 为变位系数。这种用改变刀具与轮坯相对位置来加工齿轮的方法称为变位修正法,这样加工出来的齿轮称为变位齿轮。

在加工齿轮时,若刀具远离轮坯中心向外移出,如图 4-14(b)所示,则称为正变位,变位系数 $x>0$,加工出来的齿轮称为正变位齿轮;若刀具向轮坯中心移近,如图 4-14(c)所示,则称为负变位,变位系数 $x<0$,加工出来的齿轮称为负变位齿轮。为了保证其不发生根切,刀具最小变位系数为:

$$x_{\min} = \frac{h_a^*(z_{\min}-z)}{z_{\min}}$$

具有相同齿全高、模数、齿数和压力角的变位齿轮与标准齿轮的齿形比较,如图 4-14(d)所示,可以看出,变位齿轮和标准齿轮的分度圆、基圆、齿距、基节尺寸相同,但是对于正变位齿

轮来说,其齿顶圆和齿根圆加大了,齿顶高 $h_a > h_a^* m$,齿根高 $h_f < (h_a^* + c^*)m$,$s > e$。而负变位齿轮则相反。它们的齿廓曲线都是同一个基圆上的渐开线,只是所选取的部位不同。

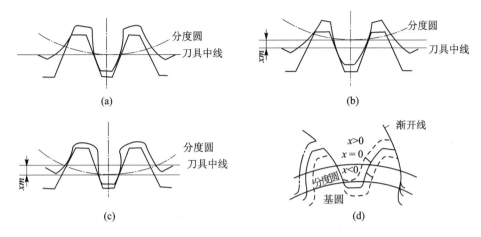

图 4-14 标准齿轮与变位齿轮的比较

3. 变位齿轮传动类型

按照一对齿轮的变位因数之和 $X_\Sigma = x_1 + x_2$ 的取值情况不同,可将变位齿轮传动分为三种基本类型。

① 零传动 两齿轮的变位系数绝对值相等($|x_1| = |x_2| \neq 0$;$x_1 + x_2 = 0$),这种齿轮传动称为零传动。为了防止小齿轮的根切和增大小齿轮的齿厚,一般小齿轮采用正变位,而大齿轮采用负变位。为了使大小两轮都不产生根切,两轮齿数和必须大于或等于最少齿数的两倍,即 $z_1 + z_2 \geqslant 2z_{\min}$。

在这种传动中,小齿轮正变位后的分度圆齿厚增量正好等于大齿轮分度圆齿槽宽的增量,故两轮的分度圆仍然相切,且无齿侧间隙。因此,高度变位齿轮的实际中心距 a' 仍为标准中心距 a。高度变位齿轮传动中的齿轮,其齿顶高和齿根高不同于标准齿轮。

② 正传动($X_\Sigma = x_1 + x_2 > 0$)。由于 $x_1 + x_2 > 0$,所以两轮齿数和可以小于最少齿数的两倍。正传动的实际中心距大于标准中心距,即 $a' > a$。当取 x_1 和 x_2 时,小齿轮的齿厚增大,而大齿轮的齿槽宽却减小了,小轮的齿无法装进大轮的齿槽而保持分度圆相切,只有使两轮分度圆分离才能安装。正传动又称正角度变位传动。

③ 负传动($X_\Sigma = x_1 + x_2 < 0$)。为了避免根切,应使两轮齿数和大于最少齿数的两倍,即 $z_1 + z_2 \geqslant 2z_{\min}$。负传动的实际中心距小于标准中心距,负传动又称负角度变位传动。

4.7 齿轮的失效形式及设计准则

4.7.1 齿轮的失效形式

齿轮的失效主要是指轮齿的失效。至于齿轮的其他部分(如齿圈、轮辐、轮毂等),其强度和刚度都较富裕,很少发生破坏,通常只按经验设计。轮齿的常见失效形式有轮齿折断、齿面点蚀、齿面胶合、齿面磨损、齿面塑性变形等。

1. 轮齿折断

轮齿折断一般发生在齿根部位。造成折断的原因有两种：一是因多次重复的弯曲应力和应力集中造成的疲劳折断；另一是因短时过载或冲击载荷而造成的过载折断。两种折断均发生在轮齿受拉应力的一侧。轮齿折断，可能从根部整体折断，如图4-15(a)所示，也可能局部折断，如图4-15(b)所示。

2. 齿面点蚀

在润滑良好的闭式齿轮传动中，齿轮工作了一段时间后，在轮齿工作表面上会产生一些细小的麻点状凹坑，称为齿面疲劳点蚀，如图4-16所示。疲劳点蚀主要是由于轮齿啮合时，齿面的接触应力按脉动循环变化，在这种脉动循环变化的接触应力的多次重复作用下，在轮齿表面层会产生疲劳裂纹，裂纹的扩展使金属微粒剥落下来而形成。实践表明，疲劳点蚀首先出现在齿根表面靠近节线处，点蚀出现的结果，往往产生强烈的振动和噪声，导致齿轮传动失效。

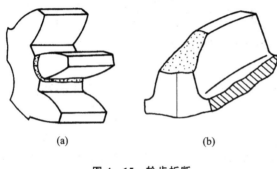

图4-15 轮齿折断

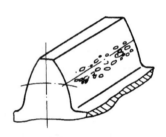

图4-16 齿面点蚀

提高齿面硬度和润滑油的粘度，采用正变位传动等，均可减缓或防止点蚀产生。

在开式齿轮传动中，齿面磨损的速度较快，当齿面还没有形成疲劳裂纹时，表层材料已被磨掉，故通常见不到点蚀现象。

3. 齿面胶合

胶合是比较严重的粘着磨损。在高速重载传动时，因滑动速度高而产生的瞬时高温会使油膜破裂，造成齿面间的粘焊现象，粘焊处被撕脱后，轮齿表面沿滑动方向形成沟痕(图4-17)，这种胶合称为热胶合。在低速重载传动中，不易形成油膜，摩擦热虽不大，但也可能因重载而出现冷焊粘着，这种胶合称为冷胶合。热胶合是高速、重载齿轮传动的主要失效形式。

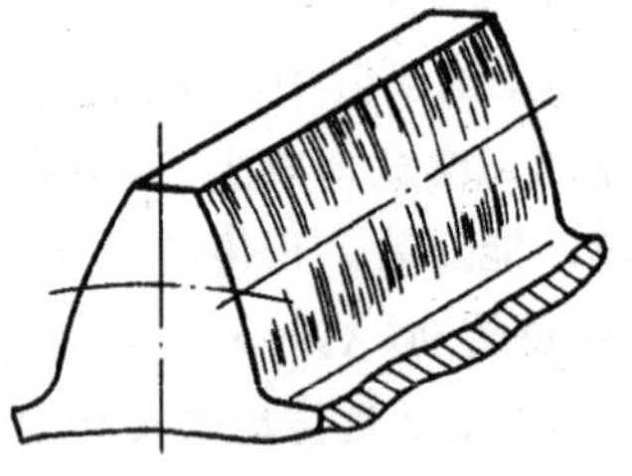

图4-17 齿面胶合

减小模数、降低齿高、采用角度变位齿轮以减小滑动，提高齿面硬度，采用抗胶合能力强的润滑油(极压油)等，均可减缓或防止齿面胶合。

4. 齿面磨损

在齿轮传动中，当轮齿的工作齿面间落入磨料性物质(如砂粒、铁屑、灰尘等杂质)时，齿面将产生磨料磨损(图4-18)。齿面磨损严重时，轮齿不仅失去了正确的齿廓形状，而且轮齿变薄易引起折断。齿面磨损是开式齿轮传动的主要失效形式。

5. 塑性变形

在重载传动时,齿面表层的材料可能沿着摩擦力的方向产生流动,使齿面产生塑性变形,如图 4-19 所示。当齿轮受到较大短期过载或冲击载荷时,较软材料做成的齿轮可能发生轮齿整体歪斜变形,称为整体塑性变形。

适当提高齿面硬度,采用粘度较大的润滑油,可以减轻或防止齿面塑性流动。

图 4-18 齿面磨损

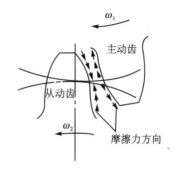

图 4-19 齿面塑性变形

4.7.2 齿轮传动的设计准则

由于齿轮有多种失效形式,因此,针对不同的失效形式应当建立相应的设计准则。但是,目前对于齿面的塑性变形和磨损失效,尚未建立起简明而有效的计算方法。所以,对于一般使用的齿轮传动,通常只作齿根弯曲疲劳强度和齿面接触疲劳强度的计算。

1. 开式齿轮传动

其主要失效形式是磨损,往往由于齿面过渡磨损或轮齿磨薄后因弯曲折断而失效。由于目前尚无可靠的计算磨损的方法,故按轮齿弯曲疲劳强度计算出模数。考虑到磨损后轮齿变薄,一般把计算出来的模数增大 10%~15%,再取相近的标准值。

2. 闭式齿轮传动

由理论分析和实践证明,对于闭式齿轮传动,当一对齿轮或其中的一个齿轮为软齿面(硬度≤350 HBS)时,通常轮齿主要失效形式是齿面点蚀,故应先按齿面接触疲劳强度进行设计,然后再校核轮齿的弯曲疲劳强度。当一对齿轮均为硬齿面(硬度>350HBS)时,通常轮齿的主要失效形式是齿根弯曲疲劳折断,故应先按轮齿弯曲疲劳强度进行设计,然后再校核齿面接触疲劳强度。

4.8 齿轮传动的精度及齿轮的材料

4.8.1 齿轮传动的精度

制造和安装齿轮传动装置时,不可避免地会产生误差(如加工中存在的齿形误差、齿向误差、两轴线不平行等)。这些误差对齿轮传动带来以下三方面的影响:

① 影响运动的准确性。由于相啮合齿轮在一回转范围内实际转角与理论转角不一致,就会造成从动轮的转速变化,即瞬时传动比的变化。

② 影响传动的平稳性。由于瞬时传动比不能保持恒定不变,齿轮在一回转范围内会出现多次重复的转速波动,特别在高速传动中会引起振动、冲击和噪声。

③ 影响载荷分布的均匀性。由于齿向、齿形误差,使齿轮上的载荷分布不均匀,当传递较大的载荷时,容易引起轮齿的折断,降低齿轮的使用寿命。

国家标准(GB/T10095.1—2001)规定了 $m_n \geqslant 0.5$ mm 的单个渐开线圆柱齿轮同侧齿廓的精度。标准中对齿轮规定了 13 个精度等级。0 级精度最高,第 12 级精度最低,齿轮副中两个齿轮的精度等级一般取成相同。表 4-3 给出了常用齿轮传动精度等级的选择及应用。

表 4-3 常用齿轮传动精度等级的选择及应用

精度等级	圆周速度 $v/(\text{m} \cdot \text{s}^{-1})$				应 用
	直齿圆柱齿轮	斜齿圆柱齿轮	直齿锥齿轮	曲线齿锥齿轮	
6	≤15	≤30	≤9	≤20	高速重载的齿轮传动,如飞机、汽车和机床制造业中的重要齿轮,分度机构的齿轮传动
7	≤10	≤20	≤6	≤10	高速中载或中速中载的齿轮传动,如标准系列减速器中的齿轮,汽车和飞机机头中的齿轮
8	≤5	≤10	≤3	≤7	一般机械中的齿轮,如飞机、汽车和机床中的不重要齿轮;农业机械中的重要齿轮

4.8.2 对齿轮材料的基本要求

为了保证齿轮工作的可靠性,提高其使用寿命,齿轮的材料应具有:

① 应有足够的硬度,以抵抗齿面磨损、点蚀、胶合以及塑性变形等;

② 齿芯应有足够的强度和较好的韧性,以抵抗齿根折断和冲击载荷;

③ 应有良好的加工工艺性能及热处理性能,使之便于加工且便于提高其力学性能。所以,齿轮所用的材料主要是各种牌号的钢材。在某些受力较小的情况下,齿轮也有采用非金属材料的,如工程塑料等。这里仅介绍用作齿轮材料的锻钢、铸钢和铸铁。

4.8.3 齿轮的常用材料及热处理

1. 锻 钢

锻钢具有强度高、韧性好、便于制造等特点,还可通过各种热处理的方法来改善其力学性能,故大多数齿轮都用锻钢制造。根据齿面硬度的不同,锻钢可分为两类:

① 软齿面齿轮

这类齿轮的齿面硬度≤350HBS,齿轮毛坯经调质或正火处理后进行切齿而成。常用的材料为 45 钢、40Cr、35SiMn、38SiMnMo 等中碳钢或中碳合金钢。由于硬度低,其承载能力受到限制。但易切齿、成本低。常用于对强度、速度及对结构尺寸不加限制的场合。在啮合传动中,由于小齿轮比大齿轮的啮合次数多,且小齿轮的齿根厚度较小,抗弯能力较低,因此,应使小齿轮的齿面硬度比大齿轮的齿面硬度高 30～50HBS。

② 硬齿面齿轮

这类齿轮的齿面硬度＞350HBS,常用的材料一类为 20Cr、20CrMnTi 等低碳合金钢,采用表面渗碳淬火处理;另一类为45钢、40Cr等中碳钢或中碳合金钢,采用表面淬火处理。热处理后的齿面硬度通常为40～65HRC。这类齿轮在切齿加工后进行热处理,由于热处理会使轮齿变形,所以通常还应进行磨齿等精加工。硬齿面齿轮制造工艺复杂、成本高,常用于高速、重载及精度要求高的齿轮传动中。

2. 铸钢

铸钢的耐磨性及强度均较好,但由于铸造时内应力较大,故应经正火或退火处理,必要时也可进行调质处理。当齿轮的尺寸较大(大于400～600 mm)或结构复杂,受力较大时,可考虑采用铸钢。常用的铸钢有ZG310～570、ZG340～640等。

3. 铸铁

铸铁齿轮主要用于开式齿轮传动中,其抗弯强度、抗冲击和耐磨损性能均较差,但铸铁工艺性好,成本较低,故铸铁齿轮一般常用于低速轻载、冲击小等不重要的齿轮传动中。球墨铸铁的力学性能和抗冲击能力比灰铸铁高,高强度球墨铸铁可以代替铸钢铸造大直径的轮坯。常用的铸铁材料有HT300、HT350、QT600-3等。

4. 非金属材料

为了消除高速运转时齿轮传动的噪声,可采用非金属材料制造小齿轮。常用的非金属材料有塑料、皮革等。制造齿轮的材料有布质塑料、木质塑料以及尼龙等。这种齿轮多与另一个由锻钢或铸铁制造的大齿轮配合使用,它们的承载能力较低。

齿轮常用材料、热处理方式及其力学性能列于表4-4中。

表4-4 齿轮常用材料及其力学性能

材 料	热处理	强度极限 σ_b/MPa	屈服极限 σ_s/MPa	齿面硬度 HBS	许用接触应力 $[\sigma_H]$/MPa	许用弯曲应力 $[\sigma_F]$/MPa
HT300		300		187～255	290～347	80～105
QT600-3		600		190～270	436～535	262～285
ZG310-570	正火	580	320	163～197	270～301	171～189
ZG340-640	正火	650	350	179～207	288～306	182～196
45		580	290	162～217	468～513	280～301
ZG340-640		700	380	241～269	468～490	248～259
45	调质	650	360	217～255	513～545	301～315
35SiMn		750	450	217～269	585～648	388～420
40Cr		700	500	241～286	612～675	399～427
45	调质后表面淬火			40～50HRC	927～1 053	427～504
40Cr				48～55HRC	1 035～1 098	483～518
20Cr	渗碳后淬火	650	400	56～62HRC	1 350	645
20CrMnTi		1100	850	56～62HRC	1 350	645

4.9 直齿圆柱齿轮传动的强度计算

直齿圆柱齿轮传动的强度计算方法是其他各类齿轮传动计算的基础。其他类型的齿轮传动(如斜齿圆柱齿轮传动、圆锥齿轮传动等)的强度计算,都可以通过折合成当量直齿圆柱齿轮传动的方法来进行。

4.9.1 轮齿的受力分析和计算载荷

1. 轮齿的受力分析

为了计算轮齿的强度,设计轴和轴承,需要知道作用在轮齿上的作用力的大小和方向。

图 4-20 所示一对直齿圆柱齿轮啮合传动时的受力情况,若略去齿面间的摩擦力,则轮齿间的相互作用力为法向力 F_n。为了便于分析计算,可按节点 C 处啮合进行受力分析。并将法向力 F_n 分解为相互垂直的两个分力,即圆周力 F_t 和径向力 F_r。

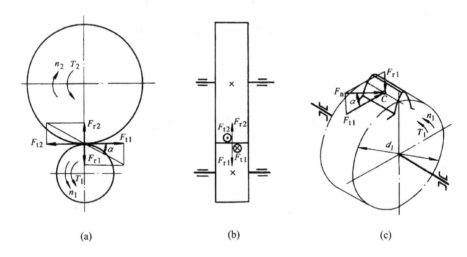

图 4-20 直齿圆柱齿轮的作用力

各力的计算公式为

$$\left.\begin{array}{l} F_{t1} = F_{t2} = 2000T_1/d_1 \\ F_{r1} = F_{r2} = F_{t1}\tan\alpha \\ F_{n1} = F_{n2} = F_{t1}/\cos\alpha \end{array}\right\} \quad (4-7)$$

式中:T_1 为小齿轮传递的转矩(N·m);d_1 为小齿轮的分度圆直径(mm);α 为压力角。

齿轮上的圆周力 F_t 的方向在主动轮上与运动方向相反,在从动轮上与运动方向相同。径向力 F_r 的方向对于两轮都是由作用点指向轮心。

2. 计算载荷

齿轮受力分析中的法向力 F_n 为名义载荷。实际上,由于原动机及工作机运转的不平稳性,齿轮的制造误差以及支承刚度等的影响,使得齿轮上所受的实际载荷一般都大于名义载荷。所以在进行齿轮强度计算时,应当按计算载荷进行计算。计算载荷为

$$F_{ca} = KF_n \quad (4-8)$$

式中：K 为载荷系数，$K=K_A K_v K_\alpha K_\beta$，$K_A$、$K_v$、$K_\alpha$、$K_\beta$ 分别为使用系数、动载系数、齿间载荷分配系数、齿向载荷分布系数，其值可查阅附录相应的图表，初步设计时可从表 4-5 中取值。

表 4-5 齿轮传动的载荷系数

工作机特性	原动机			
	电动机	汽轮机、液压马达	多缸内燃机	单缸内燃机
均匀平稳	1～1.2	1.2～1.4	1.4～1.6	1.6～1.8
轻微冲击	1.2～1.6	1.4～1.6	1.6～1.8	1.8～2.0
中等冲击	1.4～1.6	1.6～1.8	1.8～2.0	2.0～2.2
严重冲击	1.6～1.8	1.8～2.0	2.0～2.2	2.2～2.4

注：斜齿、圆周速度低、精度高、齿宽系数小时取小值；直齿、圆周速度高、精度低、齿宽系数大时取大值。齿轮在两轴承之间并对称布置时取小值，齿轮在两轴承之间不对称布置及悬臂布置时取大值。

4.9.2 齿面接触疲劳强度计算

为了防止齿面点蚀失效需要计算齿轮齿面接触疲劳强度。齿面点蚀与齿面的脉动接触应力有关，齿轮传动在节点处多为一对轮齿啮合（单齿啮合区），接触应力较大（只有一对轮齿承载），通过实践也可以证明齿面点蚀首先发生在节线附近。因此，选择齿轮传动的节点作为接触应力的计算点。

如图 4-21 所示，一对轮齿在节点 C 处啮合，可将其近似地看成半径分别为 ρ_1 和 ρ_2 的两圆柱体沿宽度 b 接触。ρ_1 和 ρ_2 分别为两渐开线齿廓在节点 C 处的曲率半径。齿面的接触应力可按计算圆柱体表面接触应力的赫兹公式（4-9）计算。

$$\sigma_{H\max} = \sqrt{\frac{1}{\pi\left(\dfrac{1-\mu_1^2}{E_1}+\dfrac{1-\mu_2^2}{E_2}\right)} \cdot \frac{F_N}{b\rho_\Sigma}} \qquad (4-9)$$

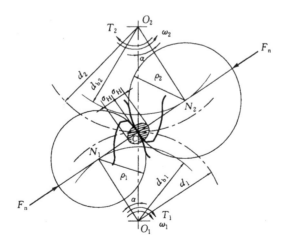

图 4-21 齿面的接触应力

式中：μ_1、μ_2 分别为两圆柱体材料的泊松比；E_1、E_2 分别为两圆柱体材料的弹性模量，

MPa；ρ_Σ 为两圆柱体的综合曲率半径且 $\rho_\Sigma = \dfrac{\rho_1 \rho_2}{\rho_2 \pm \rho_1}$，mm；$\rho_1$、$\rho_2$ 为两圆柱体在接触处的曲率半径；"+"用于外啮合；"−"用于内啮合；b 为齿宽，mm。

接触疲劳强度条件为其最大接触应力不超过其许用值，即：$\sigma_{Hmax} \leqslant [\sigma_H]$

将曲率半径 ρ_1 和 ρ_2，齿轮分度圆直径 d_1 和 d_2、齿宽 b，材料常数及计算载荷代入计算式（4-9）中，并由接触疲劳强度条件，可以推得齿面接触疲劳强度的校核公式

$$\sigma_H = Z_E Z_H Z_\epsilon \sqrt{\dfrac{2000 K_H T_1}{b d_1^2} \cdot \dfrac{u \pm 1}{u}} \leqslant [\sigma_H] \qquad (4-10)$$

式中：u——齿数比，在减速传动中，$u = i_{12}$，而在增速齿轮传动中，$u = 1/i_{12}$；

K_H——接触疲劳强度计算的载荷系数，$K_H = K_A K_v K_{H\alpha} K_{H\beta}$，计算时可查阅附录相应图表；

Z_E——弹性影响系数，$Z = \left[\pi \left(\dfrac{1-\mu_1^2}{E_1} + \dfrac{1-\mu_2^2}{E_2}\right)\right]^{-1/2}$，MPa$^{1/2}$，见附录表 A-4；

Z_H——区域系数，$Z_H = \sqrt{\dfrac{2\cos\alpha'}{\cos^2\alpha \sin\alpha'}}$，见附录图 A-3；对于标准直齿轮，$Z_H = 2.5$；

$[\sigma_H]$——材料的许用接触应力，MPa（见表 4-4）；

Z_ϵ——接触疲劳强度的重合度系数，$Z_\epsilon = \sqrt{\dfrac{4-\epsilon_\alpha}{3}}$，其中 ϵ_α 为直齿圆柱齿轮的端面重合度，设计时取 $\epsilon_\alpha = 1.88 - 3.2 \dfrac{z_2 \pm z_1}{z_1 z_2}$；各式中"+"、"−"——分别用于外啮合与内啮合。

引入齿宽系数（见表 4-6），$\psi_d = b/d_1$，可得齿面接触疲劳强度设计公式

$$d_1 \geqslant \sqrt[3]{\dfrac{2\,000 K_H Z_H^2 Z_\epsilon^2 T_1}{\psi_d [\sigma_H]^2} \cdot \dfrac{(u \pm 1)}{u}} \qquad (4-11)$$

表 4-6 齿宽系数 $\psi_d = b/d_1$

齿轮相对于轴承的位置	齿面硬度	
	软齿面（大、小轮硬度≤350HBS）	硬齿面（大、小轮硬度>350HBS）
对称布置	0.8～1.4	0.4～0.9
非对称布置	0.6～1.2	0.3～0.6
悬臂布置	0.3～0.4	0.2～0.25

若为钢制齿轮对，则其接触疲劳强度校核公式可以简化为

$$\sigma_H = 21\,220 Z_\epsilon \sqrt{\dfrac{K_H T_1}{b d_1^2} \cdot \dfrac{u \pm 1}{u}} \leqslant [\sigma_H]$$

相应的设计公式为

$$d_1 \geqslant 766 \sqrt[3]{\dfrac{K_H T_1 Z_\epsilon^2}{\psi_d [\sigma_H]^2} \cdot \dfrac{(u \pm 1)}{u}}$$

值得注意的是，一对齿轮啮合时，两齿面上的接触应力是相等的，但两轮的材料不同时其许用接触应力 $[\sigma_H]$ 也不同，在作强度计算时应将 $[\sigma_{H1}]$ 与 $[\sigma_{H2}]$ 中的较小值代入上式中计算。

4.9.3 齿根弯曲疲劳强度计算

为了防止轮齿折断失效需要进行齿根弯曲疲劳强度的计算。齿轮啮合过程中,轮齿受到法向载荷的作用,同时由于轮缘刚度较大,故可将轮齿作为宽度为齿宽的悬臂梁。这样,齿根所受的弯矩最大,齿根处的弯曲疲劳强度也最弱。根据分析,齿根所受的最大弯矩发生在轮齿啮合点位于单齿啮合区的最高点(见图 4 - 22)。图中 s_F 为齿根危险截面的厚度,h_F 为悬臂梁的臂长。由法向力 F_n 和悬臂长 h_F 确定齿根处的弯矩 M,由齿宽 b 和齿厚 s_F 确定齿根处的抗弯截面系数 W_z,代入梁的抗弯强度条件式:

$$\sigma_{\max} = \frac{M_{\max}}{W_z} \leqslant [\sigma_F] \quad (4-12)$$

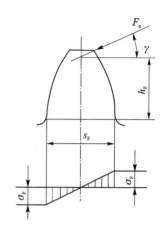

图 4 - 22 齿根弯曲应力

可以推得齿根弯曲疲劳强度的校核公式:

$$\sigma_F = \frac{2\,000 K_F T_1}{b d_1 m} \cdot Y_{FS} Y_\varepsilon \leqslant [\sigma_F] \quad (4-13)$$

式中:K_F——弯曲疲劳强度计算的载荷系数,$K_F = K_A K_v K_{F\alpha} K_{F\beta}$;

Y_{FS}——复合齿形系数,其数值如表 4 - 7 所列;

Y_ε——弯曲疲劳强度计算的重合度系数,$Y_\varepsilon = 0.25 + 0.75/\varepsilon_\alpha$;

$[\sigma_F]$——材料的许用弯曲应力,MPa,见表 4 - 4。其余各参数的意义和量纲同前。

经变换,可得设计公式:

$$m \geqslant \sqrt[3]{\frac{2000 K_F T_1 Y_{FS} Y_\varepsilon}{\psi_d z_1^2 [\sigma_F]}} \quad (4-14)$$

若忽略重合度的影响,一对钢制齿轮对应弯曲疲劳强度的设计公式可以简化为

$$m \geqslant 12.6 \sqrt[3]{\frac{K_F T_1 Y_{FS}}{\psi_d z_1^2 [\sigma_F]}}$$

应当注意,大小齿轮的复合齿形系数 Y_{FS1} 和 Y_{FS2} 是不相等的,两轮的材料不同时其许用弯曲应力 $[\sigma_{F1}]$ 与 $[\sigma_{F2}]$ 也不相等,计算时应将 $Y_{FS1}/[\sigma_{F1}]$ 和 $Y_{FS2}/[\sigma_{F2}]$ 中的较大值代入式(4 - 14)中计算。由上式求得模数后,应按表 4 - 1 将其圆整为标准模数。

表 4 - 7 复合齿形系数 Y_{FS}

$z(z_v)$	17	18	19	20	21	22	23	24	25	26	27	28	29
Y_{FS}	4.51	4.45	4.41	4.36	4.33	4.30	4.27	4.24	4.21	4.19	4.17	4.15	4.13
$z(z_v)$	30	35	40	45	50	60	70	80	90	100	50	200	
Y_{FS}	4.12	4.06	4.04	4.02	4.01	4.00	3.99	3.98	3.97	3.96	4.00	4.03	4.06

表 4 - 4 中齿轮材料的许用弯曲应力 $[\sigma_F]$ 是在轮齿单向受载的试验条件下得到的,若轮齿的工作条件是双向受载,则应将表 4 - 4 中的数据乘以 0.7。

齿轮传动设计时,应首先按主要失效形式进行强度计算,确定其主要尺寸,然后对其他失

效形式进行必要的校核。软齿面闭式齿轮传动常因齿面点蚀而失效,故通常先按齿面接触疲劳强度设计公式确定传动的尺寸,然后验算轮齿弯曲疲劳强度。硬齿面闭式齿轮传动抗点蚀能力较强,故可先按弯曲强度设计公式确定模数等尺寸,然后验算齿面接触疲劳强度。当用设计公式初步计算齿轮分度圆直径 d_1(或模数 m)时,动载系数 K_v、齿间载荷分配系数 $K_{H\alpha}$(或 $K_{F\alpha}$)及齿向载荷分布系数 $K_{H\beta}$(或 $K_{F\beta}$)等因与设计结果有关尚无法确知,此时可以从表 4-5 中试选 K_{Ht}(下标 t 表示试选或试算值,下同)或 K_{Ft},然后试算出 d_{1t}(或模数 m_t),然后按 d_{1t} 计算出齿轮的圆周速度 v,查附录相应图表,并根据 $K_H = K_A K_v K_{H\alpha} K_{H\beta}$(或 $K_F = K_A K_v K_{F\alpha} K_{F\beta}$)计算实际载荷系数 K_H(或 K_F)。若算得 K_H(或 K_F)与试选的 K_{Ht}(或 K_{Ft})值相差不大,就不必修改原计算;否则按 $d_1 = d_{1t}(K_H/K_{Ht})^{1/3}$ 或 $m = m_t(K_F/K_{Ft})^{1/3}$ 来修正试算所得的分度圆直径 d_{1t} 或模数 m_t。

4.9.4 参数的选择

在设计齿轮传动时,可以通过齿面接触疲劳强度或轮齿弯曲疲劳强度的设计公式,确定齿轮传动的一些主要参数,而其他一些参数需要设计者自己选定。下面介绍参数选择的一些基本知识。

1. 齿数选择

若保持分度圆直径不变,增加齿数,除能增大重合度,改善传动的平稳性外,还可以减小模数,从而减少齿槽中被切掉的金属量,可节省制造费用。因此,在满足齿根弯曲疲劳强度的条件下,以齿数多一些为好。

闭式齿轮传动一般转速较高,为了提高传动的平稳性,小齿轮的齿数宜选多一些,可取 $z_1 = 20 \sim 40$;开式齿轮传动一般转速较低,齿面磨损会使轮齿的抗弯能力降低。为保证齿根有足够的弯曲疲劳强度,应适当减少齿数,使齿轮有较大的模数,一般可取 $z_1 = 17 \sim 20$。

2. 齿宽系数的选择

由齿轮的强度计算公式可知,增大齿宽系数,可以减小齿轮直径和中心距,使齿轮传动结构紧凑。如果齿宽系数取的较大,承载能力可以提高。但是齿宽增大,会增大载荷沿齿宽分布的不均匀性,对轮齿强度不利。如果齿宽系数取得小,则和前述的结果相反。因此,设计时必须根据齿轮传动的具体工作条件及要求,参照表 4-6 选取齿宽系数。

求出齿轮的分度圆直径 d_1 后,便可确定大小齿轮的宽度。由 $b = \psi_d d_1$ 得到的齿宽应加以圆整。考虑到两齿轮装配时的轴向错位会导致啮合齿宽减小,故通常把小齿轮设计得比大齿轮稍宽一些。即取大齿轮宽 $b_2 = b$,小齿轮齿宽 $b_1 = b_2 + (5 \sim 10)$ mm。

3. 齿数比 u

齿数比是一大于 1 的值,一对齿轮的齿数比不宜选得过大,否则不仅大齿轮直径太大,而且整个齿轮传动的外廓尺寸也会增大,且两齿轮的工作负担差别也过大。一般对于直齿圆柱齿轮传动,$u \leqslant 5 \sim 8$。齿数比超过 8 时,宜采用二级或多级传动。

例 4-1 设计一用于带式输送机的单级减速器中的直齿圆柱齿轮传动。已知减速器的输入功率 $P_1 = 6$ kW,输入转速 $n_1 = 600$ r/min,传动比 $i_{12} = 3$,输送机单向运转。

解:(1) 材料选择

带式输送机的工作载荷比较平稳,对减速器的外廓尺寸没有限制,因此为了便于加工,采用软齿面齿轮传动。小齿轮选用 45 钢,调质处理,齿面平均硬度为 230HBS;大齿轮选用 45

钢,正火处理,齿面平均硬度为190HBS;两齿轮硬度差40HBS。软齿面闭式齿轮传动常因齿面点蚀而失效,故先按齿面接触疲劳强度设计公式确定传动的尺寸,然后验算轮齿齿根弯曲疲劳强度。

(2) 参数选择

① 齿数　由于采用软齿面闭式传动,故取 $z_1=24, z_2=i_{12}z_1=3\times 24=72$。

② 载荷系数　因为载荷比较平稳,支承对称布置,查表 4-5,取 $K=1.4$。

③ 齿宽系数　由于是单级齿轮传动,两支承相对齿轮为对称布置,且两轮均为软齿面,查表 4-6,取 $\psi_d=1.0$。

④ 齿数比　对于单级减速传动,齿数比 $u=i_{12}=3$。

(3) 确定许用应力

小齿轮的齿面平均硬度为240HBS。许用应力可根据表 4-4 通过线性插值来计算,即

$$[\sigma]_{H1} = 513 + \frac{230-217}{255-217} \times (545-513) = 524 \text{ MPa}$$

$$[\sigma]_{F1} = 301 + \frac{230-217}{255-217} \times (315-301) = 306 \text{ MPa}$$

大齿轮的齿面平均硬度为190HBS,由表 4-4 用线性插值求得许用应力分别为 $[\sigma]_{H2}=491$ MPa,$[\sigma]_{F2}=291$ MPa。

(4) 按齿面接触疲劳强度设计

① 计算小齿轮的转矩　$T_1 = 9\,550 P_1/n_1 = 9\,550 \times 6/600 = 95.5$ N·m

② 计算重合度　$\varepsilon_\alpha = 1.88 - 3.2(1/z_1 + 1/z_2) = 1.82$

③ 计算接触疲劳强度的重合度系数　$Z_\varepsilon = [(4-\varepsilon_\alpha)/3]^{1/2} = 0.85$

④ 试算分度圆直径　取较小的许用接触应力 $[\sigma_{H2}]$ 代入式(4-5),可得

$$d_{1t} \geqslant 766 \sqrt[3]{\frac{K_t T_1 Z_\varepsilon^2}{\psi_d [\sigma_{H2}]^2} \cdot \frac{u+1}{u}} = 766 \sqrt[3]{\frac{1.4 \times 95.5 \times 0.85^2}{1.0 \times 491^2} \times \frac{3+1}{3}} = 62.16 \text{ mm}$$

(5) 调整小齿轮分度圆直径

① 计算圆周速度

$$v = \frac{\pi d_1 n_1}{60 \times 1\,000} = \frac{3.14 \times 62.16 \times 600}{60 \times 1\,000} = 1.95 \text{ m/s}$$

② 计算齿宽　$b = \psi_d d = 62.16$ mm

③ 确定齿轮传动的精度等级　据表 4-3,选用 8 级精度。

④ 计算实际载荷系数　查附录图表,确定 $K_A=1$、$K_v=1.1$、$K_{H\alpha}=1.2$、$K_{H\beta}=1.3$,可得

$$K_H = K_A K_v K_{H\alpha} K_{H\beta} = 1.72$$

⑤ 调整小齿轮分度圆直径

$$d_1 = d_{1t} \sqrt[3]{\frac{K_H}{K_{Ht}}} = 66.52 \text{ mm}$$

相应模数为 $m = d_1/z_1 = 2.77$,根据表 4-1,取标准模数 $m=3$,则小齿轮的分度圆直径为 $d_1 = 72$ mm。

(6) 按齿根弯曲疲劳强度验算

① 计算载荷系数 K_F　查附录图表,确定 $K_A=1$、$K_v=1.1$、$K_{F\alpha}=1.1$、$K_{F\beta}=1.2$,可得

$$K_F = K_A K_v K_{F\alpha} K_{F\beta} = 1.45$$

② 计算复合齿形系数 Y_{FS}　由齿数 $z_1=24, z_2=72$，查表 4-7，得 $Y_{FS1}=4.24, Y_{FS2}=3.99$。

③ 计算弯曲疲劳强度的重合度系数　$Y_\varepsilon=0.25+0.75/\varepsilon_\alpha=0.66$

④ 校核弯曲强度

$$\sigma_{F1}=\frac{2\,000K_F T_1}{bd_1 m}\cdot Y_{FS1}Y_\varepsilon=\frac{2\,000\times1.45\times95.5}{72\times72\times3}\times4.24\times0.66=49.86<[\sigma_{F1}]$$

$$\sigma_{F2}=\frac{2\,000K_F T_1}{bd_1 m}\cdot Y_{FS1}Y_\varepsilon=\frac{2\,000\times1.45\times95.5}{72\times72\times3}\times3.99\times0.66=46.90<[\sigma_{F2}]$$

合格。

(7) 计算齿轮的主要几何尺寸

$d_1=mz_1=3\times24=72$ mm

$d_2=mz_2=3\times72=216$ mm

$d_{a1}=(z_1+2h_a^*)m=(24+2\times1)\times3=78$ mm

$d_{a2}=(z_2+2h_a^*)m=(72+2\times1)\times3=222$ mm

$b=\psi_d d_1=1\times72=72$ mm

故取 $b_2=72$ mm，$b_1=b_2+(2\sim10)$ mm，取 $b_1=76$ mm。

(8) 齿轮结构设计（略）

4.10　平行轴斜齿圆柱齿轮传动

4.10.1　斜齿轮齿廓曲面的形成

如图 4-23 所示，当发生面在基圆柱相切并作纯滚动时，发生面上任意一条与基圆柱母线成一倾斜角 β_b 的直线 KK 在空间所展开的轨迹为一个渐开线螺旋面，即为斜齿圆柱齿轮的齿廓曲面。从端面上看各点的轨迹均为渐开线，只是各渐开线的起点不同而已。由于斜直线 KK 在其上各点依次和基圆柱相切，因此各切点在基圆柱上形成螺旋线 AA，AA 线上各点为渐开线的起始点，它们在空间展开的曲面为渐开线螺旋面。β_b 角称为基圆柱上的螺旋角。

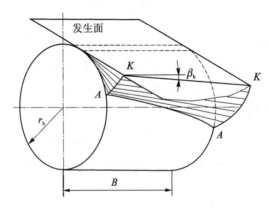

图 4-23　渐开线螺旋面的形成

4.10.2 斜齿圆柱齿轮的啮合特点

直齿圆柱齿轮(简称直齿轮)的轮齿和齿轮轴线平行,轮齿啮合时齿面间的接触线也和齿轮轴平行,如图4-24(a)所示。因此轮齿进入啮合和退出啮合,都是沿整个齿宽同时发生的,因而传动平稳性差,冲击和噪声较大。

斜齿圆柱齿轮(简称斜齿轮)的轮齿和齿轮轴线不平行,轮齿啮合时齿面间的接触线是倾斜的,如图4-24(b)所示,接触线的长度是由短变长,再由长变短。即轮齿是逐渐进入啮合,再逐渐退出啮合的,故传动平稳,冲击和噪声小,适合于高速传动。

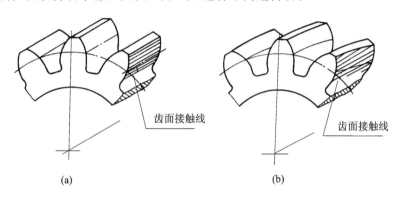

图4-24 直齿轮和斜齿轮的齿面接触线

4.10.3 斜齿轮的基本参数和几何尺寸计算

1. 斜齿轮的基本参数

斜齿轮由于轮齿的倾斜,其几何参数有端面参数与法面参数之分。

① 模数和压力角

对于斜齿轮,垂直于齿轮轴线的平面称为端面(参数加下角标 t)。垂直于轮齿螺旋线的平面称为法面(参数加下角标 n)。将斜齿轮沿分度圆柱面展开,见图4-25。图中有阴影的部分代表轮齿。可得

$$p_t = p_n / \cos\beta$$

因 $p_n = \pi m_n$,$p_t = \pi m_t$,故

$$m_t = m_n / \cos\beta \tag{4-15}$$

$$\tan\alpha_n = \tan\alpha_t \cos\beta \tag{4-16}$$

$$h_{at}^* = h_{an}^* \cos\beta, \quad c_t^* = c_n^* \cos\beta \tag{4-17}$$

斜齿轮的法向模数为标准值,按表4-1选取,法向压力角、齿顶高系数、顶隙系数的标准值分别为:$\alpha_n = 20°$、$h_{an}^* = 1$、$c_n^* = 0.25$。

② 螺旋角

斜齿轮的齿面与分度圆柱面间的交线为螺旋线。螺旋线的切线与齿轮轴线之间所夹的锐角,称为分度圆螺旋角,简称为螺旋角,用 β 表示。螺旋角有左旋和右旋之分。

2. 斜齿轮的几何尺寸计算

斜齿轮的几何尺寸应按端面来计算,计算公式见表4-8。

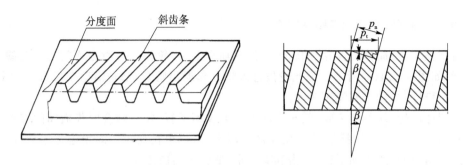

图 4-25　斜齿轮的端面和法面参数

表 4-8　标准斜齿圆柱齿轮传动的几何尺寸计算公式

名　称	代　号	计算公式
螺旋角	β	一般取 $8°\sim 20°$
基圆柱螺旋角	β_b	$\tan\beta_b = \tan\beta\cos\alpha$
法向齿距	p_n	$p_n = \pi m_n$
基圆法向齿距	p_{bn}	$p_{bn} = p_n \cos\alpha_n$
齿顶高	h_a	$h_a = h_{an}^* m_n = m_n (h_{an}^* = 1)$
齿根高	h_f	$h_f = (h_{an}^* + c_n^*) m_n = 1.25 m_n (c_n^* = 0.25)$
全齿高	h	$h = h_a + h_f = 2.25 m_n$
分度圆直径	d	$d_1 = m_t z_1 = m_n z_1/\cos\beta,\quad d_2 = m_t z_2 = m_n z_2/\cos\beta$
齿顶圆直径	d_a	$d_{a1} = d_1 + 2h_a,\quad d_{a2} = d_{21} + 2h_a$
齿根圆直径	d_f	$d_{f1} = d_1 - 2h_f,\quad d_{f2} = d_{21} - 2h_f$
顶隙	c	$c = c_n^* m_n = 0.25 m_n$
中心距	a	$a = (d_1 + d_2)/2 = m_n (z_1 + z_2)/(2\cos\beta)$

4.10.4　斜齿轮传动的正确啮合条件

一对斜齿轮啮合传动，由于存在螺旋角，所以在啮合传动中，要求两个齿轮的法面模数及法面压力角应分别相等，另外两轮啮合处的齿向也要相同。因此，斜齿轮传动的正确啮合条件为

$$\left.\begin{array}{r} m_{n1} = m_{n2} = m_n \\ \alpha_{n1} = \alpha_{n2} = \alpha_n \\ \beta_1 = \pm\beta_2 \end{array}\right\} \qquad (4-18)$$

式中，正号用于内啮合传动，负号用于外啮合传动。由于外啮合斜齿轮的两螺旋角大小相等，旋向相反，所以其端面模数和端面压力角也分别相等。即

$$m_{t1} = m_{t2},\quad \alpha_{t1} = \alpha_{t2} \qquad (4-19)$$

4.10.5　斜齿轮传动的重合度

在图 4-26 中，图(a)、(b)分别表示直齿圆柱齿轮和斜齿圆柱齿轮传动的啮合面。直齿轮

传动时,轮齿整个齿宽同时在 B_2B_2 处进入啮合,在 B_1B_1 处脱离啮合,其重合度为 ε_a。对于斜齿轮传动来说,其轮齿在进入和脱离啮合不是整个齿宽,B_1 仅是轮齿的一端开始脱离啮合,而到整个轮齿全部脱离啮合还要继续啮合 $\Delta L = b\tan\beta$,故斜齿轮传动的重合度较直齿轮增加了 ε_β。

$$\varepsilon_\beta = \frac{b\tan\beta}{p_t} \tag{4-20}$$

式中:b 为齿宽,mm;β 为螺旋角,°;p_t 为端面齿距,mm。

总重合度
$$\varepsilon = \varepsilon_a + \varepsilon_\beta \tag{4-21}$$

式中:ε_a 为端面重合度,相当于直齿轮的重合度;ε_β 为轴向重合度,它是由于轮齿的倾斜而增加的重合度。

从式(4-21)可知,斜齿轮传动的重合度比直齿轮大,并随着齿轮宽度和螺旋角的增大而增大。

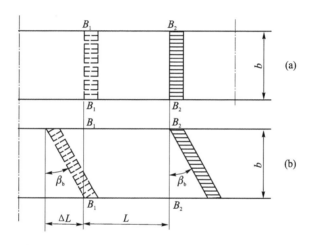

图 4-26 齿轮传动的啮合面及重合度

4.10.6 斜齿轮的当量齿轮和当量齿数

在进行斜齿轮的强度计算和用成形法加工选择铣刀时,需要知道斜齿轮的法面齿形。为了分析斜齿轮的法面齿形,在斜齿轮的分度圆柱面上,过轮齿螺旋线上任意点 P,作此螺旋线的法向截面(图 4-27),此截面与分度圆柱面的交线为一椭圆,椭圆上 P 点附近的齿形可以近似地看作为斜齿轮的法面齿形。椭圆的长半轴 $a = d/(2\cos\beta)$,短半轴 $b = d/2$,故椭圆在 P 点的曲率半径为

$$\rho = a^2/b = \frac{d}{2\cos^2\beta} \tag{4-22}$$

以 ρ 为分度圆半径,以斜齿轮的法向模数 m_n 为模数,法向压力角 α_n 为压力角,作一假想直齿轮,则该直齿轮的齿形与斜齿轮的法面齿形非常接近。因此,称这个假想的直齿轮为该斜齿轮的当量齿轮,其齿数称为当量齿数,用 z_v 表示。其值为

$$z_v = \frac{2\rho}{m_n} = \frac{d}{m_n\cos^2\beta} = \frac{m_t z}{m_n\cos^2\beta} = \frac{z}{\cos^3\beta} \tag{4-23}$$

式中,z 为斜齿轮的实际齿数。正常齿标准斜齿轮不发生根切的最少齿数 $z_{\min}$ 可由当量齿

轮的最少齿数 z_{vmin} 计算出来,即

$$z_{min} = z_{vmin} \cos^3 \beta \tag{4-24}$$

式中 z_{vmin} 为当量齿轮不发生根切的最少齿数。由此可知,标准斜齿轮不发生根切的最少齿数比标准直齿轮少,故采用斜齿轮传动可以得到更为紧凑的结构。

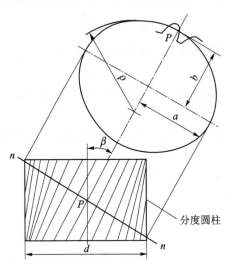

图 4-27 斜齿轮的当量齿轮

4.10.7 斜齿轮传动的强度计算

1. 轮齿上的作用力

斜齿轮啮合传动中,略去齿面间的摩擦力,作用于齿面上的载荷仍垂直于齿面,即为法向载荷 F_n,如图 4-28 所示,为便于分析计算,将法向力 F_n 分解为相互垂直的三个分力,即圆周力 F_t、径向力 F_r 和轴向力 F_a。各力大小的计算公式为

$$\left. \begin{array}{l} F_{t1} = F_{t2} = 2000 T_1/d_1 \\ F_{r1} = F_{r2} = F_{t1} \tan \alpha_n / \cos \beta \\ F_{a1} = F_{a2} = F_{t1} \tan \beta \\ F_{n1} = F_{n2} = F_{t1}/(\cos \beta \cos \alpha_n) \end{array} \right\} \tag{4-25}$$

斜齿轮传动的圆周力 F_t 和径向力 F_r 方向的确定与直齿轮传动相同。主动轮(图 4-28 中为轮 1)轴向力 F_{a1} 的方向则需根据轮齿的旋向和齿轮的转向用左、右手定则来判定,左旋齿轮用左手,右旋齿轮用右手,判定时用手握住齿轮的轴线,让四指弯曲的方向与齿轮的转向相同,则大拇指的指向即为齿轮所受轴向力 F_{a1} 的方向。而从动轮所受轴向力 F_{a2} 的方向可根据作用力和反作用力关系确定。

斜齿轮传动中的轴向力 F_a 随着螺旋角 β 的增大而增大,而 β 角过小,又失去了斜齿轮传动的优越性。所以,在设计中一般取 $\beta = 8° \sim 20°$。对于人字齿轮传动,如图 4-1(c)所示),因其左右结构完全对称,所产生的轴向力可相互抵消,因此,允许采用较大的螺旋角($\beta = 15° \sim 40°$)。人字齿轮传动常用于高速重载传动中,其缺点是制造较困难。

2. 强度计算

斜齿轮啮合传动,载荷作用在法面上,而法面齿形近似于当量齿轮的齿形,因此,斜齿轮传

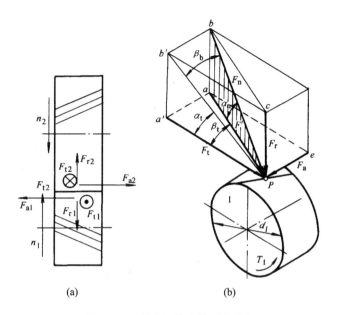

图 4-28 斜齿圆柱齿轮受力分析

动的强度计算可转换为其当量齿轮的强度计算。由于斜齿轮传动的接触线是倾斜的,且重合度较大,因此,斜齿轮传动的承载能力比相同尺寸的直齿轮传动略有提高。

(1) 齿面接触疲劳强度计算

用分析直齿圆柱齿轮传动类似的方法,并考虑到斜齿轮传动本身的特点(重合度大、接触线较长及节线附近的载荷集中等),可以得到一对钢制标准斜齿圆柱齿轮轮齿表面接触疲劳强度的计算公式为

$$\sigma_H = Z_E Z_H Z_\varepsilon Z_\beta \sqrt{\frac{2\,000 K_H T_1}{\psi_d d_1^3} \cdot \frac{u \pm 1}{u}} \leqslant [\sigma_H] \qquad (4-26)$$

经变换,设计公式为

$$d_1 \geqslant \sqrt[3]{\frac{2\,000 K_H T_1 Z_E^2 Z_H^2 Z_\varepsilon^2 Z_\beta^2}{\psi_d [\sigma_H]^2} \cdot \frac{u \pm 1}{u}} \qquad (4-27)$$

式中: Z_ε ——接触疲劳强度计算的重合度系数, $Z_\varepsilon = \sqrt{\frac{4-\varepsilon_\alpha}{3}(1-\varepsilon_\beta) + \frac{\varepsilon_\beta}{\varepsilon_\alpha}}$,若 $Z_\varepsilon \geqslant 1$,则取 1;

Z_β ——接触疲劳强度计算的螺旋角系数, $Z_\beta = \sqrt{\cos(\beta)}$;

Z_H ——区域系数,对应标准斜齿轮,可以查附录图 A-3。

其余各参数的意义和量纲均和直齿圆柱齿轮的相同。若参数需按齿数查表时,斜齿轮用 z_V,直齿轮用 z。许用接触应力 $[\sigma_H]$ 的计算也与直齿圆柱齿轮的相同。

(2) 斜齿轮齿根弯曲疲劳应力计算

斜齿圆柱齿轮的弯曲疲劳强度计算与相应当量直齿轮的计算相似,考虑螺旋角的影响后,有

$$\sigma_F = \frac{2\,000 K_F T_1 Y_{FS} Y_\varepsilon Y_\beta \cos^2\beta}{\psi_d m_n^3 z^2} \leqslant [\sigma_F] \qquad (5-28)$$

经变化后,可得相应的设计公式为

$$m_n \geqslant \sqrt[3]{\frac{2\,000 K_F T_1 Y_\varepsilon Y_\beta \cos^2\beta}{\psi_d z_1^2} \frac{Y_{FS}}{[\sigma_F]}} \qquad (5-29)$$

式中：m_n——斜齿轮的法面模数，mm；

Y_{FS}——复合齿形系数，应按当量齿数 z_V 在表 4-7 中查取；

Y_β——弯曲疲劳强度计算的螺旋角系数，$Y_\beta = 1 - \beta \cdot \varepsilon_\beta / 120°$；

Y_ε——当量齿轮对应弯曲疲劳强度计算的重合度系数，$Y_\varepsilon = 0.25 + 0.75/\varepsilon_\alpha$，$\varepsilon_\alpha = [1.88 - 3.2(1/z_1 + 1/z_2)]\cos\beta$；其余各参数的意义、量纲均和直齿圆柱齿轮的相同。

例 4-2 设计一单级减速器中的斜齿圆柱齿轮传动。已知减速器的输入功率 $P = 15$ kW，输入转速 $n = 1\,460$ r/min，传动比 $i_{12} = 4.8$，载荷有中等冲击，双向运转。要求减速器的结构尺寸紧凑。

解：(1) 材料选择

由于要求结构尺寸紧凑，故采用硬齿面齿轮传动。小齿轮选用 20Cr，渗碳淬火处理，齿面平均硬度为 60HRC；大齿轮选用 40Cr，表面淬火处理，齿面平均硬度为 52HRC。对于硬齿面闭式齿轮传动抗点蚀能力较强，可先按弯曲强度设计公式确定模数等尺寸，然后验算齿面接触疲劳强度。

(2) 参数选择

① 齿数 由于采用闭式传动，转速较高，故取 $z_1 = 25$，$z_2 = i_{12} z_1 = 4.8 \times 25 = 120$。

② 齿宽系数 两轮均为硬齿面，支承相对于齿轮为对称布置，查表 4-6，取 $\psi_d = 0.8$。

③ 载荷系数 由于载荷有中等冲击，且采用硬齿面齿轮传动，载荷系数应取较大值，但考虑到为斜齿轮传动，故取 $K_{Ft} = 1.6$。

④ 齿数比 对于单级减速传动，齿数比 $u = i_{12} = 4.8$。

⑤ 初选螺旋角 取螺旋角 $\beta = 15°$。

(3) 确定许用应力

小齿轮的齿面平均硬度为 60HRC，查表 4-4，得 $[\sigma_{H1}] = 1\,350$ MPa，$[\sigma_{F1}] = 645$ MPa。因为齿轮双向运转时，轮齿通常为双向受载，故 $[\sigma_{F1}] = 0.7 \times 645 = 452$ MPa。

大齿轮的齿面平均硬度为 52HRC，查表 4-4，用线性插值法求得 $[\sigma_{H2}] = 1\,071$ MPa，$[\sigma_{F2}] = 503$ MPa。因轮齿双向受载，故 $[\sigma_{F2}] = 0.7 \times 503 = 352$ MPa。

(4) 按齿根弯曲疲劳强度设计

① 计算小齿轮上的转矩

$$T_1 = 9\,550 P/n = 9\,550 \times 15/1\,460 = 98.1 \text{ N} \cdot \text{m}$$

② 计算弯曲疲劳强度的重合度系数

根据斜齿轮的重合度 $\varepsilon_\alpha = [1.88 - 3.2(1/z_1 + 1/z_2)]\cos\beta = 1.67$，结合 $Y_\varepsilon = 0.25 + 0.75/\varepsilon_\alpha$，可得 $Y_\varepsilon = 0.7$。

③ 计算螺旋角影响系数 Y_β 由 $\varepsilon_\beta = (b\tan\beta)/p_t$，可得 $\varepsilon_\beta = (\psi_d z_1 \tan\beta)/\pi = 1.706$，所以有 $Y_\beta = 1 - \beta \cdot \varepsilon_\beta / 120° = 0.79$。

④ 计算两齿轮的当量齿数为

$$z_{v1} = z_1/\cos^3\beta = 25/\cos^3 15° = 27.7$$

$$z_{v2} = z_2/\cos^3\beta = 120/\cos^3 15° = 133.2$$

⑤ 计算复合齿形系数 Y_{FS} 根据当量齿数，查表 4-7，得 $Y_{FS1} = 4.15$，$Y_{FS2} = 3.98$。复合

齿形系数与许用弯曲应力的比值为

$$Y_{FS1}/[\sigma_{F1}] = 4.15/452 = 0.009\ 18$$
$$Y_{FS2}/[\sigma_{F2}] = 3.98/352 = 0.011\ 31$$

⑥ 试算法向模数 因为 $Y_{FS2}/[\sigma_{F2}]$ 较大,故将其代入式(4-29)中,得

$$m_t \geqslant \sqrt[3]{\frac{2\ 000 K_{Ft} T_1 Y_\varepsilon Y_\beta \cos^2\beta}{\psi_d z_1^2}\frac{Y_{FS2}}{[\sigma_{F2}]}} = 1.54\ \text{mm}$$

(5) 调整齿轮的模数

① 计算圆周速度、确定精度等级

$$d_1 = \frac{m_t z_1}{\cos\beta} = 39.86\ \text{mm},\quad v = \frac{\pi d_1 n_1}{60\times 1\ 000} = \frac{3.14\times 39.86\times 1\ 460}{60\times 1\ 000} = 3.05\ \text{m/s}$$

圆周速度比较低,根据表 4-3,齿轮传动选用 8 级精度。

② 计算齿宽 $b = \psi_d d_1 = 31.89\ \text{mm}$

③ 确定齿轮传动的精度等级 据表 4-3,选用 8 级精度。

④ 计算实际载荷系数 查附录图表,确定 $K_A = 1.5$、$K_v = 1.16$、$K_{F\alpha} = 1.4$、$K_{F\beta} = 1.22$,可得

$$K_F = K_A K_v K_{F\alpha} K_{F\beta} = 2.97$$

⑤ 调整齿轮的模数

$$m_n = m_t \sqrt[3]{\frac{K_F}{K_{Ft}}} = 1.89\ \text{mm}$$

齿根弯曲疲劳强度较为薄弱,故应以 $m_n \geqslant 1.89\ \text{mm}$ 为准,根据表 4-1,取标准模数 $m = 2$。

(6) 确定中心距 a、螺旋角 β 等几何参数

① 确定中心距 $a = \dfrac{m_n(z_1+z_2)}{2\cos\beta} = \dfrac{2\times(25+120)}{2\times\cos 15°} = 150.12\ \text{mm}$,圆整取 $a = 150\ \text{mm}$;

② 确定螺旋角 $\beta = \arccos\dfrac{m_n(z_1+z_2)}{2a} = \dfrac{2\times(25+120)}{2\times 150} = 14°50'6''$,非常接近初选择。

③ 齿轮的其余主要尺寸分别为

$$d_1 = \frac{m_n z_1}{\cos\beta} = \frac{2\times 25}{\cos 14°50'60''} = 51.72\ \text{m}$$

$$d_2 = \frac{m_n z_2}{\cos\beta} = \frac{2\times 120}{\cos 14°50'6''} = 248.28\ \text{mm}$$

$$d_{a1} = d_1 + 2h_{an}^* m_n = 51.72 + 2\times 1\times 2 = 55.72\ \text{mm}$$

$$d_{a2} = d_2 + 2h_{an}^* m_n = 248.28 + 2\times 1\times 2 = 252.28\ \text{mm}$$

$$b = \psi_d d_1 = 0.8\times 51.72 = 41.4\ \text{mm}$$

故取 $b_2 = 40\ \text{mm}$,$b_1 = 44\ \text{mm}$。由于取的模数标准值比计算值大,故 b_2 向小圆整后仍能满足式(4-29)的需要。必要时应进行验算。

(7) 验算接触疲劳强度

① 计算接触疲劳强度计算的载荷系数

查附录图表,确定 $K_A = 1.5$、$K_v = 1.16$、$K_{H\alpha} = 1.4$、$K_{H\beta} = 1.2$,可得

$$K_H = K_A K_v K_{H\alpha} K_{H\beta} = 2.92$$

② 确定接触疲劳强度计算的重合度系数 $Z_\varepsilon = [(4-\varepsilon_\alpha)(1-\varepsilon_\beta)/3 + \varepsilon_\beta/\varepsilon_\alpha]^{1/2} = 0.69$

③ 确定接触疲劳强度计算的螺旋角系数　$Z_\beta = \sqrt{\cos\beta} = 0.98$；

④ 确定接触疲劳强度计算的区域系数　查附录图 A-3 可得 $Z_H = 2.42$；

⑤ 验算接触疲劳强度

$$\sigma_H = Z_E Z_H Z_\varepsilon Z_\beta \sqrt{\frac{2\,000 K_H T_1}{\psi_d d_1^3} \cdot \frac{u+1}{u}} = 776.67 \text{ MPa} < [\sigma_{H2}]$$

合格。

(8) 齿轮结构设计，从略。

4.11　直齿圆锥齿轮传动

4.11.1　圆锥齿轮传动的特点

圆锥齿轮用于相交两轴之间的传动。其运动可以看成是两个圆锥形摩擦轮在一起纯滚动，该圆锥即为节圆锥。与圆柱齿轮相似，锥齿轮也分为分度圆锥、齿顶圆锥和齿根圆锥等。但和圆柱齿轮不同的是轮齿的厚度沿锥顶方向逐渐减小。锥齿轮传动中两轴之间的轴交角 Σ 可根据传动的需要来确定，在一般机械中，多采用 $\Sigma = 90°$ 的传动。由于直齿圆锥齿轮的设计、制造和安装均较简便，故应用最广泛。曲齿圆锥齿轮主要用在高速大功率传动中。斜齿圆锥齿轮则应用较少。本节介绍 $\Sigma = 90°$ 的直齿圆锥齿轮传动。

4.11.2　圆锥齿轮的参数和几何尺寸计算

圆锥齿轮的轮齿是分布在圆锥面上的，因此有大端和小端之分。为了便于计算和测量，通常取圆锥齿轮大端的参数为标准值。按表 4-9 选取，大端压力角为标准值，$\alpha = 20°$。

表 4-9　标准直齿圆锥齿轮的模数

| 1 | 1.125 | 1.25 | 1.375 | 1.5 | 1.75 | 2 | 2.25 | 2.5 | 2.75 | 3 | 3.25 | 3.5 | 3.75 |
| 4 | 4.5 | 5 | 5.5 | 6 | 6.5 | 7 | 8 | 9 | 10 | | | | |

圆锥体有大端和小端之分，大端尺寸较大，计算和测量的相对误差较小，且便于确定齿轮机构的外廓尺寸，所以直齿圆锥齿轮的几何尺寸计算也是以大端为基准，其齿顶高系数 $h_a^* = 1$，顶隙系数 $c^* = 0.2$。

图 4-29 所示为一对圆锥齿轮传动，轴交角 $\Sigma = \delta_1 + \delta_2 = 90°$，其传动比为

$$i_{12} = \frac{\omega_1}{\omega_2} = \frac{z_2}{z_1} = \frac{d_2}{d_1} = \cot\delta_1 = \tan\delta_2 \tag{4-30}$$

图 4-29 中 R 为分度圆锥的锥顶到大端的距离，称为锥距。齿宽 b 与锥距 R 的比值称为圆锥齿轮的齿宽系数，用 ψ_R 表示，一般取 $\psi_R = b/R = 0.20 \sim 0.35$，常取 $\psi_R = 0.30$，由 $b = \psi_R R$ 计算出的齿宽应圆整，并取大小齿轮的齿宽 $b_1 = b_2 = b$。

根据 GB/T12369—90、GB/T12370—90 的规定，现主要采用等顶隙圆锥齿轮传动，即两轮的顶隙由轮齿大端到小端都是相等的。在这种传动中，两轮的分度圆锥和齿根圆锥的锥顶共点。但两轮的齿顶圆锥，因其母线各自平行于与之啮合传动的另一圆锥齿轮的齿根圆锥母线，所以其锥顶就不再重合于一点了。圆锥齿轮传动的主要尺寸计算公式列于表 4-10 中。

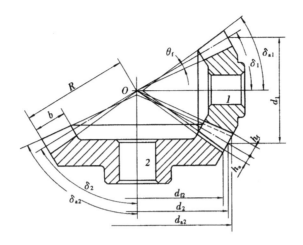

图 4-29 $\Sigma=90°$ 的直齿圆锥齿轮传动

表 4-10 标准直齿圆锥齿轮传动的几何尺寸计算公式($\Sigma=90°$)

名 称	代 号	计算公式
齿顶高	h_a	$h_a = h_a^* m = m$ ($h_a^* = 1$)
齿根高	h_f	$h_f = (h_a^* + c^*)m = 1.2m$ ($c^* = 0.2$)
全齿高	h	$h = h_a + h_f = 2.2m$
顶隙	c	$c = c^* m = 0.2m$
分度圆锥角	δ	$\delta_1 = \arctan(z_1/z_2)$, $\delta_2 = \arctan(z_2/z_1)$
分度圆直径	d	$d_1 = mz_1$, $d_2 = mz_2$
齿顶圆直径	d_a	$d_{a1} = d_1 + 2h_a \cos\delta_1$, $d_{a2} = d_2 + 2h_a \cos\delta_2$
齿根圆直径	d_f	$d_{f1} = d_1 - 2h_f \cos\delta_1$, $d_{f2} = d_2 - 2h_f \cos\delta_2$
锥距	R	$R = \sqrt{d_1^2 + d_2^2}/2 = m\sqrt{z_1^2 + z_2^2}/2$
齿宽	b	$b = \psi_R R$, $\psi_R = 0.25 \sim 0.3$
齿根角	θ_f	$\theta_f = \arctan(h_f/R)$, $\theta_f = \theta_a$(等顶隙齿齿顶角)
顶锥角	δ_a	$\delta_{a1} = \delta_1 + \theta_f$, $\delta_{a2} = \delta_2 + \theta_f$
根锥角	δ_f	$\delta_{f1} = \delta_1 - \theta_f$, $\delta_{f2} = \delta_2 - \theta_f$

4.11.3 圆锥齿轮的当量齿轮和当量齿数

圆锥齿轮的齿廓曲线为球面渐开线,给设计和制造带来不便。所以引入当量齿轮的概念。一对相啮合的圆锥齿轮(图 4-30)$\triangle OAP$ 绕 OO_1 轴旋转得到的回转体为锥齿轮 1 的分度圆锥。作 $O_1A \perp OA$,$O_1P \perp OP$,则以 $\triangle O_1AP$ 绕 O_1O 轴旋转得到的回转体为锥齿轮 1 的背锥。同理,$\triangle O_2BP$ 绕 O_2O 轴旋转一周得到的回转体为锥齿轮 2 的背锥。将圆锥齿轮大端的齿廓曲线投影在以 O_1、O_2 为锥顶的圆锥面 O_1AP 和 O_2BP 上。再将圆锥齿轮的背锥面展开成平面,得一扇形齿轮,将扇形齿轮补全成为圆柱齿轮,这个假想的直齿圆柱齿轮称为该圆锥齿轮的当量齿轮,当量齿轮的齿数称为当量齿数,用 z_v 表示。当量齿轮的模数和压力角与圆锥齿轮大端的模数和压力角相等。

图 4-30 中圆锥齿轮的分度圆锥角为 δ,齿数为 z,分度圆半径为 r,当量齿轮的分度圆半径为 r_v,则 $r_v = r/\cos\delta$。而 $r = mz/2, r_v = mz_v/2$,所以

$$z_v = z/\cos\delta \qquad (4-31)$$

一对圆锥齿轮的啮合传动相当一对当量齿轮的啮合传动,因此,圆柱齿轮传动的一些结论,可以直接应用于圆锥齿轮传动。例如,由圆柱齿轮传动的正确啮合条件可知,圆锥齿轮的正确啮合条件为两圆锥齿轮大端的模数和压力角分别相等;若圆锥齿轮的当量齿轮不发生根切,则该圆锥齿轮也不会发生根切。因此,圆锥齿轮不发生根切的最少齿数为

$$z_{\min} = z_{v\min}\cos\delta \qquad (4-32)$$

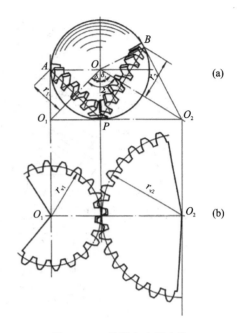

图 4-30 背锥和当量齿轮

4.11.4 圆锥齿轮传动的强度计算

1. 受力分析

两圆锥齿轮啮合传动,略去齿面间的摩擦力,轮齿间的相互作用力为法向力 F_n。通常将法向力视为集中作用在平均分度圆锥上,即按齿宽中点处来进行受力分析(图 4-31)。将法向力 F_n 分解为相互垂直的三个分力,即圆周力 F_t、径向力 F_r 和轴向力 F_a,各力的计算公式为

$$\left.\begin{array}{l} F_{t1} = F_{t2} = 2000T_1/d_{m1} \\ F_{r1} = F_{a2} = F_{t1}\tan\alpha\cos\delta_1 \\ F_{a1} = F_{r2} = F_{t1}\tan\alpha\sin\delta_1 \\ F_{n1} = F_{n2} = F_{t1}/\cos\alpha \end{array}\right\} \qquad (4-33)$$

式中:d_{m1} 为小圆锥齿轮的平均分度圆直径,可根据分度圆直径 d_1、锥距 R 和齿宽 b 确定,即

$$d_{m1} = (1 - 0.5\psi_R)d_1 \qquad (4-34)$$

圆锥齿轮的圆周力 F_t 的方向在主动轮上与运动方向相反,在从动轮上与运动方向相同。径向力 F_r 的方向对于两轮来说都是由啮合点垂直指向齿轮轴线。轴向力 F_a 的方向都是通过啮合点指向各自的大端。

2. 强度计算

直齿圆锥齿轮的失效形式及强度计算与直齿圆柱齿轮基本相同,可以近似认为,一对直齿圆锥齿轮传动和位于齿宽中点的一对当量圆柱齿轮传动的强度相等。由此可得轴交角为 90° 的一对钢制直齿圆锥齿轮传动的强度计算公式。

(1) 齿面接触疲劳强度计算

其校核公式和设计公式分别为

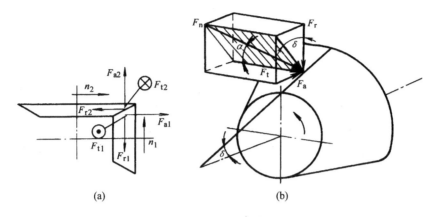

图 4-31 直齿圆锥齿轮受力分析

$$\sigma_H = Z_E Z_H \sqrt{\frac{4\,000 K_H T_1}{\psi_R (1 - 0.5\psi_R)^2 d_1^3 u}} \leqslant [\sigma_H] \qquad (4-35)$$

$$d_1 \geqslant \sqrt[3]{\frac{4\,000 K_H T_1}{\psi_R (1 - 0.5\psi_R)^2 u} \cdot \left(\frac{Z_E Z_H}{[\sigma_H]}\right)^2} \qquad (4-36)$$

式中:各符号的意义与单位均与直齿圆柱齿轮相同;ψ_R 为齿宽系数,一般取 0.2~0.35,常取 0.3。

(2) 齿根弯曲疲劳强度计算

其校核公式和设计公式分别为

$$\sigma_F = \frac{1\,000 K_F T_1 Y_{FS}}{\psi_R (1 - 0.5\psi_R) m^3 z_1^2 \sqrt{u^2 + 1}} \leqslant [\sigma_F] \qquad (4-37)$$

$$m \geqslant \sqrt[3]{\frac{1\,000 K_F T_1}{\psi_R (1 - 0.5\psi_R)^2 z_1^2 \sqrt{u^2 + 1}} \cdot \frac{Y_{FS}}{[\sigma_F]}} \qquad (4-38)$$

式中:复合齿形系数 Y_{FS} 按圆锥齿轮的当量齿数 z_v,在表 4-7 中查取。在使用设计公式计算 m 时,应取 $Y_{FS1}/[\sigma_{F1}]$、$Y_{FS2}/[\sigma_{F2}]$ 两者中的较大值代入计算。

4.12 齿轮的结构设计

齿轮传动的强度计算和几何尺寸计算,主要是确定齿轮的齿数、模数、齿宽、螺旋角、分度圆直径等主要尺寸,而齿圈、轮毂等的结构形式及尺寸,则需通过结构设计来确定。齿轮的结构形式主要有齿轮轴、实心式齿轮、腹板式齿轮、轮辐式齿轮,具体的结构应根据工艺要求及经验公式确定。

4.12.1 齿轮轴

对于直径较小的钢制齿轮,当齿根圆直径与轴的直径相差较小时,应将齿轮与轴做成一体,称为齿轮轴,如图 4-32 所示;如果齿轮的直径比轴的直径大得较多时,应将齿轮与轴分开。

4.12.2 实心式齿轮

当齿轮的齿顶圆直径 $d_a \leqslant 200$ mm 时,可做成实体式齿轮,实心式齿轮结构简单、制造方

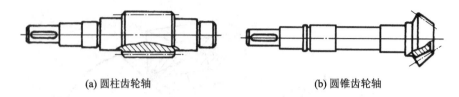

(a) 圆柱齿轮轴　　　　　　　(b) 圆锥齿轮轴

图 4-32　齿轮轴

便,为了便于装配和减少边缘的应力集中,孔边、齿顶边缘应切制倒角,如图 4-33 所示。这种结构型式的齿轮常用锻钢制造。

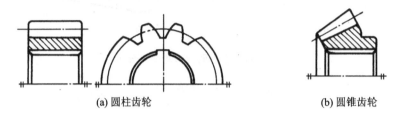

(a) 圆柱齿轮　　　　　　　(b) 圆锥齿轮

图 4-33　实心式齿轮

4.12.3　腹板式齿轮

当齿轮的齿顶圆 $d_a = 200 \sim 500$ mm 时,可以采用锻造腹板式齿轮和铸造腹板式齿轮,以节省材料、减轻重量。考虑到制造、搬运等的需要,腹板上常对称开出多个孔,如图 4-34 所示,其各部分尺寸由图示经验公式确定。

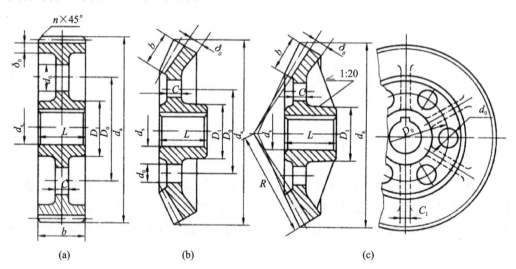

$D_1 = 1.6 d_s$(钢材);$D_1 = 1.8 d_s$(铸铁);

D_0、d_0 按结构而定;

圆柱齿轮:$L = (1.2 \sim 1.5) d_s \geqslant b$;$\delta_0 = (2.5 \sim 4) m_n \geqslant 10$ mm;

$C = (0.2 \sim 0.3) b$;$n = 0.5 m_n$;

圆锥齿轮:$L = (1.0 \sim 1.2) d_s$;$\delta_0 = (3 \sim 4) m \geqslant 10$ mm;

$C = (0.1 \sim 0.17) R$;$C_1 = 0.8 c$

图 4-34　腹板式齿轮

4.12.4 轮辐式齿轮

当齿轮的齿顶圆直径 $d_a>500$ mm 时,为了减轻重量,可将齿轮制成轮辐式结构,如图 4-35 所示。这种结构的齿轮常采用铸钢或铸铁制造,其各部分尺寸按图中的经验公式确定。

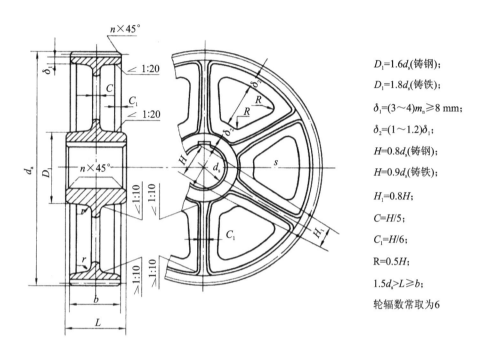

$D_1=1.6d_s$(铸钢);
$D_1=1.8d_s$(铸铁);
$\delta_1=(3\sim4)m_n\geq 8$ mm;
$\delta_2=(1\sim 1.2)\delta_1$;
$H=0.8d_s$(铸钢);
$H=0.9d_s$(铸铁);
$H_1=0.8H$;
$C=H/5$;
$C_1=H/6$;
$R=0.5H$;
$1.5d_s>L\geq b$;
轮辐数常取为 6

图 4-35 轮辐式结构齿轮

4.13 齿轮传动的润滑

润滑对于齿轮传动十分重要。润滑不仅可以减小摩擦、减轻磨损,还可以起到冷却、防锈、降低噪声等作用。在齿轮使用中进行适当的润滑,可以起到大为改善齿轮工作状况、延长齿轮使用寿命等作用。

4.13.1 润滑方式

闭式齿轮传动的润滑方式有浸油润滑和喷油润滑两种。一般根据齿轮的圆周速度来确定采用哪一种润滑方式。

当齿轮的圆周速度 $v<12$ m/s 时,通常将大齿轮浸入油池中进行润滑,即采用如图 4-36(a)所示的浸油润滑。齿轮浸入油中深度不少于 10 mm,转速低时可浸深些。但不宜浸入过深,否则会增大运动阻力并使油温升高。在多级齿轮传动中,对于未浸入油池内的齿轮,可采用带油轮将油带到未浸入油池内的齿轮齿面上,如图 4-36(b)所示。浸油齿轮将油甩到齿轮箱壁上,有利于散热。

当齿轮的圆周速度 $v>12$ m/s 时,应采用如图 4-36(c)喷油润滑,即由油泵或中心供油站以一定的压力供油,借喷嘴将润滑油喷到轮齿的啮合面上。当 $v\leq 25$ m/s 时,喷嘴位于轮齿啮

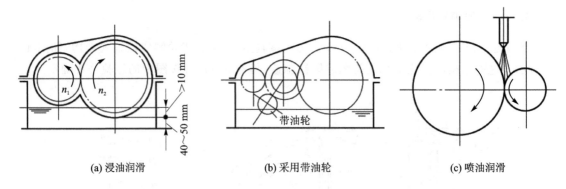

(a) 浸油润滑　　　　(b) 采用带油轮　　　　(c) 喷油润滑

图 4-36　齿轮传动的润滑方式

入边或啮出边均可;当 $v>25$ m/s 时,喷嘴应位于轮齿啮出的一边,以便借润滑油及时冷却刚啮合过的轮齿,同时也对轮齿进行润滑。

4.13.2　润滑剂的选择

齿轮传动常用的润滑剂为润滑油或润滑脂。所用的润滑油或润滑脂的牌号按表 4-11 选取;润滑油的粘度按表 4-12 选取。

表 4-11　齿轮传动常用的润滑剂

名　称	牌　号	运动粘度 v/cSt(40 ℃)	应　用
全损耗系统用油 (GB/T 443—1989)	L-AN46 L-AN68 L-AN100	41.4～50.6 61.2～74.8 90.0～110.0	适用于对润滑油无特殊要求的锭子、轴承、齿轮和其他低负荷机械等部件的润滑
工业齿轮油 (SY 1172—88)	68 100 150 220 320	61.2～74.8 90～110 135～165 198～242 288～352	适用于工业设备齿轮的润滑
中负荷工业齿轮油 (GB/T 5903—86)	68 100 150 220 320 460	61.2～74.8 90～110 135～165 198～242 288～352 414～506	适用于煤炭、水泥和冶金等工业部门的大型闭式齿轮传动装置的润滑
普通开式 齿轮油 (SY 1232—85)	68 100 150	100 ℃ 60～75 90～110 135～165	主要适用于开式齿轮、链条和钢丝绳的润滑

续表 4-11

名 称	牌 号	运动粘度 v/cSt(40 ℃)	应 用
硫-磷型极压 工业齿轮油	120 150 200 250 300 350	50 ℃ 110～130 130～170 180～220 230～270 280～320 330～370	适用于经常处于边界润滑的承载、高冲击的直、斜齿轮和蜗轮装置及轧钢机齿轮装置
钙钠基润滑脂 (ZBE 86001—88)	ZGN-2 ZGN-3		适用于 80～100 ℃,有水分或较潮湿的环境中工作的齿轮传动,但不适于低温工作情况
石墨钙基润滑脂 (ZBE 36002—88)	ZG-S		适用于起重机底盘的齿轮传动、开式齿轮传动、需耐潮湿处

注：① 表中所列仅为齿轮油的一部分,必要时可参阅有关资料。

表 4-12 齿轮传动润滑油粘度荐用值

齿轮材料	强度极限 σ_B /MPa	圆周速度 $v/(m \cdot s^{-1})$						
		<0.5	0.5～1	1～2.5	2.5～5	5～12.5	12.5～25	>25
		运动粘度 v/cSt(40 ℃)						
塑料、铸铁、青铜	—	350	220	150	100	80	55	—
钢	450～1 000	500	350	220	150	100	80	55
	1 000～1 250	500	500	350	220	150	100	80
渗碳或表面淬火的钢	1 250～1 580	900	500	500	350	220	150	100

注：1) 多级齿轮传动,采用各级传动圆周速度的平均值来选取润滑油粘度;
2) 对于 σ_B>800 MPa 的镍铬钢制齿轮(不渗碳)的润滑油粘度应取高一档的数值。

习 题

1. 填空题

(1) 一般开式齿轮传动的主要失效形式是_____和_____;闭式齿轮传动的主要失效形式是_____和_____;闭式硬齿面齿轮传动的主要失效形式是_____。

(2) 对于闭式软齿面齿轮传动,主要失效形式为_____,一般是按_____强度进行设计,按_____强度进行校核,这时影响齿轮强度的最主要几何参数是_____。

(3) 对于开式齿轮传动,虽然主要失效形式是_____,但通常只按_____强度计算。这时影响齿轮强度的主要几何参数是_____。

(4) 在齿轮传动中,齿面疲劳点蚀是由于_____的反复作用而产生的,点蚀通常首先出现在_____。

(5) 齿轮设计中,对闭式软齿面传动,当直径 d_1 一定,一般 z_1 选得_____些;对闭式硬齿面传动,则取_____的齿数 z_1,以使_____增大,提高轮齿的弯曲疲劳强度;对开式齿轮传动,一般 z_1 选得_____些。

(6) 设计圆柱齿轮传动时,当齿轮_____布置时,其齿宽系数 ψ_d 可选得大些。

(7) 对软齿面(硬度≤350 HBS)齿轮传动,当两齿轮均采用 45 钢时,一般采用的热处理方式为:小齿轮_____,大齿轮_____。

(8) 减小齿轮内部动载荷的措施有_____、_____、_____。

(9) 斜齿圆柱齿轮的齿形系数 Y_{Fa} 与齿轮的参数_____、_____和_____有关;而与_____无关。

(10) 影响齿轮齿面接触应力 σ_H 的主要几何参数是_____和_____;而影响其极限接触应力 σ_{Hlim} 的主要因素是_____和_____。

(11) 一对减速齿轮传动,若保持两轮分度圆的直径不变,减少齿数并增大模数,其齿面接触应力将_____。

(12) 一对齿轮传动,若两轮的材料、热处理方式及许用应力均相同,只是齿数不同,则齿数多的齿轮弯曲强度_____;两齿轮的接触疲劳强度_____。

(13) 一对直齿圆柱齿轮,齿面接触强度已足够,而齿根弯曲强度不足,可采用下列措施:_____,_____,_____来提高弯曲疲劳强度。

(14) 在材料、热处理及几何参数均相同的直齿圆柱、斜齿圆柱和直齿圆锥三种齿轮传动中,承载能力最高的是_____传动,承载能力最低的是_____传动。

(15) 齿轮传动的润滑方式主要根据齿轮的_____选择。闭式齿轮传动采用油浴润滑时的油量根据_____确定。

2. 简答题

(1) 二级圆柱齿轮减速器,其中一级为直齿轮,另一级为斜齿轮。试问斜齿轮传动应置于高速级还是低速级?为什么?若为直齿锥齿轮和圆柱齿轮组成减速器,锥齿轮传动应置于高速级还是低速级?为什么?

(2) 一对齿轮传动,若按无限寿命考虑,如何判断其大小齿轮中哪个不易出现齿面点蚀?哪个不易发生齿根弯曲疲劳折断?

(3) 有一对渐开线标准直齿圆柱齿轮 z_1、z_2,和一对渐开线标准斜齿圆柱齿轮 z_1'、z_2',直齿轮的齿数 z_1、z_2、模数 m、压力角 α,分别与斜齿轮的齿数 z_1'、z_2'、模数 m_n、压力角 α_n 对应相等。若其他条件都相同,试说明斜齿轮比直齿轮抗疲劳点蚀能力强的理由。

提示:$\sigma_H = Z_E Z_H Z_\epsilon Z_\beta \sqrt{\dfrac{2\,000 K T_1 (u+1)}{b d_1^2 u}} \leqslant [\sigma_H]$

3. 计算题

(1) 一对闭式直齿圆柱齿轮传动,已知:$z_1=25, z_2=75, m=3$ mm,$\psi_d=1$,小齿轮的转速 $n=970$ r/min。主从动轮的 $[\sigma_{H1}]=690$ MPa,$[\sigma_{H2}]=600$ MPa,载荷系数 $K=1.6$,节点区域系数 $Z_H=2.5$,弹性影响系数 $Z_E=189.8$ $\sqrt{\text{MPa}}$,重合度系数 $Z_\epsilon=0.9$,试按接触疲劳强度,求该齿轮传动传递的功率。

提示:接触疲劳强度校核公式为

$$\sigma_H = Z_E Z_H Z_\epsilon \sqrt{\dfrac{2\,000 K T_1 (u+1)}{b d_1^2 u}} \leqslant [\sigma_H]$$

(2) 图 4-37 所示双级斜齿圆柱齿轮减速器,高速级:$m_n=2$ mm,$z_1=22, z_2=95$,$\alpha_n=20°, a=120$,齿轮 1 为右旋;低速级:$m_n=3$ mm,$z_3=25, z_4=79$,$\alpha_n=20°, a=160$。主动轮转速

$n_1 = 960$ r/min，转向如图，传递功率 $P = 4$ kW，不计摩擦损失，试：

① 标出各轮的转向和齿轮 2 的螺旋线方向；
② 合理确定 3、4 轮的螺旋线方向；
③ 画出齿轮 2、3 所受的各个分力；
④ 求出齿轮 3 所受 3 个分力的大小。

（3）一对直齿圆锥齿轮传动如图 4-38 所示，齿轮 1 主动，$n_1 = 960$ r/min，转向如图，传递功率 $P = 3$ kW，已知：$m = 4$ mm，$z_1 = 28$，$z_2 = 48$，$b = 30$ mm，$\psi_R = 0.3$，$\alpha = 20°$，试求两轮所受三个分力的大小并在图中标出方向。

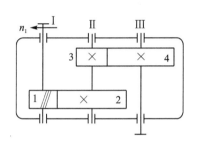

图 4-37 第(2)题图

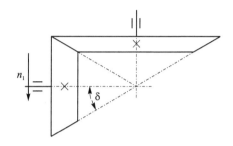

图 4-38 第(3)题图

（4）如图 4-39 所示圆锥—斜齿圆柱齿轮减速器。齿轮 1 主动，转向如图，锥齿轮的参数为：模数 $m = 2.5$ mm，$z_1 = 23$，$z_2 = 69$，$\alpha = 20°$，齿宽系数 $\psi_R = 0.3$；斜齿轮的参数为：模数 $m_n = 3$ mm，$z_3 = 25$，$z_4 = 99$，$\alpha_n = 20°$。试：

① 标出各轴的转向；
② 为使 Ⅱ 轴所受轴向力较小，合理确定 3、4 轮的螺旋线方向；
③ 画出齿轮 2、3 所受的各个分力。
④ 为使 Ⅱ 轴上两轮的轴向力完全抵消，确定斜齿轮 3 的螺旋角 β_3（忽略摩擦损失）。

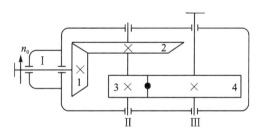

图 4-39 第(4)题图

（5）设计一对标准斜齿圆柱齿轮传动，传动比 $i = 4.5$，已经根据其接触疲劳强度和弯曲疲劳强度条件，确定中心距 $a = 180$ mm，模数 $m = 2.5$ mm，试合理确定齿轮齿数 z_1、z_2 和螺旋角 β。要求：径向力 $\beta = 12° \sim 15°$，传动比误差小于 5%。

第 5 章　蜗杆传动

在机构设计中,常需要进行空间交错轴之间的运动转换,在要求大传动比的同时,又希望传动机构的结构紧凑,采用蜗杆传动机构则可以满足上述要求。

如图 5-1 所示需要在小空间内实现上层 X 轴到下层 Y 轴的大传动比传动,此时通常会选择蜗杆传动。蜗杆传动广泛应用于机床、汽车、仪器、起重运输机械、冶金机械以及其他机械制造工业中,其最大传动功率可达 750 kW,但通常在 50 kW 以下。

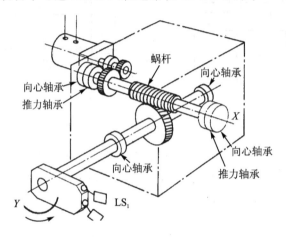

图 5-1　蜗杆传动机构

5.1　概　述

5.1.1　蜗杆传动的组成

蜗杆传动主要由蜗杆和蜗轮组成,如图 5-2 所示,主要用于传递空间交错两轴之间的运动和动力,通常轴间交角为 90°。一般情况下,蜗杆为主动件,蜗轮为从动件。

5.1.2　蜗杆传动特点

① 传动平稳　因蜗杆的齿是一条连续的螺旋线,传动连续,因此它的传动平稳,噪声小。

② 传动比大　单级蜗杆传动在传递动力时,传动比 $i=5\sim80$,常用的为 $i=15\sim50$。分度传动时 i 可达 1000,与圆柱齿轮传动相比则结构紧凑。

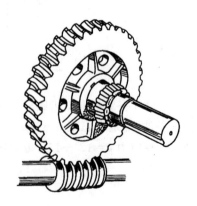

图 5-2　蜗杆传动

③ 具有自锁性　当蜗杆的导程角小于轮齿间的当量摩擦角时,可实现自锁。即蜗杆能带动蜗轮旋转,而蜗轮不能带动蜗杆转。

④ 传动效率低　蜗杆传动由于齿面间相对滑动速度大,齿面摩擦严重,故在制造精度和传动比相同的条件下,蜗杆传动的效率比齿轮传动低,一般只有 0.7~0.8。具有自锁功能的蜗杆机构,效率则一般不大于 0.5。

⑤ 制造成本高　为了降低摩擦,减小磨损,提高齿面抗胶合能力,蜗轮齿圈常用贵重的铜合金制造,成本较高。

5.1.3　蜗杆传动的类型

蜗杆传动按照蜗杆的形状不同,可分为圆柱蜗杆传动与环面蜗杆传动,如图 5-3(a)、图 5-3(b)所示。圆柱蜗杆机构加工方便,环面蜗杆机构承载能力较高。圆柱蜗杆传动除与图 5-3(a)相同的普通圆柱蜗杆传动,还有圆弧齿蜗杆传动,如图 5-3(c)所示。

圆柱蜗杆又可按螺旋面的形状,分为阿基米德蜗杆和渐开线蜗杆等。

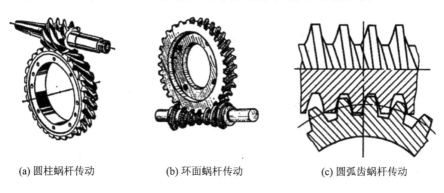

(a) 圆柱蜗杆传动　　(b) 环面蜗杆传动　　(c) 圆弧齿蜗杆传动

图 5-3　蜗杆传动类型

5.1.4　蜗杆传动的失效形式及设计准则

由于材料和结构上的原因,蜗杆传动中的蜗杆表面硬度比蜗轮高,所以蜗杆的接触强度、弯曲强度都比蜗轮高,所以失效经常发生在蜗轮轮齿上,而蜗轮轮齿因弯曲强度不足而失效的情况,多发生在 $z_2 > 90$ 或开式传动中。若蜗轮齿的根部是圆环面,弯曲强度也高、很少折断。

蜗杆传动的主要失效形式有胶合、疲劳点蚀和磨损。

由于蜗杆传动在齿面间有较大的相对滑动速度,发热量大,若散热不及时,油温升高、粘度下降,油膜破裂,更易发生胶合,所以蜗杆传动中,要考虑润滑与散热问题。开式传动中,蜗轮的主要失效形式是轮齿磨损。

蜗杆轴细长,弯曲变形大,会使啮合区接触不良。需要考虑其刚度问题。

蜗杆传动的设计准则:① 计算蜗轮接触强度;② 计算蜗杆传动热平衡,限制工作温度,③ 必要时验算蜗杆轴的刚度。

5.1.5　蜗杆、蜗轮的材料选择

基于蜗杆传动失效的特点,选择蜗杆和蜗轮材料组合时,不但要求有足够的强度,而且要有良好的减摩、耐磨和抗胶合的能力。实践表明,较理想的蜗杆副材料是:青铜蜗轮齿圈匹配

淬硬磨削的钢制蜗杆。

(1) 蜗杆材料

对高速重载的传动,蜗杆常用低碳合金钢(如 20Cr、20CrMnTi)经渗碳后,表面淬火使硬度达 56～62HRC,再经磨削。对中速中载传动,蜗杆常用 45 钢、40Cr、35SiMn 等,表面经高频淬火使硬度达 45～55HRC,再磨削。对一般蜗杆可采用 45、40 等碳钢调质处理(硬度为 210～230HBS)。

(2) 蜗轮材料

常用的蜗轮材料为铸造锡青铜(ZCuSn10P1,ZCuSn6Zn6Pb3)、铸造铝铁青铜(ZCuAl10Fe3)及灰铸铁 HT150、HT200 等。锡青铜的抗胶合、减摩及耐磨性能最好,但价格较高,常用于 $v_s \geqslant 3$ m/s 的重要传动;铝铁青铜具有足够的强度,并耐冲击,价格便宜,但抗胶合及耐磨性能不如锡青铜,一般用于 $v_s \leqslant 4$ m/s 的传动;灰铸铁用于 $v_s \leqslant 2$ m/s 的不重要场合。

5.2 蜗杆传动的基本参数和尺寸

5.2.1 蜗杆传动的正确啮合条件

1. 中间平面

将通过蜗杆轴线并与蜗轮轴线垂直的平面定义为中间平面,如图 5-4 所示。在此平面内,蜗杆传动相当于齿轮齿条传动。因此这个面内的参数均是标准值,计算公式与圆柱齿轮相同。

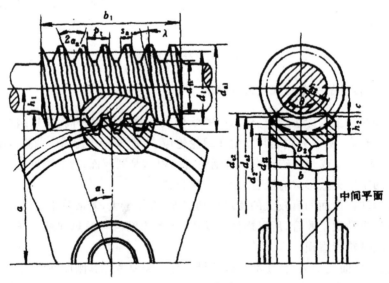

图 5-4 中间平面

2. 正确啮合条件

根据齿轮齿条正确啮合条件,蜗杆轴平面上的轴面模数 m_{x1} 等于蜗轮的端面模数 m_{t2};蜗杆轴平面上的轴面压力角 α_{x1} 等于蜗轮的端面压力角 α_{t2};蜗杆导程角 γ 等于蜗轮螺旋角 β,且旋向相同,即

$$\left.\begin{array}{c} m_{x1} = m_{t2} = m \\ \alpha_{x1} = \alpha_{t2} = \alpha \\ \gamma = \beta \end{array}\right\} \qquad (5-1)$$

5.2.2 基本参数

1. 蜗杆头数 z_1，蜗轮齿数 z_2

蜗杆头数 z_1 一般取 1、2、4。单头蜗杆的传动比较大，但效率低。头数 z_1 增大，可以提高传动效率，但加工制造难度增加。

蜗轮齿数一般取 $z_2 = 28 \sim 80$。若 $z_2 < 28$，传动的平稳性会下降，且 $z_2 < 17$ 时，易产生根切；若 z_2 过大，蜗轮的直径 d_2 增大，与之相应的蜗杆长度增加、刚度降低，从而影响啮合的精度。

2. 传动比

$$i = \frac{n_1}{n_2} = \frac{z_2}{z_1} \qquad (5-2)$$

3. 蜗杆分度圆直径 d_1 和蜗杆直径系数 q

加工蜗轮时，用的是与蜗杆具有相同尺寸的滚刀，因此加工不同尺寸的蜗轮，就需要不同的滚刀。为限制滚刀的数量，并使滚刀标准化，对每一标准模数，规定了一定数量的蜗杆分度圆直径 d_1。

蜗杆分度圆直径与模数的比值称为蜗杆直径系数，用 q 表示，即

$$q = \frac{d_1}{m} \qquad (5-3)$$

模数一定时，q 值增大则蜗杆的直径 d_1 增大、刚度提高。因此，为保证蜗杆有足够的刚度，小模数蜗杆的 q 值一般较大。

4. 蜗杆导程角 γ

蜗杆的直径系数 q 和头数 z_1 选定之后，蜗杆分度圆上的导程角 γ 也就确定了。

$$\tan \gamma = \frac{L}{\pi d_1} = \frac{z_1 p_{x1}}{\pi d_1} = \frac{z_1 m}{d_1} = \frac{z_1}{q} \qquad (5-4)$$

式中 L——螺旋线的导程，$L = z_1 p_{x1} = z_1 \pi m$，其中 p_{x1} 为轴向齿距，$p_{x1} = \pi m$。

通常螺旋线的导程角 $\gamma = 3° \sim 27°$，导程角小于 3.5° 的蜗杆可实现自锁，导程角大时传动效率高，但蜗杆加工难度大。

5.2.3 蜗杆传动的基本尺寸计算

标准圆柱蜗杆传动的几何尺寸，见图 5-4，计算公式见表 5-1。

表 5-1 标准普通圆柱蜗杆传动几何尺寸计算公式

名 称	计算公式	
	蜗 杆	蜗 轮
齿顶高	$h_a = m$	$h_a = m$
齿根高	$h_f = 1.2m$	$h_f = 1.2m$

续表 5-1

名　称	计算公式	
	蜗杆	蜗轮
分度圆直径	$d_1 = mq$	$d_2 = mz_2$
齿顶圆直径	$d_{a1} = m(q+2)$	$d_{a2} = m(z_2+2)$
齿根圆直径	$d_{f1} = m(q-2.4)$	$d_{f2} = m(z_2-2.4)$
顶隙	$c = 0.2m$	
蜗杆轴向齿距 蜗轮端面齿距	$p = m\pi$	
蜗杆分度圆柱的导程角	$\tan\gamma = \dfrac{z_1}{q}$	
蜗轮分度圆上轮齿的螺旋角		$\beta = \lambda$
中心距	$a = m(q+z_2)/2$	
蜗杆螺纹部分长度	$z_1 = 1,2, b_1 \geqslant (11+0.06 z_2)m$ $z_1 = 4, b_1 \geqslant (12.5+0.09 z_2)m$	
蜗轮咽喉母圆半径	—	$r_{g2} = a - d_{a2}/2$
蜗轮最大外圆直径	—	$z_1 = 1, d_{e2} \leqslant d_{a2} + 2m$ $z_1 = 2, d_{e2} \leqslant d_{a2} + 1.5m$ $z_1 = 4, d_{e2} \leqslant d_{a2} + m$
蜗轮轮缘宽度	—	$z_1 = 1、2, b_2 \leqslant 0.75 d_{a1}$ $z_1 = 4, b_2 \leqslant 0.67 d_{a1}$
蜗轮齿宽角	—	$\theta = 2\arcsin(b_2/d_1)$ 一般动力传动 $\theta = 70° - 90°$ 高速动力传动 $\theta = 90° - 130°$ 分度传动 $\theta = 45° - 60°$

5.2.4 蜗杆传动的结构

蜗杆的结构如图 5-5 所示,其基本参数配置如表 5-2 所列。一般将蜗杆和轴做成一体,称为蜗杆轴。

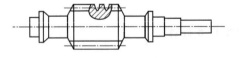

图 5-5　蜗杆轴

蜗轮的结构如图 5-6,一般为组合式结构,齿圈用青铜,轮芯用铸铁或钢。

图(a)为组合式过盈联接　这种结构常由青铜齿圈与铸铁轮芯组成,多用于尺寸不大或工作温度变化较小的地方。

图(b)为组合式螺栓联接　这种结构装拆方便,多用于尺寸较大或易磨损的场合。

图(c)为整体式　主要用于铸铁蜗轮或尺寸很小的青铜蜗轮。

图(d)为拼铸式　将青铜齿圈浇铸在铸铁轮芯上,常用于成批生产的蜗轮。

表 5-2 蜗杆基本参数配置表

模数 m/mm	分度圆直径 d_1/mm	蜗杆头数 z_1	直径系数 q	$m^3 q$	模数 m/mm	分度圆直径 d_1/mm	蜗杆头数 z_1	直径系数 q	$m^3 q$
1	**18**	1	18.000	18	6.3	(80)	1,2,4	12.698	3 175
1.25	20	1	16.000	31		**112**	1	17.798	4 445
	22.4	1	17.920	35	8	(63)	1,2,4	7.875	4 032
1.6	20	1,2,4	12.500	51		80	1,2,4,6	10.000	5 120
	28	1	17.500	72		(100)	1,2,4	12.500	6 400
2	18	1,2,4	9.000	72		**140**	1	17.500	8 960
	22.4	1,2,4,6	11.200	90	10	71	1,2,4	7.100	7 100
	(28)	1,2,4	14.000	112		90	1,2,4,6	9.000	9 000
	35.5	1	17.750	142		(112)	1	11.200	11 200
2.5	(22.4)	1,2,4	8.960	140		160	1	16.000	16 000
	28	1,2,4,6	11.200	175	12.5	(90)	1,2,4	7.200	14 062
	(35.5)	1,2,4	14.200	222		112	1,2,4	8.960	17 500
	45	1	18.000	281		(140)	1,2,4	11.200	21 875
3.15	(28)	1,2,4	8.889	278		200	1	16.000	31 250
	35.5	1,2,4,6	11.270	352	16	(112)	1,2,4	7.000	28 672
	(45)	1,2,4	14.286	447		140	1,2,4	8.750	35 840
	56	1	17.778	556		(180)	1,2,4	11.250	46 080
4	(31.5)	1,2,4	7.875	504		250	1	15.625	64 000
	40	1,2,4,6	10.000	640	20	(140)	1,2,4	7.000	56 000
	(50)	1,2,4	12.500	800		160	1,2,4	8.000	64 000
	71	1	17.750	1 136		(224)	1,2,4	11.200	89 600
5	(40)	1,2,4	8.000	1 000		315	1	15.750	126 000
	50	1,2,4,6	10.000	1 250	25	(180)	1,2,4	7.200	112 500
	(63)	1,2,4	12.600	1 575		200	1,2,4	8.000	125 000
	90	1	18.000	2 2500		(280)	1,2,4	11.200	175 000
6.3	(50)	1,2,4	7.936	1 984		400	1	16.000	250 000
	63	1,2,4,6	10.000	2 500					

注：表中分度圆直径 d_1 的数字，带( )的尽量不用；黑体的为 $\gamma < 3°30'$ 的自锁蜗杆。

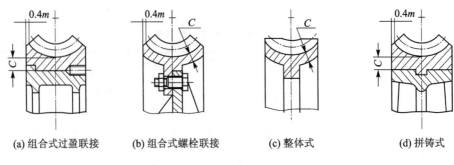

(a) 组合式过盈联接　(b) 组合式螺栓联接　(c) 整体式　(d) 拼铸式

图 5-6　蜗轮结构

5.2.5　蜗杆传动的受力分析

蜗杆传动的受力分析与斜齿圆柱齿轮的受力分析相似,齿面上的法向力 F_n 分解为三个相互垂直的分力:圆周力 F_t、轴向力 F_a、径向力 F_r,如图 5-7 所示。

蜗杆受力方向:轴向力 F_{a1} 的方向由左、右手定则确定,图 5-7 为右旋蜗杆,则用右手握住蜗杆,四指所指方向为蜗杆转向,大拇指所指方向为轴向力 F_{a1} 的方向;圆周力 F_{t1} 与主动蜗杆啮合点的转向相反;径向力 F_{r1} 指向蜗杆中心。

蜗轮受力方向:因为 F_{a1} 与 F_{t2}、F_{t1} 与 F_{a2}、F_{r1} 与 F_{r2} 是作用力与反作用力关系,所以蜗轮上的三个分力方向,如图 5-7 所示。F_{a1} 的反作用力 F_{t2} 是驱使蜗轮转动的力,所以通过蜗轮蜗杆的受力分析也可判断它们的转向。

径向力 F_{r2} 指向轮心,圆周力 F_{t2} 驱动蜗轮转动,轴向力 F_{a2} 与轮轴平行。

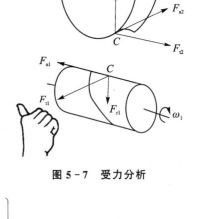

图 5-7　受力分析

力的大小可按下式计算:

$$\left.\begin{aligned} F_{t1} &= F_{a2} = \frac{2T_1}{d_1} \\ F_{a1} &= F_{t2} = \frac{2T_2}{d_2} \\ F_{r1} &= F_{r2} = F_{t2} \cdot \tan\alpha \\ T_2 &= T_1 \cdot i \cdot \eta \end{aligned}\right\} \quad (5-5)$$

式中 $\alpha = 20°$;T_1、T_2 分别为主、从动轮所受的转矩(N·mm);η 为蜗杆传动的效率。

5.3　蜗杆传动的设计

5.3.1　蜗杆传动的强度计算方法

在中间平面内,蜗杆与蜗轮的啮合相当于齿条与齿轮啮合,因此蜗杆传动的强度计算方法与齿轮传动相似。

对于钢制的蜗杆,与青铜或铸铁制的蜗轮配对,其蜗轮齿面接触强度设计公式为:

$$qm^3 \geqslant KT_2\left(\frac{500}{z_2[\sigma_H]}\right)^2 \text{mm}^3 \qquad (5-6)$$

式中,K 为载荷系数,考虑工作时载荷性质、载荷沿齿向分布情况以及动载荷影响,一般取 $K=1.1\sim1.3$;T_2 为蜗轮上的转矩,N·mm;z_2 为蜗轮齿数;$[\sigma_H]$ 为蜗轮许用接触应力,可查表 5-3、表 5-4 获得。

表 5-3 锡青铜蜗轮的许用接触应力 $[\sigma_H]$ MPa

蜗轮材料	铸造方法	适用的滑动速度 $v_s/(\text{m·s}^{-1})$	蜗杆齿面硬度	
			≤350HBS	>45HRC
ZCuSn10P1	砂型	≤12	180	200
	金属型	≤25	200	220
ZCuSn6Zn6Pb3	砂型	≤10	110	125
	金属型	≤12	135	150

表 5-4 铝铁青铜及铸铁蜗轮的许用接触应力 $[\sigma_H]$ MPa

蜗轮材料	蜗杆材料	滑动速度 $v_s/(\text{m·s}^{-1})$						
		0.5	1	2	3	4	6	8
ZCuAl10Fe3	淬火钢	250	230	210	180	160	120	90
HT150 HT200	渗碳钢	130	115	90	—	—	—	—
HT150	调质钢	110	90	70	—	—	—	—

* 蜗杆未经淬火时,需将表中许用应力值降低 20%。

蜗轮轮齿的形状较复杂,其齿根是曲面,且离中间平面越远的平行横截面上的轮齿越厚,故其齿根弯曲疲劳强度高于斜齿轮。要精确计算蜗轮齿根弯曲应力较困难,一般可参照斜齿圆柱齿轮进行近似计算。

5.3.2 蜗杆传动的热平衡计算

1. 蜗杆传动时的滑动速度

蜗杆和蜗轮啮合时,齿面间有较大的相对滑动,相对滑动速度的大小对齿面的润滑情况、齿面失效形式及传动效率有很大影响。相对滑动速度愈大,齿面间愈容易形成油膜,则齿面间摩擦系数愈小,当量摩擦角也愈小;但另一方面,由于啮合处的相对滑动,加剧了接触面的磨损,因而应合理地选用蜗轮蜗杆的配对材料,并注意蜗杆传动的润滑条件。

滑动速度计算公式为

$$v_s = \frac{\pi d_1 n_1}{60 \times 1\,000\cos\gamma}\text{m/s} \qquad (5-7)$$

式中:γ 为普通圆柱蜗杆分度圆上的导程角;
n_1 为蜗杆转速,r·min^{-1};

d_1 为普通圆柱蜗杆分度圆上的直径,mm。

2. 蜗杆传动的效率

闭式蜗杆传动的功率损失包括:啮合摩擦损失、轴承摩擦损失和润滑油被搅动的油阻损失。因此总效率为啮合效率 η_1、轴承效率 η_2、油的搅动和飞溅损耗效率 η_3 的乘积,其中啮合效率 η_1 是主要的。总效率为

$$\eta = \eta_1 \eta_2 \eta_3 \tag{5-8}$$

当蜗杆主动时,啮合效率 η_1 为:

$$\eta_1 = \frac{\tan \gamma}{\tan(\gamma + \rho_v)}$$

式中:γ 为普通圆柱蜗杆分度圆上的导程角。

ρ_v 为当量摩擦角,可按蜗杆传动的材料及滑动速度查表 5-5 得出。

由于轴承效率 η_2、油的搅动和飞溅损耗时的效率 η_3 不大,一般取 $\eta_2 \eta_3 = 0.95 \sim 0.96$,在开始设计时,为了近似地求出蜗轮轴上的转矩 T_2,则总效率 η 常按以下数值估取:

当蜗杆齿数 $z_1 = 1$ 时,总效率估取 $\eta = 0.7$;

当蜗杆齿数 $z_1 = 2$ 时,总效率估取 $\eta = 0.8$;

当蜗杆齿数 $z_1 = 4$ 时,总效率估取 $\eta = 0.9$;

表 5-5 当量摩擦系数 f_v、当量摩擦角 ρ_v

蜗轮材料	锡青铜				无锡青铜	
蜗杆齿面硬度	>45HRC		≤350HBS		>45HRC	
滑动速度 v_s/(m/s)	f_v	ρ_v	f_v	ρ_v	f_v	ρ_v
1.00	0.045	2°35′	0.055	3°09′	0.07	4°00′
2.00	0.035	2°00′	0.045	2°35′	0.055	3°09′
3.00	0.028	1°36′	0.035	2°00′	0.045	2°35′
4.00	0.024	1°22′	0.031	1°47′	0.04	2°17′
5.00	0.022	1°16′	0.029	1°40′	0.035	2°00′
8.00	0.018	1°02′	0.026	1°29′	0.03	1°43′

注:1. 蜗杆齿面粗糙度 $R_a = 0.8 \sim 0.2 \mu m$
   2. 蜗轮材料为灰铸铁时,可按无锡青铜查取 f_v、ρ_v

3. 蜗杆传动的热平衡计算

由于蜗杆传动的效率低,因而发热量大,在闭式传动中,如果不及时散热,将使润滑油温度升高、粘度降低、油被挤出、加剧齿面磨损,甚至引起胶合。因此,对闭式蜗杆传动要进行热平衡计算,以便在油的工作温度超过许可值时,采取有效的散热方法。

由摩擦损耗的功率变为热能,借助箱体外壁散热,当发热速度与散热速度相等时,就达到了热平衡。通过热平衡方程,可求出达到热平衡时,润滑油的温度。该温度一般限制在 60~70℃,最高不超过 80℃。

热平衡方程为:

$$1\,000(1-\eta)P_1 = \alpha_t A(t_1 - t_0)$$

式中:P_1 为蜗杆传递的功率,kW;

η 为传动总效率；

A 为散热面积，可按长方体表面积估算，但需除去不和空气接触的面积，凸缘和散热片面积按 50% 计算；

t_0 为周围空气温度，常温情况下可取 20℃；

t_1 为润滑油的工作温度，一般限制在 60~70℃，最高不超过 80℃；

α_t 为箱体表面传热系数，其数值表示单位面积、单位时间、温差 1℃ 所能散发的热量，根据箱体周围的通风条件一般取 $\alpha_t = 10\sim17$ W/(m²℃)，通风条件好时取大值。

由热平衡方程得出润滑油的工作温度 t_1 为：

$$t_1 = \frac{1\,000 P_1 (1-\eta)}{\alpha_t A} + t_0 \qquad (5-9)$$

也可以由热平衡方程得出该传动装置所必需的最小散热面积 A_{min}：

$$A_{min} = \frac{1\,000(1-\eta)P_1}{\alpha_t(t_1 - t_0)}$$

如果实际散热面积小于最小散热面积 A_{min}，或润滑油的工作温度超过 80℃，则需采取强制散热措施。

4. 蜗杆传动的散热

蜗杆传动的散热目的是保证油的温度在安全范围内，以提高传动能力。常用下面几种散热措施：

① 在箱体外壁加散热片以增大散热面积；

② 在蜗杆轴上装置风扇，如图 5-8(a)；

③ 采用上述方法后，如散热能力还不够，可在箱体油池内铺设冷却水管，用循环水冷却，如图 5-8(b)；

④ 采用压力喷油循环润滑。油泵将高温的润滑油抽到箱体外，经过滤器、冷却器冷却后，喷射到传动的啮合部位，如图 5-8(c)。

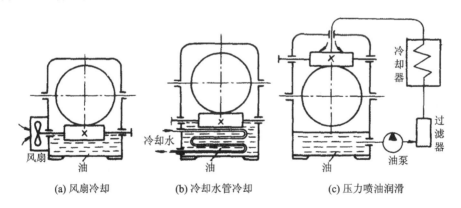

(a) 风扇冷却　　(b) 冷却水管冷却　　(c) 压力喷油润滑

图 5-8　蜗杆传动机构的散热

*5.3.3　普通圆柱蜗杆和蜗轮设计计算

设计时，通常给出传递的功率 P_1、传动比 i 和蜗杆转速 n_1 及工作情况等条件。

设计步骤：

1) 合理选择蜗杆及蜗轮的材料,并查表确定许用应力值。
2) 按蜗轮齿面接触强度公式计算 m^3q,并查表确定模数 m 及蜗杆直径系数 q 值。
① 选择蜗杆齿数,计算蜗轮齿数,并取整数。
② 根据蜗杆齿数,估计总效率值,并计算蜗轮转矩。
③ 计算 m^3q,并查表确定模数 m 及蜗杆直径系数 q 值。
3) 确定传动的基本参数并计算蜗杆传动尺寸。
4) 按热平衡方程计算,给出适当的散热措施建议。
5) 选择蜗杆蜗轮的结构,并画出工作图。

例:试设计一混料机的闭式蜗杆传动。已知:蜗杆输入的传递功率 $P_1=3$ kW、转速 $n_1=1\,430$ r/min、传动比 $i=26$、载荷稳定。

解:1) 合理选择蜗杆及蜗轮的材料,并查表确定许用应力值。

由于转速较高,传递功率不大,所以蜗杆可采用 45 号钢,表面淬火,硬度为 45～50HRC。传动比大,则蜗轮也大,为节省有色金属,蜗轮齿圈用锡青铜 ZCuSn6Zn6Pb3,砂型铸造,轮芯用铸铁 HT200。

估计滑动速度 $v_s < 10$ m/s,由表 5-3 可查出蜗轮的许用接触应力 $[\sigma_H]=125$ MPa。

2) 按蜗轮齿面接触强度公式计算 m^3q,并查表 5-2 确定模数 m 及蜗杆直径系数 q 值。

$$qm^3 \geqslant KT_2\left(\frac{500}{z_2[\sigma_H]}\right)^2 \text{ mm}^3$$

① 选择蜗杆齿数,计算蜗轮齿数,并取整数。

选择蜗杆齿数 $z_1=2$,根据传动比,计算蜗轮齿数 $z_2=2\times 26=52$。

② 根据蜗杆齿数,估计总效率值,并计算蜗轮转矩。

估计总效率值 $\eta=0.8$,计算蜗轮转矩得

$$T_2=\frac{9.55\times 10^6 P_1\eta}{n_1/i}=\frac{9.55\times 10^6\times 3\times 0.8}{1\,430/26}=4.1\times 10^5 \text{ N·mm}$$

③ 计算 m^3q,并查表确定模数 m 及蜗杆直径系数 q 值。

取载荷系数 $K=1.2$

$$m^3q\geqslant KT_2\left(\frac{500}{z_2[\sigma_H]}\right)^2=1.2\times 4.1\times 10^5\times\left(\frac{500}{52\times 125}\right)^2=2911 \text{ mm}^3$$

由上式所得数据查表 5-2,取 $m^3q=3175$ mm³,则模数 $m=6.3$ mm、蜗杆直径系数 $q=12.698$、蜗杆分度圆直径 $d_1=80$ mm。

3) 确定传动的基本参数并计算蜗杆传动尺寸。

导程角

$$\gamma=\arctan(mz_1/d_1)=\arctan(6.3\times 2/80)=8°57'2''$$

其他尺寸计算参考表 5-1,从略。

4) 按热平衡方程计算,给出适当的散热措施建议。

滑动速度计算公式为

$$v_s=\frac{\pi d_1 n_1}{60\times 1\,000\cos\gamma}=\frac{3.14\times 80\times 1430}{60\times 1\,000\times\cos 8°57'2''}=6.06 \text{ m/s}$$

式中:γ 为普通圆柱蜗杆分度圆上的导程角;

n_1 为蜗杆转速,r/min;

由滑动速度的数值可查表 5-5，取当量摩擦角 $\rho_v = 1°11'$。

计算啮合效率

$$\eta_1 = \frac{\tan \gamma}{\tan(\gamma + \rho_v)} = 0.88$$

轴承效率 η_2、油的搅动和飞溅损耗时的效率 η_3，一般取 $\eta_2 \cdot \eta_3 = 0.96$，则总效率 $\eta = 0.84$ 与估计的总效率 $\eta = 0.8$ 相近。

由热平衡方程得出该传动装置所必需的最小散热面积 $A_{\min}$：

$$A = \frac{1\,000(1-\eta)P_1}{\alpha_t(t_1 - t_0)} = 0.57 \text{ m}^2$$

式中：取 t_0 为周围空气温度，常温情况下可取 20 ℃；

t_1 为润滑油的工作温度一般限制在 60~70 ℃，最高不超过 80 ℃。取 80 ℃代入计算；

α_t 为箱体表面传热系数，其数值表示单位面积、单位时间、温差 1 ℃所能散发的热量，根据箱体周围的通风条件一般取 $\alpha_t = 10 \sim 17$ W/(m²·℃)，通风条件好时取大值。取 $\alpha_t = 14$ W/(m²·℃)。

如果实际散热面积若小于最小散热面积 $A_{\min}$，或润滑油的工作温度一超过 80 ℃，则需采取散热措施。

5）选择蜗杆蜗轮的结构，并画出工作图，从略。

习　题

1. 填空题

(1) 在蜗杆传动中，产生自锁的条件是_____。

(2) 蜗杆传动标准中心距的计算公式为_____。

(3) 在蜗杆传动中，由于_____的原因，蜗杆螺旋部分的强度总是_____蜗轮轮齿的强度，所以失效常发生在_____上。

(4) 蜗杆传动的承载能力计算包括以下几个方面：_____、_____、_____。

(5) 蜗轮轮齿的失效形式有_____、_____、_____、_____。但因蜗杆传动在齿面间有较大的相对滑动速度，所以更容易产生_____和_____失效。

(6) 在蜗杆传动中，蜗轮的螺旋线方向应与蜗杆螺旋线方向_____。

(7) 阿基米德蜗杆传动在中间平面相当于_____与_____相啮合。

(8) 有一普通圆柱蜗杆，已知蜗杆头数 $z_1 = 2$，蜗杆直径系数 $q = 8$，蜗轮齿数 $z_2 = 37$，模数 $m = 8$ mm，则蜗杆分度圆直径 $d_1 =$_____，蜗轮分度圆直径 $d_2 =$_____，传动中心距 $a =$_____，传动比 $i =$_____，蜗轮分度圆上螺旋角 $\beta_2 =$_____。

(9) 蜗杆传动中蜗杆的螺旋线方向与蜗轮的螺旋线方向_____；蜗杆的_____模数为标准模数，蜗轮的_____压力角为标准压力角；蜗杆的_____直径为标准直径。

2. 设计题

(1) 一起重量 $Q = 5\,000$ N 的手动蜗杆传动起重装置，起重卷筒的计算直径 $D = 180$ mm，作用于蜗杆手柄上的起重转矩 $T_1 = 20\,000$ N·mm。已知蜗杆为单头蜗杆（$z_1 = 1$），模数 $m = 5$ mm，蜗杆直径系数 $q = 10$，传动总效率 $\eta = 0.4$。试确定所需蜗轮的齿数 z_2 及传动的中心距 a。

(2) 如图 5-9 所示为二级蜗杆传动，蜗杆 1 为主动轮。已知输入转矩 $T_1 = 20$ N·m，蜗杆 1 头数 $z_1 = 2$，$d_1 = 50$ mm，蜗轮 2 齿数 $z_2 = 50$，高速级蜗杆传动的模数 $m = 4$ mm，高速级传动效率 $\eta = 0.75$。试确定：

① 该二级蜗杆传动中各轮的回转方向及蜗杆 1 和蜗轮 4 的轮齿螺旋线方向。

② 在节点处啮合时，蜗杆、蜗轮所受各分力的方向。

③ 高速级蜗杆与蜗轮上各分力的大小。

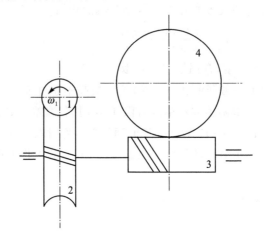

图 5-9 第(2)题图

第6章 带传动

带传动是一种较为常用的、低成本的动力传动装置,它们具有许多优点,利用不同的带轮直径,可以获得所需的不同传动比。可以在任意中心距的两轴间传递运动和动力。设计人员在布置电动机时,无需精确固定电动机的空间位置便可以非常自由地选择合适的安装位置,可以用最简单的方式使所希望的工作机转速与原动机转速相匹配。

6.1 带传动的类型、特点及应用

6.1.1 带传动的类型

带传动通常由主动轮1、从动轮2和张紧在两轮上的环形带3组成,如图6-1所示。安装时带被张紧在带轮上,这时带所受的拉力称为初拉力,它使带与带轮的接触面间产生压力。当主动轮回转时,依靠带与带轮接触面间的摩擦力拖动带运动,带又借助摩擦力拖动从动轮一起回转,从而传递一定的运动和动力。

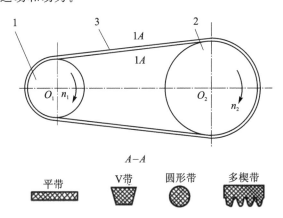

1—主动带轮;2—从动带轮;3—封闭环形带

图6-1 带传动

上述摩擦型传动带,按横截面形状可分为平带、V带和特殊截面带(如多楔带、圆带等)三大类,如图6-1所示。此外,还有同步带,它属于啮合型传动带。由于其工作原理不同,将在6.4节中介绍。

平带的截面形状为长方形,内表面为工作面;V带的截面形状为等腰梯形,两侧面为工作表面,而V带与轮槽槽底并不接触,由于V带传动利用楔形摩擦原理,在张紧力相同时,V带产生的摩擦力比平带大,故具有较大的牵引能力,如图6-2所示。圆形带的截面为圆形,主要用于小功率传动,常用于仪器和家用器械中(如缝纫机)。多楔带是在平带基体上有若干纵向楔形凸起,相当于多根V带并列制作成一个整体,克服了多根V带长短不一而受力不均的问题,其工作面是楔形的侧面。它兼有平带的弯曲应力小和 V 带的摩擦力大等优点,常用于结构紧凑、传递功率较大及速度较高的场合。

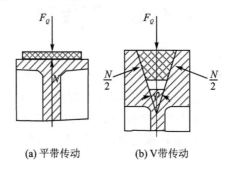

(a) 平带传动　　(b) V带传动

图 6-2　V 带与平带相比具有较大的牵引能力

由于带传动中的传动带不是完全的弹性体,工作一段时间后,会因伸长变形而产生松弛现象,张紧力减小,带的传动能力也随之下降。因此,为保证持续具有足够的张紧力,带传动必须具有将带再度张紧的装置。常用的张紧方法是调节中心距。如把装有带轮的电动机安装在滑道上并用螺钉 1 调整中心距,如图 6-3(a),或采用调节螺杆及调节螺母 2 使电动机绕小轴 3 摆动,如图 6-3(b),即可达到张紧的目的。如果带传动的中心距不可调整时,可采用具有张紧轮的装置,如图 6-3(c),张紧轮 4 压在带上,以保持带的张紧。

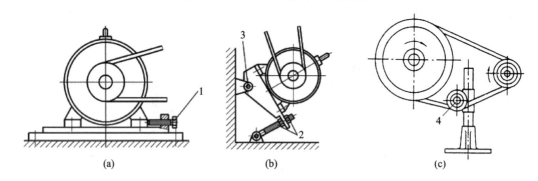

1—螺钉;2—调节螺杆及调节螺母;3—小轴;4—张紧轮

图 6-3　带传动的张紧装置

6.1.2 带传动的特点及应用

带传动属于挠性传动,其优点:①因带是挠性体,具有弹性,能缓冲和吸振,使运转平稳,噪声小;②适用于中心距较大的传动;③过载时将引起带和带轮间的打滑,可防止其他零件的损坏;④结构简单,成本低廉,制造、安装及维护方便。

带传动的缺点:①传动的外廓尺寸较大;②工作时存在弹性滑动,不能保证准确的传动比;③带的寿命较短,一般为 2 000~3 000 h;④传动效率较低,一般平带传动 0.96,V 带传动 0.95。

带传动适用于要求传动平稳,对传动比无严格要求,中小功率的远距离传动。目前 V 带传动应用最广,一般带速 $v=5\sim25$ m/s,传动比 $i\leqslant7$,传动功率 $P\leqslant75$ kW。

6.2 摩擦型带传动的受力分析和运动特性

6.2.1 带传动的受力分析

1. 初拉力 F_0、紧边拉力 F_1 和松边拉力 F_2

在安装带传动时,传动带即以一定的初拉力 F_0 紧套在两个带轮上。由于初拉力 F_0 的作用,带和带轮的接触面上就产生了正压力 N_i。带传动不工作时传动带两边的拉力相等,都等于初拉力 F_0,如图 6-4(a)所示。

带在工作时,如图 6-4(b)所示。设主动轮以转速 n_1 转动,带与带轮的接触面间便产生摩擦力,主动轮作用在带上的摩擦力 F_f 的方向和主动轮的圆周速度方向相同,主动轮即靠此摩擦力驱动带运动;带作用在从动轮上的摩擦力的方向,显然与带的运动方向相同,带同样靠摩擦力 F_f 驱动从动轮以转速 n_2 转动。这时传动带两边的拉力也相应地发生了变化。带绕上主动轮的一边被拉紧,叫做紧边,紧边拉力由 F_0 增加到 F_1;带绕上从动轮的一边被放松,叫做松边,松边拉力由 F_0 减小到 F_2。可以认为带工作时的总长度不变,则带的紧边拉力的增加量,应等于松边拉力的减小量,$F_1 - F_0 = F_0 - F_2$,即:

$$F_1 + F_2 = 2F_0 \tag{6-1}$$

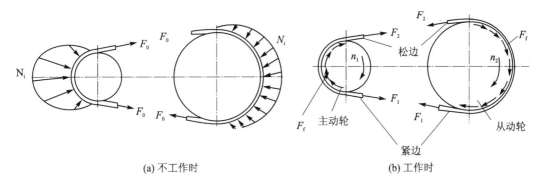

图 6-4 带传动受力情况

2. 有效拉力 F_e

紧边拉力 F_1 与松边拉力 F_2 之差成为带传动的有效拉力 F_e,也就是带所传递的圆周力,此力也等于带和带轮在整个接触面上各点摩擦力的总和 F_f,即

$$F_1 - F_2 = F_e = F_f \tag{6-2}$$

如在数轴上表示这些力之间的关系,则可表示成图 6-5。

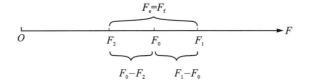

图 6-5 带传动受力关系

圆周力 F_e(N)、带速 v(m/s) 和传递的功率 P(kW) 之间的关系为

$$P = \frac{F_e v}{1\,000} \quad (6-3)$$

由式(6-3)可知,当带速一定,传递的功率 P 增大时,有效拉力 F_e 也相应增大,即要求带和带轮接触面上有更大的摩擦力来维持传动。但是,在一定的初拉力 F_0 下,带和带轮接触面上所能产生的摩擦力有一极限值。当传递的圆周力超过该极限值时,带就在带轮上打滑,即所谓的打滑现象。经常出现打滑将使带的磨损加剧,从动轮转速急剧降低,以致传动失效。

带出现打滑趋势而未打滑的临界状态时,若忽略离心力的影响,可以证明,带的紧边拉力 F_1 与松边拉力 F_2 之间的关系满足柔韧体摩擦的欧拉公式,即

$$\frac{F_1}{F_2} = e^{f\alpha} \quad (6-4)$$

式中:f——带与带轮间的摩擦因数;

α——带轮上的包角,即带与带轮接触弧所对的圆心角,如图 6-4(a);

e——自然对数的底,$e \approx 2.718$。

联解式(6-2)和式(6-4)得

$$F_1 = \frac{F_e e^{f\alpha}}{e^{f\alpha} - 1}, \quad F_2 = \frac{F_e}{e^{f\alpha} - 1},$$

$$F_e = F_1 - F_2 = F_1\left(1 - \frac{1}{e^{f\alpha}}\right) \quad (6-5)$$

由此可知,增大包角或增大摩擦因数,都可以提高带传动所能传递的圆周力,因小带轮包角 α_1 小于大带轮包角 α_2,故计算带圆周力时,式(6-5)中应取 α_1。

V 带传动与平带传动的张紧力相等时,即带对带轮的压紧力均为 F_Q 时(如图 6-2),它们的法向反力 N 是不相同的,对平带传动,极限摩擦力为 $N_f = F_Q f$;而对 V 带,极限摩擦力为

$$N_f = \frac{F_Q f}{\sin\frac{\varphi}{2}} = F_Q f_v$$

式中:φ——V 带轮轮槽角;

f_v——当量摩擦因数;

$$f_v = \frac{f}{\sin\frac{\varphi}{2}}$$

显然,因 $f_v > f$,故 V 带传递功率的能力比平带的大得多。在传动相同功率时,V 带传动的结构更紧凑。

引用当量摩擦因数的概念,以 f_v 代替 f,即可将式(6-4)和(6-5)应用于 V 带传动。

6.2.2 带传动的应力分析

带传动工作时,会产生拉应力、离心拉应力和弯曲应力。

拉应力 带传动工作时受到两种拉应力,即紧边拉应力和松边拉应力。

紧边拉应力:$\sigma_1 = \dfrac{F_1}{A}$;

松边拉应力:$\sigma_2 = \dfrac{F_2}{A}$。

式中：A——带的横截面积；mm^2。

（1）离心拉应力 σ_c　带在绕过带轮时作圆周运动，从而产生离心力，该离心力使带受到离心拉力 F_c 作用，并在带中引起离心拉应力 σ_c：

$$\sigma_c = F_c/A = qv^2/A$$

式中：q——带每米长的质量，kg/m，见表 6-1；

v——带速，m/s。

离心力虽然只产生在带作圆周运动的部分，但由此产生的离心拉应力 σ_c 却作用于带的全长，且各处大小相等。

（2）弯曲应力 σ_b　带绕过带轮时，因弯曲而产生弯曲应力 σ_b，因此 σ_b 只存在于带与带轮相接触的部分。由材料力学公式可知带的弯曲应力为：

$$\sigma_b = 2YE/d$$

式中：Y——带截面的中性层（带既不伸长也未缩短的那一层）到最外层的距离，mm；

E——带的弹性模量，MPa；

d——带轮直径，mm，对于 V 带轮，d 为基准直径。

由上式可知，带愈厚，带轮直径愈小，则带的弯曲应力愈大。因此，带绕在小带轮上的弯曲应力 σ_{b1} 大于绕在大带轮上的弯曲应力 σ_{b2}。

图 6-6 所示为带的应力分布情况，各截面应力的大小用该处引出的径向线（或垂直线）的长短来表示。由图 6-6 可见，带中最大应力发生在紧边绕入小带轮的 A 点处，其值为：

$$\sigma_{max} = \sigma_1 + \sigma_{b1} + \sigma_c$$

由图 6-6 可见，带运行时，作用在带上某点的应力，是随它运行的位置变化而变化的，所以带是在变应力下工作的，当应力循环次数达到一定值后，将使带产生疲劳破坏。

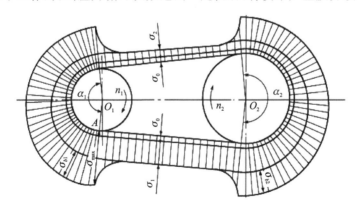

图 6-6　带的应力分析

6.2.3　带传动的弹性滑动和传动比

传动带是弹性体，受力后会产生弹性伸长，带传动工作时，紧边和松边的拉力不等，因而弹性伸长也不同。带在绕过主动轮时，作用在带上的拉力由 F_1 逐渐减小到 F_2，弹性伸长量也相应减小。因而带在随主动轮前进的同时，沿着主动轮渐渐向后"收缩"滑动，而在带动从动轮旋转时，情况正好相反，即一边带动从动轮旋转，一边沿其表面慢慢向前拉伸"伸长"滑动。这种由于带的弹性和拉力差引起的带在带轮上的滑动，称为带的弹性滑动。带前进一圈的平均速

度 v 小于主动轮的圆周速度 v_1，而大于从动轮的圆周速度 v_2。

带的弹性滑动和打滑是两个完全不同的概念。弹性滑动是带传动工作时的固有特性，只要主动轮一驱动，紧边和松边就产生拉力差，弹性滑动就不可避免。而打滑是因为过载引起带在带轮上的全面滑动，是可以采取措施避免的。

带的弹性滑动使从动轮的圆周速度 v_2 低于主动轮的圆周速度 v_1，其速度降低率可用滑动率 ε 来表示，即

$$\varepsilon = \frac{v_1 - v_2}{v_1} = \frac{d_1 n_1 - d_2 n_2}{d_1 n_1}$$

因此，带传动的传动比

$$i = \frac{n_1}{n_2} = \frac{d_2}{d_1(1-\varepsilon)} \tag{6-6}$$

式中：n_1，n_2——主、从动轮的转动；

d_1，d_2——主、从动轮的直径，对 V 带传动则为对应带轮的基准直径。

一般 ε=0.01～0.02，其值甚小，在一般传动计算中可不予考虑。

6.3　普通 V 带传动的设计

V 带有普通 V 带、窄 V 带、宽 V 带、大楔角 V 带、齿形 V 带等多种类型，其中普通 V 带应用最广。本节将着重讨论普通 V 带的设计计算。

6.3.1　V 带的结构和规格

V 带由抗拉体、顶胶、底胶和包布组成，如图 6-7 所示。抗拉体是承受负载拉力的主体，其上下的顶胶和底胶分别承受弯曲时的拉伸和压缩，外壳用挂胶帆布包围成型。抗拉体由帘布或线绳组成，绳芯结构柔软易弯有利于提高寿命。抗拉体的材料可采用化学纤维或棉织物，前者的承载能力较高。

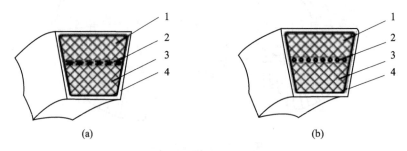

1—顶胶；2—抗拉体；3—底胶；4—包布

图 6-7　普通 V 带的结构

通常 V 带制成无接头的环形，在弯曲时带中长度和宽度均不变的中性层称为节面，带的节面宽度称为节宽 b_d，b_d 与节面处带轮直径的比值约为 0.7，楔角 φ 为 40°的 V 带被称为普通 V 带。普通 V 带已标准化，其型号分为 Y，Z，A，B，C，D，E 等七种，其截面尺寸见表 6-1。

在 V 带轮上所配用的 V 带的节宽 b_d 相对应的带轮直径称为基准直径 d，已标准化，其标准系列值见表 6-2。

表6-1 普通V带截面尺寸

型 号	Y	Z	A	B	C	D	E
节宽 b_d/mm	5.3	8.5	11	14	19	27	32
顶宽 b/mm	6	10	13	17	22	32	38
高度 h/mm	4	6	8	11	14	19	25
楔角 φ/(°)	40						
每米长质量 q/(kg·m^{-1})	0.04	0.06	0.10	0.17	0.30	0.60	0.87

表6-2 V带轮最小基准直径及基准直径系列　　mm

V带轮槽型	Y	Z	A	B	C	D	E
最小基准直径 d_{min}	20	50	75	125	200	355	500
基准直径系列	25　28　31.5　35.5　40　45　50　56　63　71　75　80　85　90　95　100　106　112　118 125　132　140　150　160　170　180　200　212　224　236　250　265　280　300　315 335　355　375　400　425　450　475　500　530　560　600　630　670							

V带在规定的张紧力下,位于带轮基准直径上的周长称为基准长度 L_d,V带基准长度已经标准化,基准长度系列见表6-3。

表6-3 普通V带的基准长度系列 L_d 及长度系数 K_L

基准长度 L_d/mm	K_L					基准长度 L_d/mm	K_L				
	Y	Z	A	B	C		Y	Z	A	B	C
200	0.81					2 000		0.98	1.03	0.98	0.88
224	0.82					2 240		1.00	1.06	1.00	0.91
250	0.84					2 500		1.03	1.09	1.03	0.93
280	0.87					2 800			1.11	1.05	0.95
315	0.89					3 150			1.13	1.07	0.97
355	0.92					3 550			1.17	1.09	0.99
400	0.96	0.87				4 000			1.19	1.13	1.02
450	1.00	0.89				4 500				1.15	1.04
500	1.02	0.91				5 000				1.18	1.07
560		0.94				5 600					1.09
630		0.96	0.81			6 300					1.12
710		0.99	0.83			7 100					1.15
800		1.00	0.85			8 000					1.18
900		1.03	0.87	0.82		9 000					1.21
1 000		1.06	0.89	0.84		10 000					1.23
1 120		1.08	0.91	0.86		11 200					
1 250		1.11	0.93	0.88		12 500					
1 400		1.14	0.96	0.90		14 000					
1 600		1.16	0.99	0.92	0.83	16 000					
1 800		1.18	1.01	0.95	0.86						

6.3.2 单根普通 V 带的许用功率

带传动的主要失效形式为带在带轮上打滑和带的疲劳破坏,因此带传动的设计准则是:在保证带不打滑的条件下,具有一定的疲劳寿命。

为保证带传动不出现打滑,由式(6-3)及式(6-5),并以 f_v 代替 f,可得单根普通 V 带能传动的功率:

$$P_0 = F_1\left(1-\frac{1}{e^{f_v\alpha}}\right)\frac{v}{1\,000}$$

$$= \sigma_1 A\left(1-\frac{1}{e^{f_v\alpha}}\right)\frac{v}{1\,000} \quad (6-7)$$

为使带具有一定的疲劳寿命,应满足以下强度条件:

$$\sigma_{\max} = \sigma_1 + \sigma_c + \sigma_{b1} \leqslant [\sigma] \text{ 或 } \sigma_1 \leqslant [\sigma] - \sigma_c - \sigma_{b1} \quad (6-8)$$

式中:$[\sigma]$——带的许用拉应力。

将式(6-8)代入式(6-7)可得带既不打滑又具有一定的疲劳寿命时所能传递的功率为:

$$P_0 = ([\sigma] - \sigma_c - \sigma_{b1})\left(1-\frac{1}{e^{f_v\alpha}}\right)\frac{Av}{1\,000} \quad (6-9)$$

式中:P_0——$\alpha_1=\alpha_2=\pi$(即 $i=1$)、特定带长、载荷平稳条件下,单根 V 带所能传递的功率,称为基本额定功率,kW,见表 6-4。实际工作条件若与这些条件不符,应对查得的 P_0 值作修正。

表 6-4 单根普通 V 带的额定功率 P_0

型号	小带轮基准直径 d_1/mm	小带轮转速 n_1/(r·min^{-1})											
		200	400	800	950	1 200	1 450	1 600	1 800	2 000	2 400	2 800	3 200	3 600
Z	50	0.04	0.06	0.10	0.12	0.14	0.16	0.17	0.19	0.20	0.22	0.26	0.28	0.30
	56	0.04	0.06	0.12	0.14	0.17	0.19	0.20	0.23	0.25	0.30	0.33	0.35	0.37
	63	0.05	0.08	0.15	0.18	0.22	0.25	0.27	0.30	0.32	0.37	0.41	0.45	0.47
	71	0.06	0.09	0.20	0.23	0.27	0.30	0.33	0.36	0.39	0.46	0.50	0.54	0.58
	80	0.10	0.14	0.22	0.26	0.30	0.35	0.39	0.42	0.44	0.50	0.56	0.61	0.64
	90	0.10	0.14	0.24	0.28	0.33	0.36	0.40	0.44	0.48	0.54	0.60	0.64	0.68
A	75	0.15	0.26	0.45	0.51	0.60	0.68	0.73	0.79	0.84	0.92	1.00	1.04	1.08
	90	0.22	0.39	0.68	0.77	0.93	1.07	1.15	1.25	1.34	1.50	1.64	1.75	1.83
	100	0.26	0.47	0.83	0.95	1.14	1.32	1.42	1.58	1.66	1.87	2.05	2.19	2.28
	112	0.31	0.56	1.00	1.15	1.39	1.61	1.74	1.89	2.04	2.30	2.51	2.68	2.78
	125	0.37	0.67	1.19	1.37	1.66	1.92	2.07	2.26	2.44	2.74	2.98	3.15	3.26
	140	0.43	0.78	1.41	1.62	1.96	2.28	2.45	2.66	2.87	3.22	3.48	3.65	3.72
	160	0.51	0.94	1.69	1.95	2.36	2.54	2.73	2.98	3.42	3.80	4.06	4.19	4.17

续表 6-4

型号	小带轮基准直径 d_1/mm	小带轮转速 n_1/(r·min^{-1})											
		200	400	800	950	1 200	1 450	1 600	1 800	2 000	2 400	2 800	3 200	3 600
B	125	0.48	0.84	1.44	1.64	1.93	2.19	2.33	2.50	2.64	2.85	2.96	2.94	2.80
	140	0.59	1.05	1.82	2.08	2.47	2.82	3.00	3.23	3.42	3.70	3.85	3.83	3.63
	160	0.74	1.32	2.32	2.66	3.17	3.62	3.86	4.15	4.40	4.75	4.89	4.80	4.46
	180	0.88	1.59	2.81	3.22	3.85	4.39	4.68	5.02	5.30	5.67	5.76	5.52	4.92
	200	1.02	1.85	3.30	3.77	4.50	5.13	5.46	5.83	6.13	6.47	6.43	5.95	4.98
	224	1.19	2.17	3.86	4.42	5.26	5.97	6.33	6.73	7.02	7.25	6.95	6.05	4.47
	250	1.37	2.50	4.46	5.10	6.04	6.82	7.20	7.63	7.87	7.89	7.14	5.60	5.12
C	200	1.39	2.41	4.07	4.58	5.29	5.84	6.07	6.28	6.34	6.02	5.01	3.23	
	224	1.70	2.99	5.12	5.78	6.71	7.45	7.75	8.00	8.06	7.57	6.08	3.57	
	250	2.03	3.62	6.23	7.04	8.21	9.08	9.38	9.68	9.62	87.75	6.56	2.96	
	280	2.42	4.32	7.52	8.49	9.81	10.72	11.06	11.22	11.04	9.50	6.13	—	
	315	2.84	5.14	8.92	10.05	11.53	12.46	12.72	12.67	12.14	9.46	4.16	—	
	355	3.36	6.05	10.46	11.73	13.31	14.12	14.19	13.73	12.59	7.98	—	—	
	400	3.91	7.06	12.10	13.48	15.04	15.53	15.24	14.08	11.95	4.34	—	—	

6.3.3 设计计算步骤和参数

设计 V 带传动,通常应已知传动用途,工作条件,传递的功率,带轮转速(或传动比)及对传动外廓尺寸的要求等。其设计的主要内容有:V 带的型号、长度和根数、中心距、带轮的基准直径及结构尺寸,作用在轴上的轴压力等。

设计计算的一般步骤如下:

(1)选择 V 带型号 一般是根据计算功率 P_c 和小带轮转速 n_1 由图 6-8 选择 V 带型号,其中计算功率 P_c 为

$$P_c = K_A P \tag{6-10}$$

式中:P——V 带传递的额定功率,kW;

K_A——工作情况系数,见表 6-5。

在选择 V 带型号时,当计算功率 P_c 和小带轮转速 n_1 的交点在两种型号的交线附近时,可对两种型号同时计算并比较,最后选择较好的一种。

(2)确定带轮的基准直径 d_1 和 d_2 带轮直径小,则带的弯曲应力大而使带的寿命降低;反之,虽能延长带的寿命,但带传动的外廓尺寸却增大。设计时,小带轮的基准直径 d_1 不应小于表 6-2 所示的 d_{min},并应取基准直径系列中的值。

由式(6-6)得大带轮的基准直径

$$d_2 = \frac{n_1 d_1 (1-\varepsilon)}{n_2} = i d_1 (1-\varepsilon) \tag{6-11}$$

d_1 和 d_2 应按带轮基准系列圆整。

(3)验算带速

$$v = \frac{n_1 d_1 \pi}{1\,000 \times 60} \tag{6-12}$$

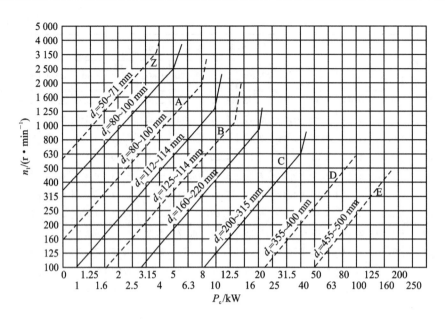

图 6-8 普通 V 带选型图

表 6-5 工作情况系数 K_A

载荷性质	工作机	原动机					
		电动机（交流启动、三角启动、直流并励）、四缸以上的内燃机			电动机（联机交流启动、直流复励或串励）、四缸以下的内燃机		
		每天工作时间/h					
		<10	10~16	>16	<10	10~16	>16
载荷变动很小	液体搅拌机；通风机和鼓风机（≤7.5 kW）；离心式水泵和压缩机；轻负荷输送机	1.0	1.1	1.2	1.1	1.2	1.3
载荷变动小	带式输送机（不均匀负荷）；通风机（>7.5 kW）；旋转式水泵和压缩机（非离心式）；发电机；金属切削机床；印刷机；旋转筛；锯木机和木工机械	1.1	1.2	1.3	1.2	1.3	1.4
载荷变动较大	制砖机；斗式提升机；往复式水泵和压缩机；起重机；磨粉机；冲剪机床；橡胶机械；振动筛；纺织机械；重载输送机	1.2	1.3	1.4	1.4	1.5	1.6
载荷变动很大	破碎机（旋转式、颚式等）；磨碎机（球磨、棒磨、管磨）	1.3	1.4	1.5	1.5	1.6	1.8

由式（6-3）可知，传递功率相同时，带速愈高，所需圆周力愈小，故可减少 V 带的根数；但带速过高，使带在单位时间内绕过带轮的次数增加，应力变化频繁，带的疲劳寿命降低，同时带的离心力过大，减少了带与带轮间的压力和摩擦力，也会降低带传动的工作能力。因此，一般应使带速 $v=5\sim25$ m/s。

（4）确定中心距 a 和带的基准长度 L_d　中心距小，带长较短，带的工作频率增加而导致工作寿命降低；反之，中心距过大，除相反的利弊外，还有速度高时易引起带的松动。

设计时,一般按照式(6-13)初定中心距

$$0.7(d_1+d_2) \leqslant a_0 \leqslant 2(d_1+d_2) \quad (6-13)$$

初选 a_0 后,可根据带传动的几何关系,按式(6-14)近似计算带的基准长度 L_0:

$$L_0 = 2a_0 + \frac{\pi}{2}(d_1+d_2) + \frac{(d_2-d_1)^2}{4a_0} \quad (6-14)$$

由计算的 L_0 查表 6-3 选取相近的基准长度 L_d,再按式(6-15)近似计算所需的中心距:

$$a \approx a_0 + (L_d - L_0)/2 \quad (6-15)$$

考虑到安装、调整和张紧的需要,中心距的变动范围为:

$$(a - 0.015L_d) \sim (a + 0.03L_d)$$

(5)验算小带轮包角 α_1

$$\alpha_1 = 180° - \frac{d_2-d_1}{a} \times 57.3° \quad (6-16)$$

一般应使 $\alpha_1 \geqslant 120°$,若不满足此条件,可加大中心距或设置张紧轮。

(6)确定带的根数 z 当传动比 $i \neq 1$ 时,由于从动轮直径大于主动轮直径,带在绕过从动轮时的弯曲应力较小,在同等寿命下,P_0 应有所提高,即单根普通 V 带有一定的功率增量 ΔP_0(见表 6-6)。这时单根 V 带所能传递的功率为 $(P_0 + \Delta P_0)K_L K_\alpha$,其中 K_L 为带长系数(见表 6-3),K_α 为包角修正系数(见表 6-7)。这样带的根数 z 的计算公式为:

$$z = \frac{P_c}{(P_0 + \Delta P_0)K_L K_\alpha} \quad (6-17)$$

带的根数应圆整为整数,为使各带受力比较均匀,带的根数不宜太多,通常 $z \leqslant 10$。否则应改选 V 带型号,重新设计。

表 6-6 单根普通 V 带的额定功率增量 ΔP_0

带型	小带轮转速 $n_1/(\text{r} \cdot \text{min}^{-1})$	传动比									
		1.00~1.01	1.02~1.04	1.05~1.08	1.09~1.12	1.13~1.18	1.19~1.24	1.25~1.34	1.35~1.51	1.52~1.99	≥2.0
Z 型	400	0.00	0.00	0.00	0.00	0.00	0.00	0.00	0.00	0.01	0.01
	730	0.00	0.00	0.00	0.00	0.00	0.00	0.01	0.01	0.01	0.02
	800	0.00	0.00	0.00	0.00	0.00	0.01	0.01	0.01	0.02	0.02
	980	0.00	0.00	0.00	0.01	0.01	0.01	0.01	0.02	0.02	0.02
	1 200	0.00	0.00	0.01	0.01	0.01	0.01	0.02	0.02	0.02	0.03
	1 460	0.00	0.00	0.01	0.01	0.01	0.02	0.02	0.02	0.02	0.03
	2 800	0.00	0.01	0.02	0.02	0.03	0.03	0.03	0.04	0.04	0.04
A 型	400	0.00	0.01	0.01	0.02	0.02	0.03	0.03	0.04	0.04	0.05
	730	0.00	0.01	0.02	0.03	0.04	0.05	0.06	0.07	0.08	0.09
	800	0.00	0.01	0.02	0.03	0.04	0.05	0.06	0.08	0.09	0.10
	980	0.00	0.01	0.03	0.04	0.05	0.06	0.07	0.08	0.10	0.11
	1 200	0.00	0.02	0.03	0.05	0.07	0.08	0.10	0.11	0.13	0.15
	1 460	0.00	0.02	0.04	0.06	0.08	0.09	0.11	0.13	0.15	0.17
	2 800	0.00	0.04	0.08	0.11	0.15	0.19	0.23	0.26	0.30	0.34

续表 6-6

带型	小带轮转速 n_1/(r·min^{-1})	传动比								
		1.00~1.01	1.02~1.04	1.05~1.08	1.09~1.12	1.13~1.18	1.19~1.24	1.25~1.34	1.35~1.51	1.52~1.99	≥2.0
B型	400	0.00	0.01	0.03	0.04	0.06	0.07	0.08	0.10	0.11	0.13
	730	0.00	0.02	0.05	0.07	0.10	0.12	0.15	0.17	0.20	0.22
	800	0.00	0.03	0.06	0.08	0.11	0.14	0.17	0.20	0.23	0.25
	980	0.00	0.03	0.07	0.10	0.13	0.17	0.20	0.23	0.26	0.30
	1 200	0.00	0.04	0.08	0.13	0.17	0.21	0.25	0.30	0.34	0.38
	1 460	0.00	0.05	0.10	0.15	0.20	0.25	0.31	0.36	0.40	0.46
	2 800	0.00	0.10	0.20	0.29	0.39	0.49	0.59	0.69	0.79	0.89
C型	400	0.00	0.04	0.08	0.12	0.16	0.20	0.23	0.27	0.31	0.35
	730	0.00	0.07	0.14	0.21	0.27	0.34	0.41	0.48	0.55	0.62
	800	0.00	0.08	0.16	0.23	0.31	0.39	0.47	0.55	0.63	0.71
	980	0.00	0.09	0.19	0.27	0.37	0.47	0.56	0.65	0.74	0.83
	1 200	0.00	0.12	0.23	0.35	0.47	0.59	0.70	0.82	0.94	1.06
	1 460	0.00	0.14	0.28	0.42	0.58	0.71	0.85	0.99	1.14	1.27
	2 800	0.00	0.27	0.55	0.82	1.10	1.37	1.64	1.92	2.19	2.47

表 6-7 包角修正系数 K_α

带轮包角 α_1/(°)	180	170	160	150	140	130	120	110	100	90
K_A	1.00	0.98	0.95	0.92	0.89	0.86	0.82	0.78	0.74	0.69

(7) 确定初拉力 F_0 和作用在轴上的压力 F_Q 初拉力的大小是保证带传动正常工作的重要因素之一。初拉力过小,摩擦力小,容易发生打滑;初拉力过大,则带的寿命降低,轴和轴承受力大。初拉力可由式(6-18)计算:

$$F_0 = \frac{500P_c}{zv}\left(\frac{2.5}{K_\alpha} - 1\right) + qv^2 \qquad (6-18)$$

作用在轴上的压力可按式(6-19)计算:

$$F_Q = 2zF_0\sin\frac{\alpha_1}{2} \qquad (6-19)$$

6.3.4 V带轮的结构

带轮的结构形式主要有实心式、腹板式(有环形均布孔的称为孔板式)、轮辐式,如图 6-9 所示。带轮直径较小时可采用实心式,直径大于 350 mm 时可采用轮辐式,中等直径的带轮可采用腹板式。带轮其他结构尺寸可参照图 6-9 所列经验公式确定,或查阅机械设计手册。

普通 V 带轮缘部分的轮槽尺寸按 V 带型号查表 6-8。

带轮常用铸铁制造,有时也用钢或非金属材料(塑料、木材)。带速≤2.5 m/s 的带传动,带轮一般用铸铁(HT150、HT200)制造。带速更高或特别重要的场合可采用铸钢;小功率的可采用铸铝或塑料。

例 6-1 试设计某带式输送机传动系统的 V 带传动,已知三相异步电动机的额定功率 $P=15$ kW,转速 $n_1=970$ r/min,传动比 $i=2.1$,两班制工作。

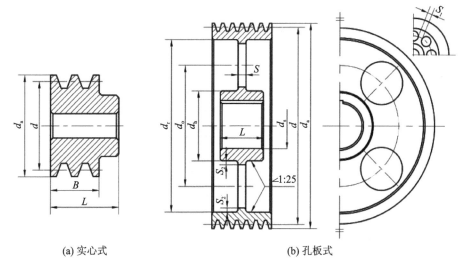

(a) 实心式   (b) 孔板式

$d_h=(1.8\sim2)d_s$, $d_0=(d_h+d_r)/2$, $d_r=d_a-2(H+\delta)$, $S=(0.2\sim0.3)B$, $S_1\geq1.5s$, $S_2\geq0.5s$, $L=(1.5\sim2)d_s$

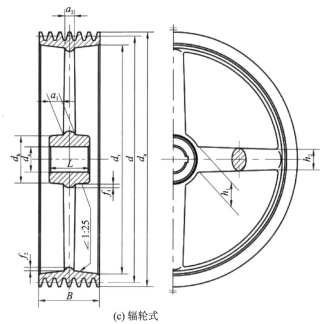

(c) 辐轮式

$h_1=\sqrt[3]{\dfrac{P}{nA}}$,$P$为传递功率,kW;$n$为带轮转速,r/min;$A$为轮辐数。$h_2=0.8h_1$,$a_1=0.4h_1$,$a_2=0.8a_1$,$f_1=0.2h_1$,$f_2=0.2h$

图 6-9 V 带轮结构

解: (1) 求计算功率 P_c

由式(6-10)得 $P_c=K_A P$,查表 6-5 工况系数 $K_A=1.2$,得 $P_c=1.2\times15=18$ kW。

(2) 选择普通 V 带型号

根据 $P_c=18$ kW 和 $n_1=970$ r/min 查图 6-8 知应选 B 型 V 带。

(3) 确定带轮基准直径 d_1、d_2

查表 6-2 知 B 型 V 带轮的最小基准直径为 125 mm,又从图 6-8 中查出 d_1 建议值为 160~220 mm,故暂取 $d_1=200$ mm。

表 6-8 普通 V 带轮的轮槽尺寸

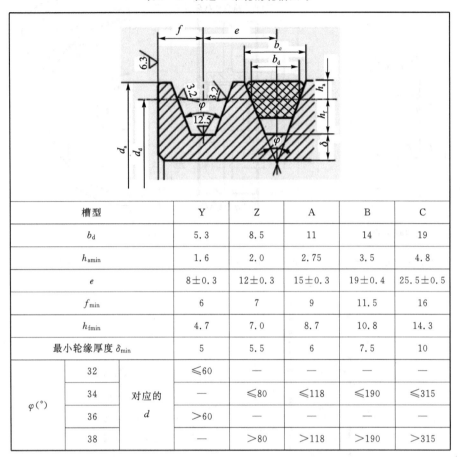

槽型		Y	Z	A	B	C
b_d		5.3	8.5	11	14	19
h_{amin}		1.6	2.0	2.75	3.5	4.8
e		8±0.3	12±0.3	15±0.3	19±0.4	25.5±0.5
f_{min}		6	7	9	11.5	16
h_{fmin}		4.7	7.0	8.7	10.8	14.3
最小轮缘厚度 δ_{min}		5	5.5	6	7.5	10
$\varphi(°)$	32	≤60	—	—	—	—
	34	—	≤80	≤118	≤190	≤315
	36	>60	—	—	—	—
	38	—	>80	>118	>190	>315
			对应的 d			

则由式(6-6)得大带轮的基准直径为：

$$d_2 = i \times d_1(1-\varepsilon) = 2.1 \times 200 \times (1-0.02) = 411.6 \text{ mm}$$

按表 6-2 取 $d_2 = 425$ mm。此时实际传动比将发生改变，

$$i' = \frac{n_1}{n_2} = \frac{d_2}{d_1(1-\varepsilon)} \approx \frac{d_2}{d_1} = \frac{425}{200} = 2.125$$

传动比改变量为

$$\frac{i'-i}{i} \times 100\% = \frac{2.125-2.1}{2.1} \times 100\% = 1.19\%$$

若仅考虑带传动本身，误差在±5%以内是允许的。

(4) 验算带速 v

由式(6-12)得

$$v = \frac{\pi d_1 n_1}{60 \times 1\,000} = \frac{\pi \times 200 \times 970}{60 \times 1\,000} = 10.16 \text{ m/s}$$

介于 5~25 m/s 范围之内，合适。

(5) 确定基准长度 L_d 和实际中心距 a

由式(6-13)得 $0.7(d_1+d_2) \leq a_0 \leq 2(d_1+d_2)$，

即 $0.7 \times (200+425) \leq a_0 \leq 2 \times (200+425)$，

所以有 $437.5 \leqslant a_0 \leqslant 1\,250$,

初定中心距 $a_0 = 800$ mm,

由式(6-14)得带长为:

$$L_0 = 2a_0 + \frac{\pi}{2}(d_1+d_2) + \frac{(d_2-d_1)^2}{4a_0} = 2 \times 800 + \frac{\pi}{2}(200+425) + \frac{(425-200)^2}{4 \times 800}$$
$$\approx 2\,597.6 \text{ mm}$$

由表 6-3 选用基准长度 $L_d = 2500$ mm,

由式(6-15)得实际中心距

$$a \approx a_0 + \frac{L_d - L_0}{2} = 800 + \frac{2\,500 - 2\,597.6}{2} = 751.2 \text{ mm}$$

中心距的变动范围为:

$$a_{\min} = a - 0.15L_d = 751.2 - 0.015 \times 2\,500 = 713.7 \text{ mm}$$
$$a_{\max} = a + 0.03L_d = 751.2 + 0.03 \times 2\,500 = 826.2 \text{ mm}$$

(6) 验算小带轮包角 α_1

由式(9-16)得 $\alpha_1 \approx 180° - \frac{d_2-d_1}{a} \times 57.3° = 180° - \frac{425-200}{751.2} \times 57.3° \approx 162.84° > 120°$, 合适。

(7) 确定 V 带根数

由式(6-17)得 $z = \frac{P_c}{(P_0 + \Delta P_0)K_a K_L}$,

由表 6-4 查得 $P_0 = 3.77$ kW, 由表 6-6 查得 $\Delta P_0 = 0.3$ kW; 由表 6-7 查得 $K_a = 0.96$; 由表 6-3 查得 $K_L = 1.03$。

则:
$$z = \frac{18}{(3.77+0.3) \times 0.96 \times 1.03} = 4.47$$

取 $z = 5$ 根

(8) 求初拉力 F_0 及带轮轴上的压力 F_Q

由式(6-18)得

$$F_0 = \frac{500P_c}{zv}\left(\frac{2.5}{K_a} - 1\right) + qv^2, 查表 6-1 知 q = 0.17 \text{ kg/m}, 得:$$

$$F_0 = \frac{500 \times 18}{5 \times 10.16}\left(\frac{2.5}{0.965} - 1\right) + 0.17 \times 10.16^2 = 301.75 \text{ N}$$

由式(6-19)得

$$F_Q = 2zF_0 \sin\frac{\alpha_1}{2} = 2 \times 5 \times 301.75 \times \sin\frac{162.84°}{2} = 2\,983.73 \text{ N}$$

结果:选用 5 根 B—2500GB/T11544—1997 的 V 带, $a = 751.2$ mm, $d_1 = 200$ mm, $d_2 = 425$ mm。

(9) 带轮结构设计及绘制零件图(略)

注意:设计过程中(特别是靠前面的步骤)参数的选择范围较大,如小带轮的最小基准直径 d_1 可为 $160 \sim 220$ mm,选择余地大,不同取值会使设计结果产生较大的差异,比如可能导致 V 带的根数达到 6、7 根之多。所以,在对参数取值时应对结果的趋势有所预见,如结果不合理,可适当调整所取参数值重新设计。

6.4 同步带传动简介

同步带(曾称为同步齿形带),是以钢丝或玻璃纤维绳等作为抗拉体,外面包覆聚氨酯或橡胶而组成。它是横截面为矩形、带面具有等距横向齿的环形传动带。所以同步带传动是靠带内侧的齿与轮面上的齿相啮合进行传动的,兼有挠性带传动和啮合传动的优点,由于带与带轮间无滑动,使主、从动轮线速度同步,故称为同步带传动,如图 6-10 所示。

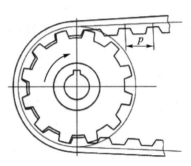

图 6-10 同步带传动

同步带传动的优点是:①能保证准确的传动比;②由于带的柔性较好,带轮的直径可以较小,因而结构紧凑;③由于带薄,单位长度的质量小,抗拉体强度高,故带速可达 40m/s,属高速传动,传动比可达 10 以上,传递功率可达 100kW 以上;④张紧力小,所以轴上受的压力也小;⑤传动效率较高(可近 0.98)。其缺点是对制造和安装的精度要求较高,成本也较高。

同步带传动的设计计算以及同步带的规格等可参阅有关资料。

习 题

1. 填空题

(1) 带传动的失效形式有_____和_____。

(2) 带传动所能传递的最大有效圆周力决定于_____、_____、_____和_____四个因素。

(3) 传动带中的工作应力包括_____应力、_____应力和_____应力。

(4) 单根 V 带在载荷平稳、包角为 180°、且为特定带长的条件下所能传递的额定功率 P_0 主要与_____、_____和_____有关。

(5) 在设计 V 带传动时,V 带的型号根据_____和_____选取。

(6) 限制小带轮的最小直径是为了保证带中_____不致过大。

(7) V 带传动中,限制带的根数 $z \leqslant z_{max}$,是为了保证_____。

(8) V 带传动中,带绕过主动轮时发生_____的弹性滑动。

(9) 带传动常见的张紧装置有_____、_____和_____等几种。

(10) V 带两工作面的夹角 θ 为_____,V 带轮的槽形角 φ 应_____于 θ 角。

2. 简答题

(1) 简述带传动产生弹性滑动的原因和不良后果。

(2) 为什么说弹性滑动是带传动固有的物理现象？

(3) 在相同条件下，V带传动与平带传动的传动能力有何不同？为什么？用什么措施提高带的传动能力。

(4) 在多根V带传动中，当一根带失效时，为什么全部带都要更换？

(5) 为什么普通车床的第一级传动采用带传动，而主轴与丝杠之间的传动链中不能采用带传动？

(6) 为什么带传动的中心距都设计成可调的？

(7) 在V带传动设计中，为什么小带轮的包角不能过小，并给出几种增大小带轮包角的措施？

(8) 为了避免带传动出现打滑现象，把带轮与带接触的工作表面加工粗糙一些以增大摩擦，这样做合理吗，为什么？

3. 计算题

(1) 已知：V带传动所传递的功率 $P=7.5$ kW，带速 $v=10$ m/s，现测得初拉力 $F_0=1\,125$ N，试求紧边拉力 F_1 和松边拉力 F_2。

(2) 已知：V带传递的实际功率 $P=7$ kW，带速 $v=10$ m/s，紧边拉力是松边拉力的两倍，试求有效圆周力 F_e 和紧边拉力 F_1。

(3) 已知带传动所能传递的最大功率 $P=6$ kW，已知主动轮直径 $d_{d1}=100$ mm，转速 $n_1=1\,460$ r/min，包角 $\alpha_1=150°$，带与带轮间的当量摩擦系数 $f_v=0.51$，试求最大有效圆周力 F_e、紧边拉力 F_1、松边拉力 F_2 和初拉力 F_0。

第 7 章　链传动

如图 7-1 所示,链传动是由装在平行轴上的主、从动链轮和绕在链轮上的环形链条所组成,属于具有挠性件的啮合传动,依靠链轮轮齿与链节的啮合传递运动和动力。链传动具有平均传动比准确,压轴力小;效率较高,容易实现多轴传动;安装精度要求较低,成本低;适用于中心距较大的传动等优点。但是也存在瞬时传动比不恒定、传动平稳性差、工作时有一定的冲击和噪声等缺陷。

通常链传动的传动比 $i \leqslant 8$,传动功率 $P \leqslant 100$ kW,链速 $v \leqslant 15$ m/s,传动效率为 $0.95 \sim 0.98$,中心距 $\leqslant 5 \sim 6$ m。

链传动主要用在要求工作可靠、转速不高,且两轴相距较远,以及其他不宜采用齿轮传动的场合。链传动已广泛应用于农业机械、矿山机械、起重运输机械、机床及摩托车中。

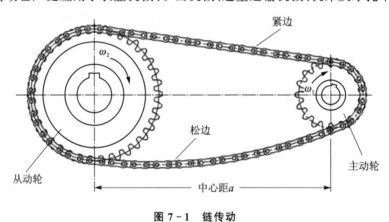

图 7-1　链传动

7.1　滚子链

7.1.1　链　条

机械中传递运动和动力的链条,按结构的不同主要有滚子链和齿形链。其中以滚子链应用最为广泛,故本节主要讨论滚子链。而齿形链运转较平稳、噪声小,但重量大、成本高,多用于高速传动。如图 7-2 所示,滚子链由内链板 1、外链板 2、销轴 3、套筒 4 及滚子 5 所组成。内链板与套筒、外链板与销轴均为过盈配合;滚子与套筒、套筒与销轴均为间隙配合。工作时,内、外链节间可以相对挠曲,套筒可绕销轴自由转动,滚子套在套筒上减少链条与链轮间的磨损。为减轻重量和使链板各截面强度相等,内、外链板常制成"8"字形。

链条上相邻两销轴的中心距称为链节距,以 p 表示,它是链条最主要的参数。节距增大时,链条中各零件的尺寸相应也增大,可传递的功率也随之增大。滚子链可制成单排链和多排链。如图 7-3 所示为双排链。多排链用于功率较大的传动。

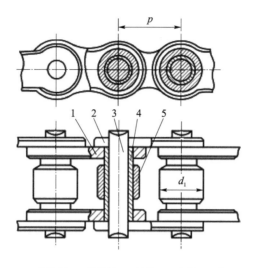

1—内链板 2—外链板 3—销轴 4—套筒 5—滚子

图 7-2 滚子链

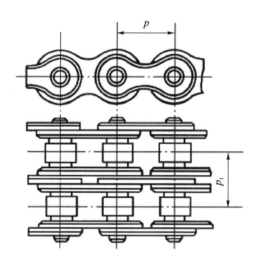

图 7-3 双排链

滚子链使用时为封闭环形，链条长度以链节数来表示。当链节数为偶数时，链条连接成环形时正好是外链板与内链板相接，接头处可用开口销和弹簧夹来锁住活动的销轴，如图7-4(a)、(b)所示。当链节数为奇数时，则需采用过渡链节，如图7-4(c)所示。链条受力后，过渡链节除受拉力外，还承受附加的弯矩。因此，应避免采用奇数链节。

滚子链已经标准化，分为A和B两个系列。常用的是A系列，其主要参数和规格见表7-1。按 GB/T1243—1997 规定，滚子链标记方法如下：

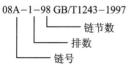

链条各零件由碳素钢或合金钢制造。通常经过热处理已达到一定强度和硬度。

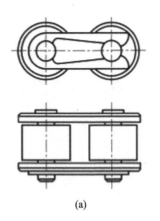 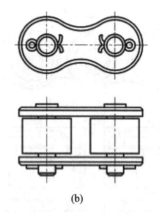 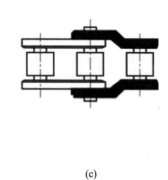

(a)   (b)   (c)

图 7-4　滚子链的接头类型

表 7-1　滚子链部分主要参数和规格

链号	节距 p/mm	排距 p_1/mm	滚子外径 d_1/mm	极限载荷 Q（单排）/N	每米长质量 q（单排）/(kg·m^{-1})
08A	12.70	14.38	7.95	13 800	0.60
10A	15.875	18.11	10.16	21 800	1.00
12A	19.05	22.78	11.91	31 100	1.50
16A	25.40	29.29	15.88	55 600	2.60
20A	31.75	35.76	19.05	86 700	3.80
24A	38.10	45.44	22.23	124 600	5.60
28A	44.45	48.87	25.40	169 000	7.50
32A	50.80	58.55	28.58	222 400	10.10
40A	63.50	71.55	39.68	347 000	16.10
48A	76.20	87.83	47.63	500 400	22.60

7.1.2　链　轮

链轮的齿形应保证链节自由地进入和退出啮合，并便于加工。图 7-5 所示为国标（GB1343—1997）规定的端面齿形，由三段圆弧和一段直线组成，简称"三圆弧一直线"齿形。

链轮上被链条节距等分的圆为分度圆，由图 7-5 可知，链轮的分度圆直径为

$$D = \frac{p}{\sin\frac{180°}{z}}$$

链轮的轴面齿形呈圆弧状，如图 7-6 所示，以便于链节的进入和退出。在链轮工作图上不必绘制端面齿形，但需要绘出其轴面齿形，以便车削链

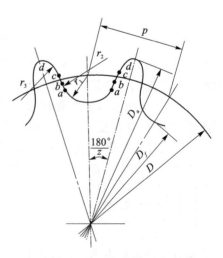

图 7-5　链轮的端面齿形

轮毛坯。

链轮端面齿形的其他尺寸和轴面齿形的具体尺寸见国家标准及有关设计手册。

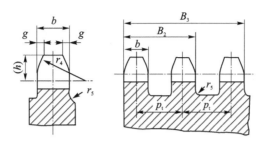

图 7-6 链轮的轴面齿形

图 7-7 表示了几种不同形式的链轮结构。小直径的链轮可制成实心式,如图 7-7(a)所示;中等直径的链轮可制成孔板式,如图 7-7(b)所示;对于大直径链轮可设计成组合式,如图 7-7(c)所示,其特点是将齿圈和齿心用不同材料制造,若轮齿因磨损而失效,可更换齿圈。

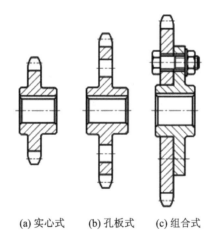

(a) 实心式　(b) 孔板式　(c) 组合式

图 7-7 链轮结构

链轮材料应满足强度和耐磨性要求,故齿面多经热处理。由于在相同时间内,小链轮的啮合次数比大链轮的多,对材料的要求比大链轮要高,链轮常用的材料有碳素钢(Q235,Q275,20,35,45)、铸铁(HT200)和铸钢(ZG310—570)。重要场合可采用合金钢(20Gr,35SiMn)。

7.2 链传动运动特性和受力分析

7.2.1 链传动的运动特性

滚子链的结构特点是刚性链节通过销轴铰接而成的。当链条与链轮啮合时,链传动相当于两个多边形轮之间的传动。设 z_1,z_2,n_1,n_2 分别为小、大链轮的齿数和转速,则链的平均速度为

$$v = \frac{z_1 p n_1}{60 \times 1\,000} = \frac{z_2 p n_2}{60 \times 1\,000} \tag{7-1}$$

故平均传动比 $i=n_1/n_2=z_2/z_1$,为一常数。

实际上由于链传动的多边形效应,其瞬时速度和瞬时传动比都不是定值,为了便于分析,假设链传动的主动边总是处于水平位置(如图 7-8)。当主动轮以角速度 ω_1 回转时,主动链轮分度圆上 A 点的圆周速度 $v_1=d_1\omega_1/2$,则链条的水平方向速度:

$$v_x = v_1\cos\beta = d_1\omega_1\cos\beta/2$$

式中:β——O_1A 与过 O_1 点垂线间的夹角,变化范围为 $-180°/z\sim +180°/z$。

当 $\beta=0°$ 时,达到最大值,$v_{x\max}=d_1\omega_1/2$;当 $\beta=\pm 180°/z$ 时,v_x 达到最小值,$v_{x\min}=d_1\omega_1\cos(180°/z)/2$,因此链轮每转过一齿,链轮就时快时慢变化一次。

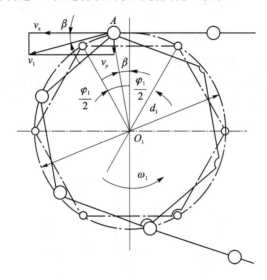

图 7-8 链传动的速度分析

链条在水平方向的分速度 v_x 作周期性变化的同时,链条在垂直方向的分速度 v_y 同理也在作周期性变化:

$$v_y = v_1\sin\beta = \frac{1}{2}d_1\omega_1\sin\beta$$

链节这种忽快忽慢、忽上忽下的变化,使链条上下抖动,在从动轮上也有类似的变化。因此,即使 ω_1 为常数,传动时,瞬时链速与瞬时传动比将随主动链轮转动而不断变化,转过一齿,重复一次,给链传动带来了振动及附加动载荷。

7.2.2 链传动的受力分析

如果不考虑动载荷,作用在链上的力有:圆周力 F、离心拉力 F_c 和悬垂拉力 F_y。

链传动圆周力(即有效拉力)F 的计算公式:

$$F = \frac{1000P}{v}$$

式中:P——传递的功率,kW;

v——链速,m/s。

离心拉力由链的每米长质量 q(kg/m)(表 7-1)和 v 链速(m/s)来确定:

$$F_c = qv^2$$

悬垂拉力则取决于传动的布置方式和工作时允许的链的垂度：
$$F_y = K_y q g a$$
式中：g——重力加速度 $g = 9.8 \text{ m/s}^2$；

a——中心距，m；

K_y——垂度系数，对于水平布置，$K_y = 6$，垂直布置，$K_y = 1$；倾斜布置时，倾斜角（两链轮中心连线与水平面所成的角）小于 40°，$K_y = 4$，倾斜角大于 40°时，$K_y = 2$。

因此得链的紧边拉力为：
$$F_1 = F + F_y + F_c$$
松边拉力为：
$$F_2 = F_y + F_c$$
作用在轴上的载荷可近似取为：
$$F_Q = (1.2 \sim 1.3) F \tag{7-2}$$
有冲击、振动时 F_Q 取大值。

7.3 滚子链传动的设计

7.3.1 主要失效形式

（1）链条疲劳破坏

链条各零件都是在变应力下工作，经过一定循环次数后，链板将可能出现疲劳断裂，套筒、滚子表面将可能出现疲劳点蚀。在正常的润滑条件下，链板的疲劳强度是限定链传动承载能力的主要因素。

（2）冲击疲劳破坏

链节与链轮啮合时，滚子与链轮间产生冲击，这种冲击首先由滚子和套筒承受，在高速传动时，由于冲击载荷造成滚子、套筒的冲击疲劳破坏。

（3）铰链的磨损

铰链磨损会使节距增大而产生跳齿或脱链现象，开式传动或润滑不良时，极易引起这种失效。

（4）铰链的胶合

润滑不良或速度过高时，销轴和套筒的工作表面可能发生胶合，胶合在一定程度上影响了链传动的极限转速。

（5）过载拉断

在低速重载或尖峰载荷过大时，链可能被拉断。

7.3.2 滚子链传动的功率曲线

图 7-9 是实验测得的具有代表性的链传动功率曲线图，其实验条件是：两链轮共面且两轴安装在同一水平面内，减速传动比 $i = 3$，主动轮齿数 $z_1 = 25$，无过渡链节的单排滚子链长度 120 链节，链条工作寿命预期为 15 000 h，载荷平稳无冲击，工作环境温度 −5 ℃～+70 ℃，清洁和合适的润滑。

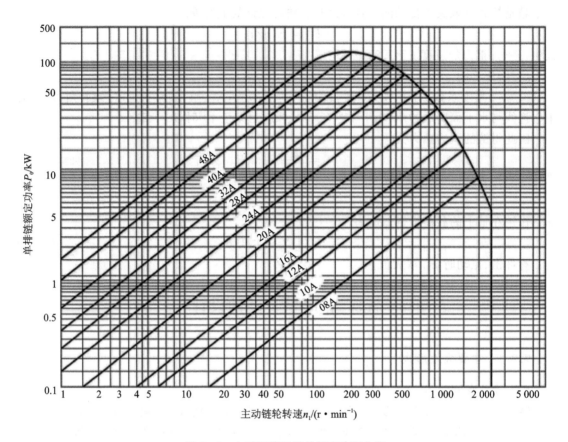

图 7-9　A 系列滚子链的额定功率曲线

当实际情况不符合该特定条件时,应考虑工作情况、主动链轮齿数、链传动排数将图 7-9 中查得的值进行修正,方法见式(7-3)。

7.3.3　滚子链传动的设计计算

滚子链是标准件,因此链传动的设计任务主要是根据传动要求选择链的类型、确定链的型号、合理选择有关参数、设计链轮、确定润滑方式等。

链传动主要参数的选择

(1) 链轮的齿数

小链轮的齿数 z_1 越少,则外廓尺寸越小,但传动平稳性越差,故不宜少。可按照链速参照表 7-2 选取 z_1,然后按传动比确定大链轮的齿数 $z_2 = iz_1$。为避免跳齿和脱齿现象,大链轮齿数不宜太多,一般应使 $z_2 \leqslant 114$。由于链节数一般为偶数,为使磨损均匀,链轮齿数最好选为奇数,且两链轮齿数与链节数三者之间尽可能互质。

表 7-2　小链轮齿数

链速 $v/(\mathrm{m \cdot s^{-1}})$	0.6~0.3	3~8	≥8
z_1	≥17	≥21	≥25

(2) 链条节距和排数

节距愈大,承载能力愈强,但传动平稳性降低,引起的动载荷也愈大,因此设计时应尽可能选用小节距的单排链,高速重载时可选用小节距的多排链。

链的节距可根据所需传递的功率 P 和小链轮转速 n_1 参照图 7-9 选取,但考虑到链传动的实际条件与特定实验条件不完全一致,需引入若干相应的系数将 P 修正为计算功率 P_c。

$$P_c = \frac{K_A K_z}{K_P} P \tag{7-3}$$

式中:P——需传递的功率(输入功率),kW;

K_A——工况系数,查表 7-3;

K_z——小链轮齿数系数,查图 7-10;

K_P——多排链系数,单排链时 $K_P=1$,双排链时 $K_P=1.75$,三排链时 $K_P=2.5$。

表 7-3 工作情况系数 K_A(GB/T18150—2000)

从动机械特征	主动机械特征		
	运动平稳	轻略冲击	中等冲击
	电动机、汽轮机和燃气轮机、带有液力耦合器的内燃机	六缸或六缸以上带机械式联轴器的内燃机、经常启动的电动机(一日两次以上)	少于六缸的带机械式联轴器的内燃机
运转平稳:离心式的泵和压缩机、印刷机械、均匀加料的带式输送机、纸张压光机、自动扶梯、液体搅拌机和混料机、回转干燥炉、风机	1.0	1.1	1.3
中等冲击:三缸或三缸以上的泵和压缩机、混凝土搅拌机、载荷非恒定的输送机、固定搅拌机和混料机	1.4	1.5	1.7
严重冲击:刨煤机、电铲、轧机、球磨机、橡胶加工机械、压力机、剪床、单缸或双缸的泵和压缩机、石油钻机	1.8	1.9	2.1

根据计算功率 P_c 和小链轮的转速 n_1,查图 7-9 即可选择链号,从而确定链节距。

(3) 传动比 i、包角 α 及链速 v

传动比过大,大小链轮径向尺寸差距大,链条在小链轮上的包角小,导致参与啮合的齿数少,每个轮齿承受的载荷大,将加剧轮齿磨损、影响链传动寿命,且易出现跳齿和脱链现象。一般建议传动比 $i \leq 6$,常取 $i = 2 \sim 3.5$,链条在小链轮上的包角不应小于 120°。

小链轮包角的计算公式为:

$$\alpha_1 = 180° - \frac{(z_2 - z_1)p}{a} \times 57.3° \tag{7-4}$$

链速的计算公式见式(7-1)。$v \leq 0.6$ m/s 属于低速传动,$0.6 < v \leq 8$ m/s 属于中速传动,$v > 8$ m/s 属于高速传动。一般情况下 $v \leq 15$ m/s。

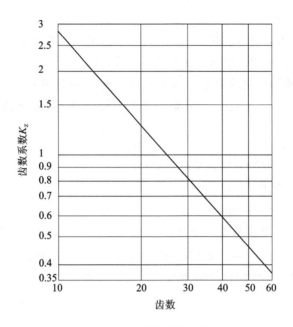

图 7-10 主动链轮齿数系数 K_z

(4) 中心距 a 和链节数 L_p

中心距过小,则链在小链轮上的包角小,同时啮合的链轮齿数也减少,使得链的循环频率增加,链的寿命将降低;而中心距过大,除结构不紧凑外,还会使链条抖动。一般选取中心距 $a=(30\sim50)p$,最大可为 $a_{max}=80p$。按国家标准(GB18150/T—2000)推荐,最小中心距建议为:

当传动比 $i<4$ 时,$a_{min}=0.2\times z_1\times(i+1)p$

当传动比 $i\geqslant 4$ 时,$a_{min}=0.33\times z_1\times(i-1)p$

这样可保证小链轮的包角不小于 120°,且大小链轮不会相碰。

链条的长度可用节数 L_p 表示。根据带长的计算公式可导出链节数 L_p 的计算公式为:

$$L_p = \frac{2a}{p} + \frac{z_1+z_2}{2} + \frac{p}{a}\left(\frac{z_1-z_2}{2\pi}\right)^2 \qquad (7-5)$$

初算出的链节数 L_p 必须圆整为整数,最好取为偶数。

根据式(7-5)就能解得理论中心距(亦为最大中心距)为:

$$a = \frac{p}{4}\left[\left(L_p - \frac{z_1+z_2}{2}\right) + \sqrt{\left(L_p - \frac{z_1+z_2}{2}\right)^2 - 8\left(\frac{z_2-z_1}{2\pi}\right)^2}\right] \qquad (7-6)$$

为了便于链条的安装和调整,中心距一般设计成可调的。若中心距为固定的,则实际中心距应比计算中心距少 2~5 mm,以便链条的安装和保证合理下垂量。

(5) 有效圆周力 F 和作用于轴上的拉力 F_Q

有效圆周力的计算公式为:

$$F = 1000 \times \frac{P_c}{v} \qquad (7-7)$$

式中:F——链传动所能传递的圆周力,N;

P_c——计算功率,kW;

v——链传动的速度,m/s。

作用于轴上的拉力 F_Q 的计算分两种情况:

对于水平传动和倾斜传动:

$$F_Q = (1.15 \sim 1.2) K_A F; \tag{7-8}$$

对于接近垂直布置的链传动:

$$F_Q = 1.05 K_A F; \tag{7-9}$$

7.3.4 链传动的使用维护

链传动的两轴应平行,最好为水平布置,若要倾斜,与水平方向的倾斜角不宜超过45°,一般情况下宜紧边在上、松边在下(与带传动正好相反),以防止咬链。

润滑是影响链传动工作能力及寿命的重要因素之一,良好的润滑能减少磨损、减少摩擦、缓和冲击。链传动可按图7-11推荐的方法实施润滑。常用的润滑油有L-AN22~L-AN46全损耗系统用油。温度较高时,选粘度高的,反之粘度宜低。

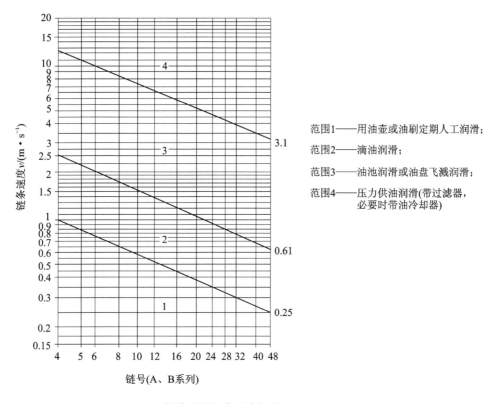

范围1——用油壶或油刷定期人工润滑;
范围2——滴油润滑;
范围3——油池润滑或油盘飞溅润滑;
范围4——压力供油润滑(带过滤器,必要时带油冷却器)

图7-11 推荐的润滑范围选择图(GB/T181550—2000)

例:设计一输送装置用的链传动,已知电动机的功率 $P=7.5$ kW,转速为 $n_1=700$ r/min,从动链轮转速为 $n_2=250$ r/min,传动中心距建议 $a \leqslant 650$ mm,可以调节,需承受中等冲击。

解:(1) 确定链轮齿数 z_1、z_2

初设链速为 $v=3 \sim 8$ m/s,查表7-2,选小链轮齿数 $z_1=21$,则大链轮齿数为 $z_2=iz_1=\dfrac{n_1}{n_2}z_1=\dfrac{700}{250}\times 21=58.8$,取为59。

实际传动比变为:$i=\dfrac{59}{21}=2.81$,从动链轮实际转速为:$n_2'=\dfrac{n_1}{i}=\dfrac{700}{2.81}=249.1$,由此造成的从动轮转速误差为:

$$\dfrac{n_2'-n_2}{n_2}\times100\%=\dfrac{249.1-250}{250}\times100\%=-0.36\%$$

在±5%以内,故允许。

(2) 确定计算功率 P_c

由式(7-3)得:$P_c=\dfrac{K_A K_Z}{K_P}P$。

已知电机功率 $P=7.5$ kW,查表 7-3 得工况系数 $K_A=1.4$,查图 7-10 得小链轮齿数系数 $K_Z=1.25$,选用单排链,故多排链系数 $K_P=1$,所示:

$$\begin{aligned}P_c&=\dfrac{K_A K_Z}{K_P}P\\&=\dfrac{1.4\times1.25}{1}\times7.5\\&=13.125\text{ kW}\end{aligned}$$

(3) 确定链条节距 p

根据计算功率 P_c 和小链轮的转速 n_1,查图 7-9,选择链号为 16 A,其链节距为 25.4 mm。

(4) 确定链条节数 L_p

验证结构要求是否超出最大和最小中心距限制:因 $i=2.81<4$,按标准推荐:

$$\begin{aligned}a_{\min}&=0.2\times z_1\times(i+1)p\\&=0.2\times21\times(2.81+1)\times25.4\\&=406.45\text{ mm}\end{aligned}$$

$$\begin{aligned}a_{\max}&=80p=80\times25.4\\&=2\ 032\text{ mm}\end{aligned}$$

可见结构要求的中心距未超出极限值,故允许。

初取中心距 $a_0=650$ mm,由式(7-5)得链节数为:

$$\begin{aligned}L_p&=\dfrac{2a_0}{p}+\dfrac{z_1+z_2}{2}+\dfrac{p}{a_0}\left(\dfrac{z_2-z_2}{2\pi}\right)^2\\&=\dfrac{2\times650}{25.4}+\dfrac{21+59}{2}+\dfrac{25.4}{650}\left(\dfrac{59-21}{2\pi}\right)^2\\&=92.6\end{aligned}$$

因最好取为偶数,故取 $L_p=92$ 节。

(5) 求实际中心距 a

根据链节数 L_p 由式(7-6)得实际中心距为

$$\begin{aligned}a&=\dfrac{p}{4}\left[\left(L_P-\dfrac{z_1+z_2}{2}\right)+\sqrt{\left(L_P-\dfrac{z_1+z_2}{2}\right)^2-8\left(\dfrac{z_20-z_1}{2\pi}\right)^2}\right]\\&=\dfrac{25.4}{4}\left[\left(92-\dfrac{21+59}{2}\right)+\sqrt{\left(92-\dfrac{21-59}{2}\right)^2-8\left(\dfrac{59-21}{2\pi}\right)^2}\right]\\&=642\text{ mm}\end{aligned}$$

该中心距亦即为结构设计的最大中心距,结构设计条件中允许中心距可调,则中心距的边界值不予计算。

(6) 验算链速 v

$$v = \frac{z_1 p n_1}{60 \times 1\,000} = \frac{21 \times 25.4 \times 700}{60 \times 1\,000}$$
$$= 6.223 \text{ (m/s)} < 15 \text{ (m/s)}$$

符合初始假设,故可行。

(7) 验算小链轮包角 α_1

$$\alpha_1 = 180° - \frac{(z_2 - z_1)p}{\pi a} \times 57.3°$$
$$= 180° - \frac{(59 - 21) \times 25.4}{\pi \times 642} \times 57.3°$$
$$= 152.56° > 120°,合适。$$

(8) 确定润滑方式

已知 $P = 13.125$ kW,$v = 6.223$ m/s,查图 7-11,选择压力供油润滑方式。

(9) 计算作用在轴上的力 F_Q

由式(7-8)知 F_Q 的推荐值为:$F_Q = (1.15 \sim 1.2)K_A F$,

已知工况系数 $K_A = 1.4$,由式(7-7)知有效圆周力

$$F = 1\,000 \times \frac{P_c}{v} = 1\,000 \times \frac{13.125}{6.223} = 2109 \text{ N}$$

故:$F_Q = 1.2 K_A F = 1.2 \times 1.4 \times 2109 = 3543$ N。

设计结果:选用链条 16A-1-92GB/T1243—1997,$a = 642$ mm 且可调,$z_1 = 21$,$z_2 = 59$。

习　题

1. 填空题

(1) 链轮转速越_____,链条节距越_____,链传动中的动载荷越大。

(2) 当链节数为_____数时,必须采用过渡链节联接,此时会产生附加_____。

(3) 滚子链的最主要参数是链的_____,为提高链传动的均匀性,应选用齿数_____的链轮。

(4) 为减小链传动的动载荷,小链轮齿数应选的_____些,为防止链传动过早脱链,小链轮齿数应选的_____些。

(5) 选用链条节距的原则是:在满足传递_____的前提下,尽量选用_____的节距。

(6) 链条节数选择偶数是为了_____。链轮齿数选择奇数是为了_____。

(7) 在链传动布置时,对于中心距较小,传动比较大的传动,应使_____边在上,_____边在下,这主要是为了防止_____。而对于中心距较大,传动比较小的传动,应使紧边在_____,松边在_____,这主要是为了防止_____。

(8) 在设计链传动时,对于高速、重载的传动,应选用_____节距的_____排链;对于低速速、重载的传动,应选用_____节距的_____排链。

(9) 链传动和 V 带传动相比,在工况相同的条件下,作用在轴上的压轴力_____,其原

因是链传动不需要_____。

(10) 链传动张紧的目的是_____。采用张紧轮张紧时,张紧轮应布置在_____边,靠近_____轮,从_____向_____张紧。

2. 简答题

(1) 套筒滚子链已标准化,链号为 20 A 的链条节距 p 等于多少?有一滚子链标记为:10A-2×100GB1243.1—83,试说明它表示什么含义?

(2) 链传动的许用功率曲线是在什么试验条件下得出来的?若设计的链传动与试验的条件不同要进行哪些修正?

(3) 链传动计算时,在什么条件下按许用功率曲线选择传动链?在什么工作条件下应进行链的静强度较核?

(4) 为什么链传动的平均运动速度是个常数,而瞬时运动速度在作周期性变化。这种变化给传动带来什么影响?如何减轻这种影响?

(5) 为什么链轮的节距越大、齿数越少链速的变化就越大?

(6) 链传动设计中,确定小链轮齿数时考虑哪些因素?

(7) 链传动产生动载荷的原因是什么?为减小动载荷应如何选取小链轮的齿数和链条节距?

(8) 链传动张紧的主要目的是什么?链传动怎样布置时必须张紧?

3. 计算题

(1) 已知链条节距 $p=12.7$ mm,主动链轮转速 $n_1=960$ r/min,主动链轮分度圆直径 $d_1=77.159$ mm,求平均链速 v。

(2) 已知链条节距 $p=19.05$ mm,主动链轮齿数 $z_1=23$,转速 $n_1=970$ r/min,试求平均链速 v、瞬时最大链速 v_{max} 和瞬时最小链速 v_{min}。

第 8 章 轮 系

由单对齿轮组成的齿轮机构功能单一,不能满足工程上的复杂要求,故常采用若干对齿轮组成轮系来完成传动要求。

按轮系运动时轴线是否固定,将其分为两大类。

(1) 定轴轮系

轮系运动时,所有齿轮轴线都固定的轮系,称为定轴轮系,如图 8-1 所示。

(2) 周转轮系

轮系运动时,至少有一个齿轮的轴线可以绕另一根齿轮的轴线转动,这样的轮系称为周转轮系。轴线可动的齿轮称为行星轮,如图 8-2 中轮 2,它既绕本身的轴线自转,又绕 O_1 或 O_H 公转;轮 1 与轮 3 的轴线固定不动,称为太阳轮;支撑行星轮的构件 H 称为行星架,或系杆。自由度为 2 的周转轮系称为差动轮系,如图 8-2(a)所示,自由度为 1 的周转轮系称为行星轮系,如图 8-2(b)所示。若轮系中既包含定轴轮系又包含周转轮系,或包含几个周转轮系,则称为复合轮系。

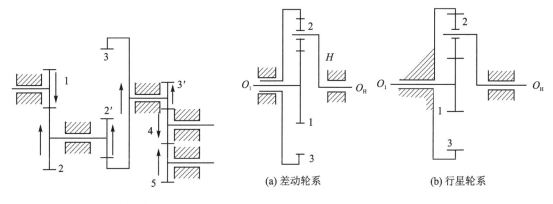

图 8-1 定轴轮系　　　　　　　　图 8-2 周转轮系

8.1 定轴轮系

定轴轮系分为两大类:一类是所有齿轮的轴线都相互平行,称为平面定轴轮系(亦称平行轴定轴轮系);另一类轮系中有相交或交错的轴线,称之为空间定轴轮系(亦称非平行轴定轴轮系)。

轮系中,输入轴与输出轴的角速度或转速之比,称为轮系传动比。

计算传动比时,不仅要计算其数值大小,还要确定输入轴与输出轴的转向关系。对于平行轴定轴轮系,其转向关系用正、负号表示:转向相同用正号,相反用负号。对于空间定轴轮系,各轮转动方向用箭头表示。

8.1.1 平行轴定轴轮系

图 8-1 所示为各轴线平行的定轴轮系,输入轴与主动首轮 1 固联,输出轴与从动末轮 5 固联,所以该轮系传动比,就是输入轴与输出轴的转速比,其传动比 i 求法如下:

① 由图 8-1 所示轮系机构运动简图,可知齿轮动力传递线路为:

$$(1—2) => (2'—3) => (3'—4) => (4—5)$$

上式括号内是一对啮合齿轮,其中轮 1、2′、3′、4 为主动轮,2、3、4、5 为从动轮;以"—"所联两轮表示啮合,以"="所联两轮同轴运转,它们的转速相等。

② 传动比 i 的大小

$$i = \frac{n_1}{n_5} = \frac{n_1}{n_2} \cdot \frac{n_{2'}}{n_3} \cdot \frac{n_{3'}}{n_4} \cdot \frac{n_4}{n_5} = (-1)^3 \frac{z_2}{z_1} \cdot \frac{z_3}{z_2'} \cdot \frac{z_4}{z_3'} \cdot \frac{z_5}{z_4} = i_{12} \cdot i_{2'3} \cdot i_{3'4} \cdot i_{45}$$

上式表明,该定轴齿轮系的传动比等于各对啮合齿轮传动比的连乘积,也等于各对啮合齿轮中各从动轮齿数的连乘积与各主动轮齿数的连乘积之比,其正负号取决于轮系中外啮合齿轮的对数。

当外啮合齿轮为偶数对时,传动比为正号,表示轮系的首轮与末轮的转向相同。外啮合齿轮为奇数对时,传动比为负号,表示首轮与末轮的转向相反。式中(-1)的指数 3 为该齿轮系中外啮合齿轮的对数,传动比 i 为负值,表示轮 1 与轮 5 的转向相反。齿轮系首轮与末轮的相对转向,也可用画箭头的方法来确定和验证,如图 8-1 所示,轮 1 和轮 5 的转向相反。

从传动比 i 的计算式中还可看出,式中分子、分母均有齿轮 4 的齿数 z_4,这是因为齿轮 4 在与齿轮 3′啮合时是从动轮,但在与齿轮 5 啮合时又为主动轮,因此可在等式右边分子分母中互消去 z_4。这说明齿轮 4 的齿数不影响轮系传动比的大小。但齿轮 4 的加入,改变了传动比的正负号,即改变了齿轮系的从动轮转向,这种齿轮称为惰轮。

总结:在平行轴定轴齿轮系中,当首轮轮 1 的转速为 n_1,末轮轮 k 转速为 n_k,则此齿轮系的传动比为:

$$i_{1k} = \frac{n_1}{n_k} = (-1)^m \frac{\text{从 1 轮到 } k \text{ 轮之间所有从动轮齿数的连乘积}}{\text{从 1 轮到 } k \text{ 轮之间所有主动轮齿数的连乘积}} \qquad (8-1)$$

式中,m 为齿轮系中从轮 1 到轮 k 间,外啮合齿轮的对数。

以下举例说明平面定轴齿轮系的传动比计算。

例 8-1 在图 8-1 所示的齿轮系中,已知 $z_1=20$,$z_2=40$,$z_2'=30$,$z_3=60$,$z_3'=25$,$z_4=30$,$z_5=50$,均为标准齿轮传动。若已知轮 1 的转速 $n_1=1\,440$ r/min,试求轮 5 的转速。

解:此定轴齿轮系各轮轴线相互平行,且齿轮 4 为惰轮,齿轮系中有三对外啮合齿轮,由式(8-1)得

$$i = \frac{n_1}{n_5} = (-1)^3 \frac{z_2}{z_1} \cdot \frac{z_3}{z_2'} \cdot \frac{z_4}{z_3'} \cdot \frac{z_5}{z_4} = (-1)^3 \frac{40 \times 60 \times 30 \times 50}{20 \times 30 \times 25 \times 30} = -8$$

$$n_5 = n_1/i = 1440/(-8) = -180 \text{ r/min}$$

负号,表示轮 1 和轮 5 的转向相反。

8.1.2 空间定轴轮系

图 8-3 所示的空间定轴轮系,其传动比的大小仍可用平面定轴齿轮系的传动比计算公式计算,但因各轴线并不全部相互平行,故不能用$(-1)^m$来确定主动轮与从动轮的转向,必须用

画箭头的方式在图上标注出各轮的转向。

一对互相啮合的圆锥齿轮传动时,在其节点处的圆周速度是相同的,所以表示两者转向的箭头不是同时指向啮合点,就是同时背离啮合点。图 8-3 轮系中圆锥齿轮的转向即可按此法判断。至于蜗杆机构的转向判定,则可用蜗杆传动一章所述方法确定。

以下举例说明空间定轴轮系的传动比计算。

例 8-2 图 8-3 所示的轮系中,设已知 $z_1=16, z_2=32, z_2'=20, z_3=40, z_3'=2, z_4=40$,均为标准齿轮传动。已知轮 1 的转速 $n_1=1\ 000$ r/min,试求轮 4 的转速及转动方向。

解: 由式(8-1)得

$$i = \frac{n_1}{n_4} = \frac{z_2}{z_1} \cdot \frac{z_3}{z_2'} \cdot \frac{z_4}{z_3'} = \frac{32 \times 40 \times 40}{16 \times 20 \times 2} = 80$$

$$n_4 = n_1/i = 1\ 000/80 = 12.5 \text{ r/min}$$

轮 4 的转向如图所示应该为逆时针转动。

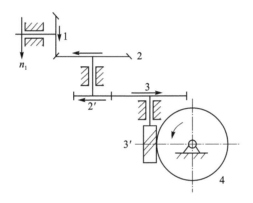

图 8-3 空间定轴轮系

8.2 周转轮系

在图 8-4(a)所示周转轮系中,行星轮 2 既绕本身的轴线自转,又绕 O_1 或 O_H 公转,因此不能直接用定轴轮系传动比计算公式来求解周转轮系的传动比,而通常采用反转法来间接求解其传动比。

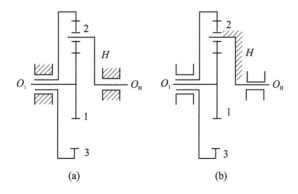

图 8-4 周转轮系和转化轮系

假定周转轮系各齿轮和行星架 H 的转速分别为:n_1、n_2、n_3、n_H。现在整个周转轮系上加上一个与行星架转速大小相等、方向相反的公共转速($-n_H$),将周转轮系转化成一定轴轮系,如图 8-4(b)。再用定轴轮系的传动比计算公式,求解行星轮系传动比。

由相对运动原理可知,对整个周转轮系加上一个公共转速($-n_H$)以后,该齿轮系中各构件之间的相对运动规律并不改变,但转速发生了变化,其变化结果如下:

齿轮 1 的转速 $n_1 \xrightarrow{\text{变成}} (n_1 - n_H) \xrightarrow{\text{记作}} n_1^H$

齿轮 2 的转速 $n_2 \longrightarrow (n_2 - n_H) \longrightarrow n_2^H$

齿轮 3 的转速 $n_3 \longrightarrow (n_3 - n_H) \longrightarrow n_3^H$

行星架 H 的转速 $n_H \longrightarrow (n_H - n_H) \longrightarrow 0$

既然该齿轮系的反转机构是定轴齿轮系,如图 8-4(b)所示,所以轮 1 和 3 间的传动比可表达为:

$$i_{13}^H = \frac{n_1^H}{n_3^H} = \frac{n_1 - n_H}{n_3 - n_H} = (-1)^1 \frac{z_2 z_3}{z_1 z_2} = -\frac{z_3}{z_1}$$

式中,i_{13}^H 表示反转机构中轮 1 与轮 3 相对于行星架 H 的传动比。其中"$(-1)^1$"号表示在反转机构中有一对外啮合齿轮传动,传动比为负说明:轮 1 与轮 3 在反转机构中的转向相反。

一般情况下:若周转轮系由多个齿轮构成,则传动比求法为:

① 求传动比大小

$$i_{1k}^H = \frac{n_1^H}{n_k^H} = \frac{n_1 - n_H}{n_k - n_H} = \frac{\text{从 1 轮到 } k \text{ 轮之间所有从动轮齿数的连乘积}}{\text{从 1 轮到 } k \text{ 轮之间所有主动轮齿数的连乘积}} \quad (8-2)$$

注意公式中齿轮 1、齿轮 k 与行星架 H 的轴线要平行。

② 再确定传动比符号

标出反转机构中各个齿轮的转向,来确定传动比符号。当轮 1 与轮 k 的转向相同,取"+"号,反之取"-"号。

以下举例说明周转轮系的传动比计算。

例 8-3 图 8-5 所示的轮系中,已知 $z_1=100, z_2=101, z_2'=100, z_3=99$,均为标准齿轮传动。试求 i_{H1}。

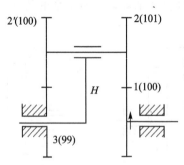

图 8-5 行星减速器中的轮系

解: 由式(8-2)得

$$i_{13}^{\text{H}} = \frac{n_1^{\text{H}}}{n_3^{\text{H}}} = \frac{n_1 - n_{\text{H}}}{n_3 - n_{\text{H}}} = \frac{z_2 z_3}{z_1 z_2'}$$

因 $n_3 = 0$

故有 $$\frac{n_1 - n_{\text{H}}}{0 - n_{\text{H}}} = \frac{z_2 z_3}{z_1 z_2'}$$

$$i_{1\text{H}} = \frac{n_1}{n_{\text{H}}} = 1 - \frac{z_2 z_3}{z_1 z_2'} = 1 - \frac{101 \times 99}{100 \times 100} = \frac{1}{10\,000}$$

所以 $$i_{\text{H}1} = \frac{n_{\text{H}}}{n_1} = \frac{1}{i_{1\text{H}}} = 10\,000$$

若 $z_1 = 100, z_2 = 101, z_2' = 100, z_3 = 100$,则

$$i_{13}^{\text{H}} = \frac{n_1^{\text{H}}}{n_3^{\text{H}}} = \frac{n_1 - n_{\text{H}}}{n_3 - n_{\text{H}}} = \frac{z_2 z_3}{z_1 z_2'}$$

$n_3 = 0$

$$\frac{n_1 - n_{\text{H}}}{0 - n_{\text{H}}} = \frac{z_2 z_3}{z_1 z_2'}$$

$$i_{1\text{H}} = \frac{n_1}{n_{\text{H}}} = 1 - \frac{z_2 z_3}{z_1 z_2'} = 1 - \frac{101 \times 100}{100 \times 100} = -\frac{1}{100}$$

$$i_{\text{H}1} = \frac{n_{\text{H}}}{n_1} = \frac{1}{i_{1\text{H}}} = -100$$

例 8-4 图 8-6 所示的轮系中,已知 $z_1 = 40, z_2 = 40, z_3 = 40$,均为标准齿轮传动。试求 i_{13}^{H}。

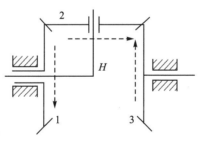

图 8-6 锥齿轮组成的轮系

解:由式(8-2)得

$$i_{13}^{\text{H}} = \frac{n_1^{\text{H}}}{n_3^{\text{H}}} = \frac{n_1 - n_{\text{H}}}{n_3 - n_{\text{H}}} = -\frac{z_2 z_3}{z_1 z_2} = -\frac{z_3}{z_1} = -1$$

其"-"号表示轮1与轮3在反转机构中的转向相反。

8.3 复合轮系

由定轴轮系和周转轮系,或是由几个周转轮系组成的轮系称为复合轮系,如图 8-7 所示。

计算复合轮系传动比时,必须先将轮系分解成周转轮系和定轴轮系,然后分别按周转轮系传动比和定轴轮系传动比列计算公式,最后联立求解。

复合轮系分解方法是,先找出各周转轮系,余下的便是定轴轮系。图 8-7 所示的复合轮

系,按行星轮轴线可转的特征,找到由行星架 H 支承的行星轮 3,以行星轮 3 为核心,与其相啮合的有太阳轮 $2'$ 和 4。

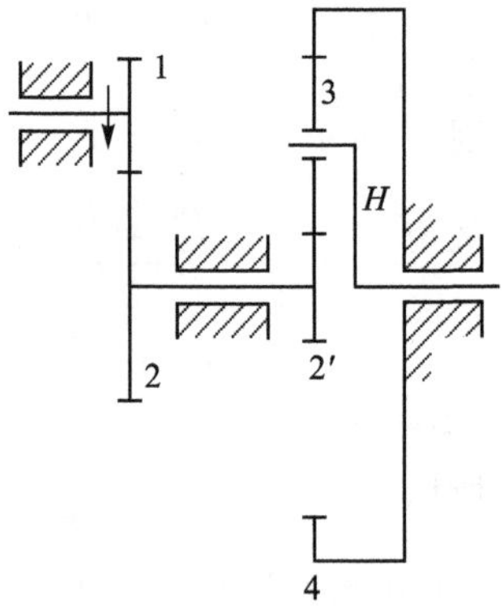

例 8-5 在图 8-7 所示的齿轮系中,已知 $z_1=20, z_2=40, z_2'=20, z_3=30, z_4=60$,均为标准齿轮传动。试求 i_{1H}。

解:(1) 分析轮系

由图可知该轮系为一平面定轴轮系与一简单行星轮系组成,其中行星轮系:$2'$—3—4—H;定轴轮系:1—2。

(2) 分析轮系中各轮之间的内在关系,由图中可知
$$n_4 = 0, \quad n_2 = n_{2'}$$

图 8-7 复合轮系

(3) 分别计算各轮系传动比

① 定轴齿轮系

由式(8-1)得
$$i_{12} = \frac{n_1}{n_2} = (-1)^1 \frac{z_2}{z_1} = -\frac{40}{20} = -2$$
$$n_1 = -2n_2$$

② 行星轮系

由式(8-2)得
$$i_{2'4}^H = \frac{n_{2'}^H}{n_4^H} = \frac{n_{2'} - n_H}{n_4 - n_H} = -\frac{z_4 z_3}{z_3 z_{2'}} = -\frac{60}{20} = -3$$

③ 联立求解

联立(1)、(2)式,代入 $n_4 = 0, n_2 = n_2'$ 得
$$\frac{n_2 - n_H}{0 - n_H} = -3$$
$$n_1 = -2n_2$$

所以
$$i_{1H} = \frac{n_1}{n_H} = \frac{-2n_2}{\frac{n_2}{4}} = -8$$

传动比 i_{1H} 为负号,说明系杆 H 与齿轮 1 的转向相反。

8.4 轮系的功用

轮系广泛用于各种机械设备中,其功用如下:

(1) 传递相距较远的两轴间的运动和动力

当两轴间的距离较大时,用轮系传动,则减少齿轮尺寸,节约材料,且制造安装都方便。如图 8-8 所示。

(2) 可获得大的传动比

一般一对定轴齿轮的传动比不宜大于 5~7。为此,当需要获得较大的传动比时,可用几个齿轮组成周转轮系或复合轮系来达到目的。不仅外廓尺寸小,且小齿轮不易损坏。如例 8-3

所述的简单周转轮系。

(3) 可实现变速传动

在主动轴转速不变的条件下,从动轴可获得多种转速。汽车、机床、起重设备等多种机器设备都需要变速传动。图 8-9 为最简单的变速传动。

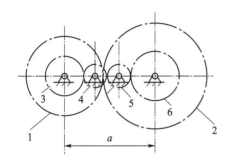

图 8-8 大距离传动轮系

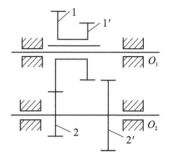

图 8-9 变速器中的轮系

图 8-9 中主动轴 O_1 转速不变,移动双联齿轮 1—1′,使之与从动轴上两个齿数不同的齿轮 2、2′ 分别啮合,即可使从动轴 O_2 获得两种不同的转速,达到变速的目的。

(4) 变向传动

当主动轴转向不变时,可利用轮系中的惰轮来改变从动轴的转向。如图 8-1 中的轮 4,通过改变外啮合的次数,达到使从动轮 5 变向的目的。

(5) 运动合成、分解

如例 8-4 所示

$$i_{13}^H = \frac{n_1^H}{n_3^H} = \frac{n_1 - n_H}{n_3 - n_H} = -\frac{z_2 z_3}{z_1 z_2} = -\frac{z_3}{z_1} = -1$$

$$2n_H = n_1 + n_3$$

上式表明,1、3 两构件的运动可以合成为 H 构件的运动;也可以在 H 构件输入一个运动,分解为 1、3 两构件的运动。这类轮系称为差速器。

图 8-10 为船用航向指示器传动装置,它是运动合成的实例。

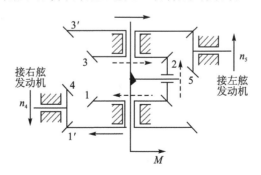

图 8-10 船用航向指示器传动装置

太阳轮 1 的传动由右舷发动机通过定轴轮系 4—1′ 传过来;太阳轮 3 的传动由左舷发动机通过定轴轮系 5—3′ 传过来。当两发动机转速相同,航向指针不变,船舶直线行驶。当两发动机的转速不同时,船舶航向发生变化,转速差越大,指针 M 偏转越大,即航向转角越大,航向变化越大。图 8-11 所示汽车差速器是运动分解的实例。当汽车直线行驶时,左、右两轮转速相同,行星轮不发生自转,齿轮 1、2、3 作为一个整体,随齿轮 4 一起转动,此时 $n_1 = n_3 = n_4$。当汽车拐弯时,为了保证两车轮与地面作纯滚动,显然左、右两车轮走的距离应不相同,即要求左、右轮的转速也不相同。此时,可通过差速器(1、2、3)轮和(1、2′、3)轮将发动机传到齿轮 5 的转速分配给后面的左、右轮,实现运动分解。

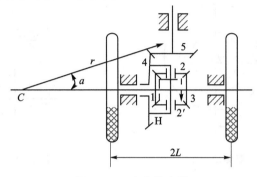

图 8-11 汽车差速器

(6) 其他应用:
① 图 8-12 所示为时钟系统轮系。
② 图 8-13 所示为机械式运算机构。

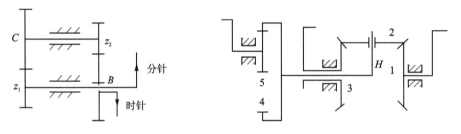

图 8-12 时钟系统轮系　　　图 8-13 机械式运算机构

在图 8-12 所示的齿轮系中,C、B 两轮的模数相等,均为标准齿轮传动。当给出适当的 z_1,z_2,C、B 各轮的齿数时,可以实现分针转 12 圈,而时针转 1 圈的计时效果。

图 8-13 所示的机构,利用差动轮系,由轮 1、轮 3 输入两个运动,合成轮 5 的一个运动输出。

*8.5　几种特殊的行星传动简介

本节介绍几种特殊行星传动的原理、结构和应用。它们的基本原理与周转轮系相同,只是太阳轮固定,行星轮的运动由输出轴同步输出。

8.5.1　少齿差行星齿轮传动

图 8-14 为少齿差行星齿轮传动机构的运动简图,该机构由固定太阳轮 1、行星轮 2、行星架 H(输入轴)、输出轴 X、机架以及等速比机构 M 组成。其中等速比机构的功能,是将轴线可动的行星轮 2 的运动,同步地传送给轴线固定的 X 轴,以便将运动和动力输出。

其传动比为：

$$i_{12}^H = \frac{n_1 - n_H}{n_2 - n_H} = \frac{z_2}{z_1}$$

因

$$n_1 = 0$$

$$\frac{0 - n_H}{n_2 - n_H} = \frac{z_2}{z_1}$$

得

$$i_{H2} = -\frac{z_2}{z_1 - z_2} \tag{8-3}$$

由式(8-3)可以知道，齿数差($z_1 - z_2$)值越小，则传动比越大。

少齿差行星齿轮传动机构，按齿廓形状可以分为，采用渐开线作齿廓的渐开线少齿差行星齿轮传动和采用摆线作齿廓的摆线少齿差行星齿轮传动。

图8-15为摆线少齿差行星齿轮传动示意图，行星轮2采用摆线作齿廓，与渐开线少齿差行星齿轮传动相比，制造和装配难度增大，固定太阳轮1的齿形，在理论上呈针状，实际上制成滚子，固定在壳体上，称为针轮，故这种传动又称为摆线针轮行星传动。

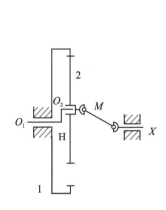

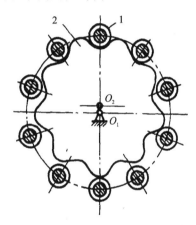

图8-14 少齿差行星齿轮传动机构　　　　图8-15 摆线少齿差行星齿轮传动

摆线少齿差行星齿轮传动的齿数差($z_1 - z_2$)为1，单级传动比可达9~87，啮合齿数多，摩擦、磨损小，承载能力强。

少齿差行星齿轮传动机构，结构紧凑，传动比大。渐开线少齿差行星齿轮传动适用于中、小型动力传动，在轻工、化工等机械中广泛应用；摆线少齿差行星齿轮传动在军工、冶金、造船等工业机械中广泛应用。

8.5.2 谐波齿轮传动

图8-16是谐波齿轮传动示意图。它主要由谐波发生器H（相当于行星架H）、刚轮1（相当于太阳轮）和柔轮2（相当于行星轮）组成。

柔轮2是一个容易变形的外齿圈，刚轮1是一个刚性内齿圈，它们的齿距相等，但柔轮2比刚轮1少一个或几个齿。谐波发生器由一个转臂和几个滚子组成。通常谐波发生器H为输入端，柔轮2为输出端，刚轮1固定不动。

把谐波发生器H装入柔轮2内后，当谐波发生器H转动时，因为柔轮2的内孔径略小于谐波发生器 H 的长度，所以迫使柔轮产生弹性变形而呈椭圆形状。椭圆长轴两端轮齿进入啮合，而短轴两端轮齿脱开，其余处的轮齿处于过渡状态。随着波发生器回转，柔轮长、短轴位置不断周期性的变化，轮齿啮合位置也不断周期性的变化，由于刚轮不动，且刚轮的齿数大于柔轮齿数，导致柔轮转动，并由柔轮直接将运动输出。

谐波齿轮传动与摆线针轮行星齿轮传动相比，除传动比大、体积小、重量轻外，因不需等角速比机构，故大大简化了结构，密封性好；由于同时参加啮合的齿数很多，故承载能力强，传动平稳。

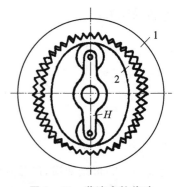

图 8-16 谐波齿轮传动

由于柔轮周期性变形，容易发热和疲劳，故要求柔轮的抗疲劳强度高、热处理性能要好。谐波齿轮传动已广泛应用于仪表、船舶、能源及军事装备中。

习 题

1. 简答题

(1) 轮系比单对齿轮，在功能方面有哪些扩展？

(2) 定轴轮系传动比的正、负号代表什么意思？什么情况下可用正、负号，什么情况下不可用正、负号？

(3) 定轴轮系的齿轮转向和周转轮系转化轮系的转向有什么区别？定轴轮系传动比和周转轮系转化轮系传动比有什么区别？

(4) i_{13} 与 i_{13}^{H} 有什么不同？

2. 计算题

(1) 如图 8-17 所示周转轮系中，已知：$z_1 = z_2 = 30, z_3 = 90, n_1 = 1$ r/min，$n_3 = -1$ r/min（设逆时针为正）。求：n_H 及 i_{1H}。

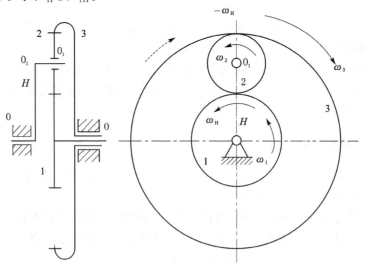

图 8-17 第(1)题图

(2) 如图 8-18 所示的双排外啮合行星轮系中,已知各轮齿数 $z_1=100$、$z_2=101$、$z_2'=100$、$z_3=99$。试求传动比 i_{H1}。

3. 如图 8-19 所示的轮系中,设已知各轮齿数,$n_1=300$ r/min。试求行星架 H 的转速 n_H 的大小和转向。

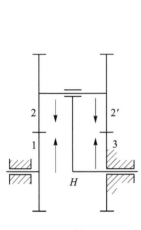

图 8-18 第(2)题图

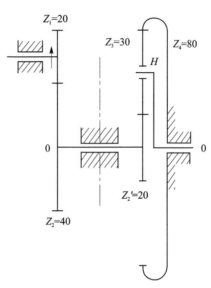

图 8-19 第(3)题图

第 9 章　其他常用机构

其他常用机构还有螺旋机构、间歇传动机构等。主动件作连续转动、往复摆动或移动,而从动件随之出现周期性停歇状态的机构称为间歇运动机构。间歇运动机构在自动生产线的转位机构、步进机构、计数装置和许多复杂的轻工机械中有着广泛的应用。本章主要介绍螺旋机构与各类间歇运动机构的工作原理、运动特性和应用情况。

9.1　螺旋机构

9.1.1　螺旋机构的工作原理和类型

由螺旋副联接相邻构件而成的机构称为螺旋机构。常用的螺旋机构除螺旋副外还有转动副和移动副。图 9-1 所示为最简单的三构件螺旋机构。其中构件 1 为螺杆,构件 2 为螺母,构件 3 为机架。在图 9-1(a)中 B 为螺旋副,其导程为 p_B,A 为转动副,C 为移动副。当螺杆 1 转过角 φ 时,螺母 2 的位移 s 为

$$s = p_B \frac{\varphi}{2\pi} \tag{9-1}$$

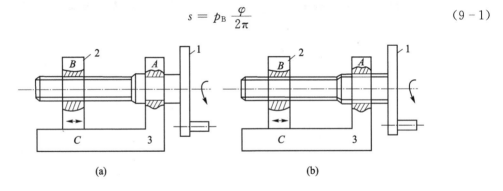

图 9-1　三构件螺旋机构

若图 9-1(a)中的 A 也是螺旋副,其导程为 p_A,且螺旋方向与螺旋副 B 相同,则可得图 9-1(b)所示机构。这时,当螺杆 1 回转角 φ 时,螺母 2 的位移 s 为两个螺旋副移动量之差,即

$$s = (p_A - p_B) \frac{\varphi}{2\pi} \tag{9-2}$$

由上式可知,若 p_A 和 p_B 近于相等时,则位移 s 可以极小。这种螺旋机构称为差动螺旋机构。如果图 9-1(b)所示螺旋机构的两个螺旋方向相反而导程的大小相等,那么,螺母 2 的位移为

$$s = (p_A + p_B) \frac{\varphi}{2\pi} = 2p_A \frac{\varphi}{2\pi} \tag{9-3}$$

由上式可知,螺母 2 的位移是螺杆 1 位移的两倍,也就是说,可以使螺母 2 产生快速移动。这种螺旋机构称为复式螺旋机构。

9.1.2 螺旋机构的特点和应用

螺旋机构结构简单、制造方便,它能将回转运动变换为直线运动。运动准确性高,降速比大,可传递很大的轴向力,工作平稳、无噪音,有自锁作用,但效率低,需有反向机构才能反向传动。

螺旋机构在机械工业、仪器仪表、工装、测量工具等用得较广泛。如螺旋压力机、千斤顶、车床刀架和工作台的丝杠、台钳、车厢联接器、螺旋测微器等。

图 9-2 所示为压榨机构。螺杆 1 两端分别与螺母 2、3 组成旋向相反导程相同的螺旋副 A 与 B。根据复式螺旋原理,当转动螺杆 1 时,螺母 2 与 3 很快地靠近,再通过连杆 4、5 使压板 6 向下运动,以压榨物件。

图 9-3 所示为台钳定心夹紧机构。它由平面夹爪 1 和 V 型夹爪 2 组成定心机构。螺杆 3 的 A 端是右旋螺纹,导程为 p_A,B 端为左旋螺纹,导程为 p_B,该螺杆是导程不同的复式螺旋。当转动螺杆 3 时,夹爪 1 与 2 夹紧工件 5,并能适应不同直径工件的准确定心。

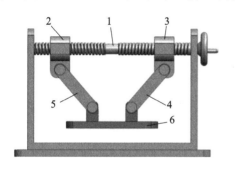

图 9-2 压榨机构

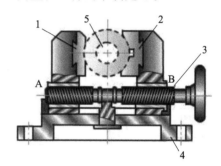

图 9-3 台钳定心夹紧机构

9.2 棘轮结构

9.2.1 棘轮机构的工作原理和类型

如图 9-4(a)所示,棘轮机构是由摇杆 1、棘轮 3、棘爪 4、止回棘爪 5 及机架组成。主动杆 1 空套在与棘轮 3 固连的从动轴上。驱动棘爪 4 与主动杆 1 用转动副 A 相联。当主动杆 1 逆时针方向转动时,驱动棘爪 4 便插入棘轮 3 的齿槽,使棘轮跟着转过某一角度。这时止回棘爪 5 在棘轮的齿背上滑过。当杆 1 顺时针方向转动时,止回棘爪 5 阻止棘轮发生顺时针方向转动,同时棘爪 4 在棘轮的齿背上滑过,所以此时棘轮静止不动。这样,当杆 1 作连续的往复摆动时,棘轮 3 和从动轴便作单向的间歇转动。杆 1 的摆动可由凸轮机构、连杆机构或电磁装置等得到。

按照结构特点,常用的棘轮机构有下列两大类。

1. 轮齿式棘轮机构

轮齿式棘轮机构有外啮合(见 9-4(a))、内啮合(见 9-4(b))两种型式。当棘轮的直径为无穷大时,变为棘条,如图 9-4(c)所示,此时棘轮的单向转动变为棘条的单向移动。

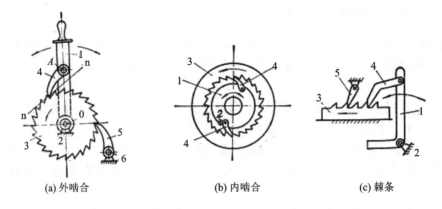

图 9-4 轮齿式棘轮机构

根据棘轮的运动形式又可分为：

① 单动式棘轮机构，如图 9-4 所示，它的特点是摇杆向一个方向摆动时，棘轮沿同方向转过某一角度；而摇杆反向摆动时，棘轮静止不动。

② 双动式棘轮机构，如图 9-5 所示，当摇杆往复摆动时，都能使棘轮沿单一方向转动。单向式棘轮采用的是不对称齿形，常用的有锯齿形齿（图 9-6(a)）、直线形三角齿（图 9-6(b)）及圆弧形三角齿（图 9-6(c)）。

③ 可变向棘轮机构，如图 9-7 所示，它的特点是当棘爪 1 在图示位置时，棘轮 2 沿逆时针方向间歇运动；若将棘爪提起（销子拔出），并绕本身轴线转 180°后放下（销子插入），则可实现棘轮沿顺时针方向间歇运动。

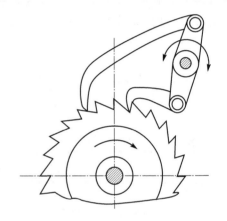

图 9-5 双动式棘轮机构

可变向的棘轮一般采用矩形齿，如图 9-6(d)所示。

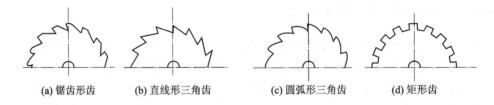

图 9-6 不对称齿形

轮齿式棘轮机构在回程时，棘爪在齿面上滑过，故有噪音，平稳性较差，且棘轮的步进转角又较小。如要调节棘轮的转角，可以改变棘爪的摆角或改变拨过棘轮齿数的多少。如图 9-8 所示，在棘轮上加一遮板，变更遮板的位置，即可使棘爪行程的一部分在遮板上滑过，不与棘轮的齿接触，从而改变棘轮转角的大小。

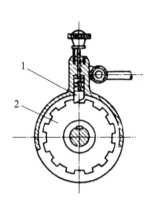
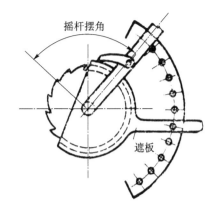

图 9-7 可变向棘轮机构　　　图 9-8 带遮板棘轮机构

2. 摩擦式棘轮机构

图 9-9 所示为摩擦式棘轮机构，它的工作原理与轮齿式棘轮机构相同，只不过用偏心扇形块代替棘爪，用摩擦轮代替棘轮。当杆 1 逆时针方向摆动时，扇形块 2 楔紧摩擦轮 3 成为一体，使轮 3 也一同逆时针方向转动，这时止回扇形块 4 打滑；当杆 1 顺时针方向转动时，扇形块 2 在轮 3 上打滑，这时止回扇形块 4 楔紧，以防止 3 倒转。这样当杆 1 作连续反复摆动时，轮 3 便得到单向的间歇运动。

常用的摩擦式棘轮机构如图 9-10 所示，当构件 1 顺时针方向转动时，由于摩擦力的作用使滚子 2 楔紧在构件 1、3 的狭隙处，从而带动构件 3 一起转动；当构件 1 逆时针方向转动时，滚子松开，构件 3 静止不动。

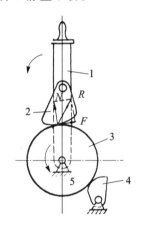
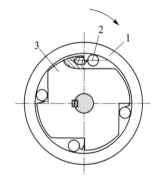

图 9-9 摩擦式棘轮机构　　　图 9-10 常用的摩擦式棘轮机构

9.2.2 棘轮机构的优、缺点和应用

轮齿式棘轮机构运动可靠，从动棘轮的转角容易实现有级的调节，但在工作过程中有噪声和冲击，棘齿易磨损，在高速时尤其严重，所以常用在低速、轻载下实现间歇运动。例如在图 9-11 所示的牛头刨床工作台的横向进给机构中，运动由一对齿轮传到曲柄 1，再经连杆 2 带动摇杆 3 作往复摆动；摇杆 3 上装有棘爪，从而推动棘轮 4 作单向间歇转动；由于棘轮与螺

杆固连,从而又使螺母 5(工作台)作进给运动。若改变曲柄的长度,就可以改变棘爪的摆角,以调节进给量。

图 9-12 所示为 Z7105 钻孔攻丝机的棘轮转位机构。蜗杆 1 经蜗轮 2 带动分配轴上的定位凸轮 3,使摆杆 4 上的定位块离开定位盘 5 以上的 V 形槽,这时分度凸轮 6 推动杠杆 7 带动连杆 8,装在连杆 8 上的棘爪便推动棘轮 9 顺时针方向转动,从而使工作盘 10 实现转位运动。转位完毕,定位凸轮 3 和拉簧 11 使定位块再次插入定位盘 5 的 V 形槽中进行定位。

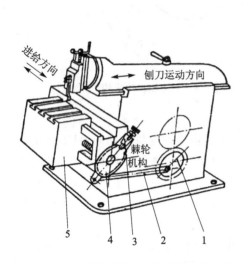
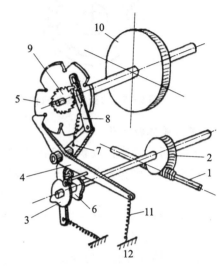

图 9-11　牛头刨床工作台的横向进给机构　　图 9-12　Z7105 钻孔攻丝机的棘轮转位机构

棘轮棘爪机构还可以用来实现快速的超越运动。如图 9-13 所示,运动由蜗杆 1 传到蜗轮 2,通过装在蜗轮 2 上的棘爪 3 使棘轮 4 逆时针方向转动,棘轮与输出轴 5 固连,由此得到轴 5 的慢速转动。当需要轴 5 快速转动时,可逆时针转动手轮,这时由于手动速度大于由蜗轮蜗杆传动的速度,所以棘爪在棘轮上打滑,从而在蜗杆蜗轮继续转动的情况下,可用快速手动来实现超越运动。

此外,棘轮机构还可以用来做计数器。如图 9-14 所示,当电磁铁 1 的线圈通入脉冲直流信号电流时,电磁铁吸动衔铁 2,把棘爪 3 向右拉动,棘爪在棘轮 5 的齿上滑过;当断开信号电流时,借助弹簧 4 的恢复力作用,使棘爪向左推动,这时棘轮转过一个齿,表示计入一个数字,重复上述动作,便可实现计数功能。

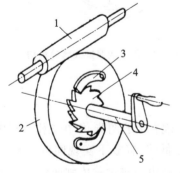
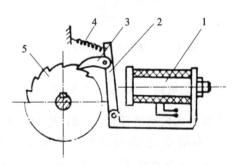

图 9-13　实现快速超越运动的棘轮机构　　图 9-14　计数棘轮机构

在起重机、绞盘等机械装置中，还常利用棘轮机构使提升的重物能停止在任何位置上，以防止由于停电等原因造成事故。

摩擦式棘轮机构传递运动较平稳，无噪音，从动构件的转角可作无级调节，常用来做超越离合器，在各种机械中实现进给或传递运动。但运动准确性差，不宜用于运动精度要求高的场合。

9.3 槽轮机构

9.3.1 槽轮机构的工作原理和类型

如图 9-15 所示，槽轮机构由具有径向槽的槽轮 2 和具有圆销的构件 1 以及机架所组成。当构件 1 的圆销 G 未进入槽轮 2 的径向槽时，由于槽轮 2 的内凹锁住弧 S_2 被构件 1 的外凸圆弧 S_1 卡住，故槽轮 2 静止不动。图 9-15 所示为圆销 G 开始进入槽轮径向槽的位置，这时锁住弧 S_2 被松开，因而圆销 G 能驱使槽轮沿与构件 1 相反的方向转动。当圆销 G 开始脱出槽轮的径向槽时，槽轮的另一内凹锁住弧又被构件 1 的外凸圆弧卡住，致使槽轮 2 又静止不动，直至构件 1 的圆销 G 再进入槽轮 2 的另一径向槽时，两者又重复上述的运动循环。这样，当主动构件 1 作连续转动时，槽轮 2 便得到单向的间歇转动。

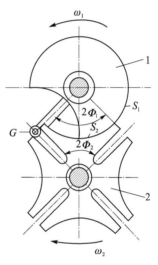

图 9-15 槽轮机构

平面槽轮机构有两种型式：一种是外槽轮机构，如图 9-15 所示，其槽轮上径向槽的开口是自圆心向外，主动构件与槽轮转向相反；另一种是内槽轮机构，如图 9-16 所示，其槽轮上径向槽的开口是向着圆心的，主动构件与槽轮的转向相同，这两种槽轮机构都用于传递平行轴的运动。

图 9-17 所示为球面槽轮机构，它是用于传递两垂直相交轴的间歇运动机构，从动槽轮 2 呈半球形，主动构件 1 的轴线与销 3 的轴线都通过球心 O，当主动构件 1 连续转动时，球面槽轮 2 得到间歇转动。

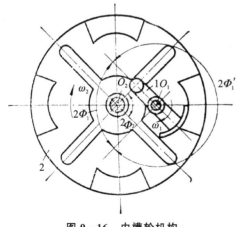

图 9-16 内槽轮机构

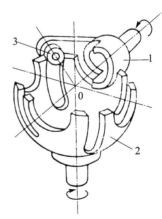

图 9-17 球面槽轮机构

9.3.2 槽轮机构的运动系数

在图 9-15 所示的外槽轮机构中,为了使槽轮开始转动瞬时和终止转动瞬时的角速度为零,以避免刚性冲击,圆销开始进入径向槽或自径向槽脱出时,径向槽的中心线应切于圆销中心运动的圆周,因此,设 z 为均匀分布的径向槽数,则由图 9-15 得槽轮 2 转动时构件 1 的转角 $2\phi_1$ 为

$$2\phi_1 = \pi - 2\phi_2 = \pi - \frac{2\pi}{z}$$

在一个运动循环内,槽轮 2 运动的时间 t_d,与构件 1 运动的时间 t 之比称为运动系数 τ。当构件 1 等速转动时,这个时间比可以用转角比来表示。对于只有一个圆销的槽轮机构,t_d 和 t 各对应于构件 1 回转 $2\phi_1$ 和 2π,因此,槽轮机构的运动系数 τ 为

$$\tau = \frac{t_d}{t} = \frac{2\phi_1}{2\pi} = \frac{\pi - \frac{2\pi}{z}}{2\pi} = \frac{z-2}{2z} \tag{9-4}$$

由于运动系数 τ 必须大于零(因 $\tau=0$ 表示槽轮始终不动),所以由上式可知,径向槽的数目 z 应大于 2。又由式(9-4)可知,这种槽轮机构的运动系数总小于 0.5,也就是说,槽轮运动的时间总小于静止的时间。

如果主动构件 1 装上若干个圆销,则可以得到 $\tau>0.5$ 的槽轮机构。设均匀分布的圆销数目为 k,则此时槽轮在一个循环中的运动时间比只有一个圆销时增加 k 倍,因此

$$\tau = \frac{kt_d}{t} = \frac{k(z-2)}{2z} \tag{9-5}$$

由于运动系数 τ 应小于 1(因 $\tau=1$ 表示槽轮 2 与构件 1 一样作连续转动,不能实现间歇运动),所以由上式得

$$k < \frac{2z}{z-2} \tag{9-6}$$

由式(9-6)可算出槽轮槽数确定后所允许的圆销数。例如当 $z=3$ 时,圆销的数目可为 1 至 5;当 $z=4$ 或 5 时,圆销的数目可为 1 至 3;又当 $z\geqslant 6$ 时,圆销的数目可为 1 至 2。

图 9-18 所示为 $z=4$ 及 $k=2$ 的外槽轮机构,它的运动系数 $\tau=0.5$,即槽轮运动的时间与静止的时间相等。这时,除了径向槽和圆销都是均匀分布外,两圆销至轴 O_1 的距离也是相等的。

在主动构件等速转动期间,如果要使槽轮每次停歇的时间不相等,则主动构件 1 上的圆销应作不均匀分布;如果要使槽轮每次运动时间不相等,则应使圆销的回转半径不相等。图 9-19 所示为在主动构件等速转动时槽轮每次停歇和运动的时间均不相等的槽轮机构。

对于图 9-16 所示的内槽轮机构,当槽轮 2 运动时,构件 1 所转过角度 $2\phi'_1$ 为

$$2\phi'_1 = 2\pi - 2\phi_1 = 2\pi - (\pi - 2\phi_2) = \pi + 2\phi_2 = \pi + \frac{2\pi}{z}$$

所以运动系数 τ 为

$$\tau = \frac{2\phi'_1}{2\pi} = \frac{z+2}{2z} = \frac{1}{2} + \frac{1}{z} \tag{9-7}$$

由上式可知,内槽轮机构的运动系数总大于 0.5。又因 τ 应小于 1,所以 $z>2$,也就是说径向槽的数目最少应为 3,内槽轮机构永远只可以用一个圆销,因为根据

$$\tau = \frac{2\phi_1'}{2\pi}k = \frac{k(z+2)}{2z} < 1, \quad k < \frac{2z}{z+2}$$

则当 z 等于或大于 3 时，k 总小于 2。

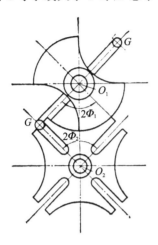

图 9-18 外槽轮机构

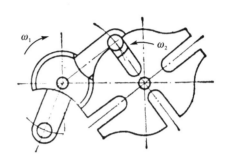

图 9-19 时间不相等的槽轮机构

9.3.3 槽轮机构的优、缺点和应用

槽轮机构结构简单，工作可靠，在进入和脱离啮合时运动较平稳，能准确控制转动的角度。但槽轮的转角大小不能调节，而且在槽轮转动的始、末位置加速度变化较大，所以有冲击。

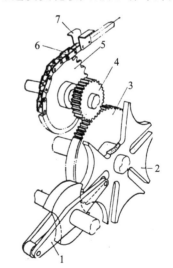

槽轮机构一般应用在转速不高的间歇转动装置中。例如在电影放映机中，用槽轮间歇地移动影片；在自动机中，用以间歇地转动工作台或刀架。图 9-20 中的自动传送链装置。运动由主动构件 1 传给槽轮 2，再经一对齿轮 3、4 使与齿轮 4 固连的链轮 5 作间歇转动，从而得到传送链 6 的间歇移动，传送链上装有装配夹具的安装支架 7，故可满足自动线上的流水装配作业要求。

在实际应用中，常常需要槽轮轴转角大于或小于 $\frac{2\pi}{z}$，这时可在槽轮轴与输出轴之间增加一级齿轮传动，如图 9-20 所示。如果是减速齿轮传动，则输出轴每次转角小于 $\frac{2\pi}{z}$；如果是增速齿轮传动，则输出轴每次转角大于 $\frac{2\pi}{z}$，改变齿轮的传动比就可以改变输出轴

图 9-20 自动传送链装置

的转角。同时，增加一级齿轮传动还可以使槽轮转位所产生的冲击主要由中间轴吸收，使运转更为平稳。

9.4 不完全齿轮机构

9.4.1 不完全齿轮机构的工作原理和类型

不完全齿轮机构是由普通渐开线齿轮机构演化而成的一种间歇运动机构。它与普通渐开线齿轮机构不同之处是轮齿不布满整个圆周,如图 9-21 所示。图示当主动轮 1 转一周时,从动轮 2 转六分之一周,从动轮每转停歇 6 次。当从动轮停歇时,主动轮 1 上的锁住弧 S_1 与从动轮 2 上的锁住弧 S_2 互相配合锁住,以保证从动轮停歇在预定的位置。

不完全齿轮机构的类型有:外啮合(图 9-21)、内啮合(9-22)。与普通渐开线齿轮一样,外啮合的不完全齿轮机构两轮转向相反;内啮合的不完全齿轮机构两轮转向相同。当轮 2 的直径为无穷大时,变为不完全齿轮齿条,如图 9-23 所示,这时轮 2 的转动变为齿条的移动。

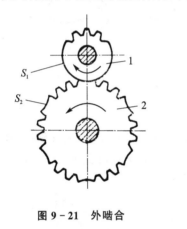

图 9-21 外啮合

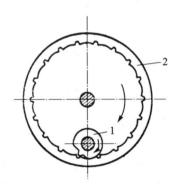

图 9-22 内啮合

9.4.2 不完全齿轮机构的优、缺点和应用

不完全齿轮机构与槽轮机构相比,其从动轮每转一周的停歇时间、运动时间及每次转动的角度变化范围都较大,设计较灵活。但其加工工艺较复杂,而且从动轮在运动的开始与终止时冲击较大,故一般用于低速、轻载的场合,如在自动机和半自动机中用于工作台的间歇转位,以及要求具有间歇运动的进给机构、计数机构等。

图 9-23 所示为插秧机的秧箱移行机构。该机构由与摆杆固连的棘爪 1、棘轮 2、与棘轮固连的不完全齿轮 3、上下齿条 4(秧箱)组成。当构件 1 顺时针方向摆动时,2、3 不动,秧箱 4 停歇,这时秧爪(图中未示出)取秧;当取秧完毕,构件 1 逆时针方向摆动,2 与 3 一同逆时针方向转动,3 与上齿条 4 啮合,使 4 向左移动,即秧箱向左移动。当秧箱移到终止位置(如图示位置),轮 3 与下齿条 4 啮合,使秧箱自动换向向右移动。

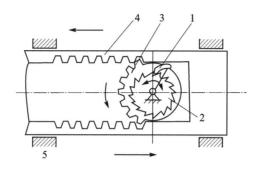

图 9-23 插秧机的秧箱移行机构

习 题

1. 简答题

(1) 举例说明差动螺旋和复式螺旋的应用。

(2) 比较不完全齿轮机构与普通渐开线齿轮机构在啮合过程中的异同点。

(3) 比较本章所述几种间歇运动机构的异同点,并说明各适用的场合。

2. 计算题

(1) 已知一棘轮机构,棘轮模数 $m=5$ mm,齿数 $z=12$,试确定机构的几何尺寸并画出棘轮的齿形。

(2) 已知槽轮的槽数 $z=6$,拨盘的拨销数 $K=1$,转速 $n_1=60$ r/min,求槽轮的运动时间 t_m 和静止时间 t_s。

(3) 在六角车床上六角刀架转位用的槽轮机构中,已知槽数 $z=6$,槽轮静止时间 $t_s=5/6$ s,运动时间 $t_m=2t_s$,求槽轮机构的运动系数 τ 及所需的圆销数 ε。

(4) 设计一槽轮机构,要求槽轮的运动时间等于停歇时间,试选择槽轮的槽数和拨盘的圆销数。

(5) 本章介绍的四种间歇运动机构:棘轮机构、槽轮机构、不完全齿轮机构和凸轮间歇运动机构,在运动平稳性、加工难易和制造成本方面各具有哪些优缺点?各适用于什么场合?

第 10 章 机械速度波动的调节

前面介绍齿轮等作回转运动的机构时,为分析方便,总是假定它们是匀速转动的。实际机械总是在外力(驱动力和阻力)作用下运转的。由于各种各样的原因,作用于机械的合外力不可能恒等于零。在一段时间内,若驱动力大于工作阻力,则驱动力所做的输入功大于工作阻力所做的输出功——即出现盈功,那么必然导致机械系统的动能增加;反之,若工作阻力大于驱动力,则工作阻力所做的功大于驱动力所做的功——即出现亏功,那么机械系统的动能必然减少。机械动能的增减形成机械运转速度的波动。

速度波动使运动副中产生附加惯性力,降低机械效率和工作可靠性;引起机械振动,影响零件的强度和寿命;降低机械的精度和工艺性能,使产品质量下降。因此,对机械运转速度的波动必须进行调节,使上述不良影响限制在容许范围之内。

10.1 速度波动分类及调节方法

机械运转速度的波动可分为周期性速度波动和非周期速度波动两类。

10.1.1 周期性速度波动

当外力周期性变化时,机械主轴的角速度也周期性变化,如图 10-1 所示。机械的这种有规律的、周期性的速度变化称为周期性速度波动。由图 10-1 可见,主轴的角速度 ω 在经过一个运动周期 T 之后又变回到初始状态,其动能没有增减。也即是说,在一个周期中,驱动力所做的输入功与阻力所做的输出功是相等的,这是周期性速度波动的重要特征。但是在周期中的某段时间内,输入功与输出功却是不相等的,因而出现速度的波动。运动周期 T 通常对应于机械主轴回转一转(如冲床)、两转(如单缸四冲程内燃机)或数转(如轧钢机)的时间。

调节周期性速度波动的常用方法是在机械中加上一个转动惯量很大的回转件——飞轮。盈功使飞轮的动能增加,亏功使飞轮的动能减小。飞轮的动能变化为 $\Delta E = \frac{1}{2} J (\omega^2 - \omega_0^2)$,显然,动能变化数值相同时,飞轮的转动惯量 J 越大,角速度 ω 的波动越小。例如图 10-1 虚线所示为没有安装飞轮时主轴的速度波动,实线所示为安装飞轮后的速度波动。

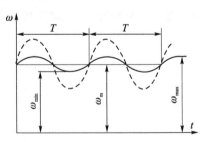

图 10-1 周期性速度波动

此外,由于飞轮能利用储蓄的动能克服短时过载,因此在确定原动机额定功率时只需考虑它的平均功率,而不必考虑高峰负荷所需的瞬时最大功率。

由此可知,安装飞轮不仅可避免机械运转速度过大的波动,而且可以选择功率较小的原动机。

10.1.2 非周期速度波动

如果输入功在很长一段时间内总是大于输出功,则机械运转速度将不断升高,直至超越机械强度所允许的极限转速而导致机械损坏;反之,如输入功总是小于输出功,则机械运转速度将不断下降,直至停车。汽轮发电机组在供汽量突然增减时就会出现这类情况。这种速度波动是随机的、不规则的,没有一定的周期,因此称为非周期性速度波动。

非周期性速度波动不能依靠飞轮来进行调节,只能采用特殊的装置使输入功与输出功趋于平衡,以达到新的稳定运转。这种特殊装置称为调速器。

图 10-2 所示为机械式离心调速器的工作原理图。原动机 2 的输入功与供汽量的大小成正比。当负荷突然减小时,原动机 2 和工作机 1 的主轴转速升高,由锥齿轮驱动的调速器主轴的转速也随着升高,重球因离心力增大而飞向上方,带动圆筒 N 上升,并通过套环和连杆将节流阀关小,使蒸汽输入量减少;若负荷突然增加,原动机及调速器主轴转速下降,重球下落,节流阀开大,使供汽量增加。用这种方法使输入功和负荷所消耗的功(包括摩擦损失)自动趋于平衡,从而保持速度稳定。

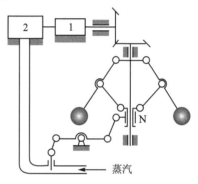

图 10-2 离心调速器

机械式离心调速器结构简单、成本低廉,常用于电唱机、录音机等调速系统之中;但它的体积庞大,灵敏度低,近代机器多采用电子调速装置实现自动控制。因此,本章对调速器不作进一步论述,下面各节主要讨论飞轮设计的有关问题。

10.2 飞轮设计的近似方法

10.2.1 机械运转的平均速度和不均匀系数

如图 10-1 所示,若已知机械主轴角速度随时间变化的规律 $\omega=f(t)$ 时,一个周期角速度的平均值 ω_m 可由下式求出:

$$\omega_m = \frac{1}{T}\int_0^T f(t)\,dt \tag{10-1}$$

这个实际平均值称为机器的"额定转速"。

由于 ω 的变化规律很复杂,故在工程计算中都以算术平均值作为实际平均值,即:

$$\omega_m = \frac{\omega_{max}+\omega_{min}}{2} \tag{10-2}$$

式中:ω_{max} 和 ω_{min} 分别为最大角速度和最小角速度。

机械运转速度波动的相对值用速度不均匀系数 δ 表示,即

$$\delta = \frac{\omega_{max}-\omega_{min}}{\omega_m} \tag{10-3}$$

若已知 ω_m 和 δ,则由式(10-2)和(10-3)可得:

$$\omega_{\max} = \omega_{\mathrm{m}}\left(1 + \frac{\delta}{2}\right) \tag{10-4}$$

$$\omega_{\min} = \omega_{\mathrm{m}}\left(1 - \frac{\delta}{2}\right) \tag{10-5}$$

由上式可知，δ 越小，主轴越接近匀速转动。

各种不同机械许用的速度不均匀系数 δ 是根据它们的工作要求确定的。例如驱动发电机的活塞式内燃机，如果主轴的速度波动太大，势必影响输出电压的稳定性，所以这类机械的速度不均匀系数应当取小一些；反之，如冲床和破碎机等一类机械，速度波动稍大也不影响其工艺性能，这类机械的速度不均匀系数便可取大一些。几种常见机械的速度不均匀系数可按表10-1选取。

表10-1 机械运转速度不均匀系数 δ 的取值范围

机械名称	破碎机	冲床和剪床	压缩机和水泵	减速器	交流发电机
δ	0.10~0.20	0.05~0.15	0.03~0.05	0.015~0.020	0.002~0.003

10.2.2 飞轮设计的基本原理

飞轮设计的基本问题是：已知作用在主轴上的驱动力矩和阻力矩的变化规律，要求在速度不均匀系数 δ 的允许范围内，确定需安装的飞轮的转动惯量。

在一般机械中，其他构件所具有的动能与飞轮相比，其值甚小，因此近似设计中可以认为飞轮的动能就是整个机械的动能。当主轴处于最大角速度 $\omega_{\max}$ 时，飞轮具有动能最大值 $E_{\max}$；反之，当主轴处于最小角速度 $\omega_{\min}$ 时，飞轮具有动能最小值 $E_{\min}$。$E_{\max}$ 与 $E_{\min}$ 之差表示一个周期内动能的最大变化量，它是由最大盈亏功（从 $\omega_{\min}$ 到 $\omega_{\max}$ 区间为最大盈功，从 $\omega_{\max}$ 到 $\omega_{\min}$ 区间为最大亏功）转化而来的。即：

$$A_{\max} = E_{\max} - E_{\min} = \frac{1}{2}J(\omega_{\max}^2 - \omega_{\min}^2) = J\omega_{\mathrm{m}}^2\delta$$

由此得安装在主轴上的飞轮的转动惯量：

$$J = \frac{A_{\max}}{\omega_{\mathrm{m}}^2\delta} \tag{10-6}$$

式中 $A_{\max}$ 为最大盈亏功，用绝对值表示。

分析式(10-6)可得到三个重要的结论：

① 当 $A_{\max}$ 与 ω_{m} 一定，且速度不均匀系数 δ 已经很小时，略微减小 δ 的数值就会使飞轮转动惯量激增，如图10-3所示。因此，过分追求运转速度均匀将会使飞轮笨重，增加成本。

② 当 J 与 ω_{m} 一定时，$A_{\max}$ 与 δ 成正比，即最大盈亏功越大，机械运转速度越不均匀。

③ J 与 ω_{m} 的平方成反比，即主轴的平均转速越高，所需安装在主轴上的飞轮转动惯量越小。

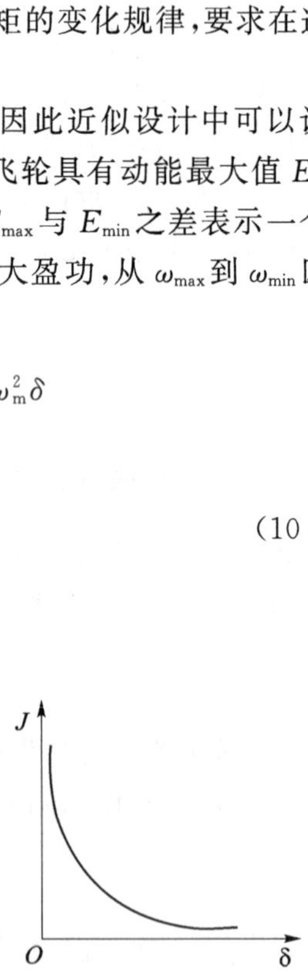

图10-3 $J-\delta$ 变化曲线

通常机器的主轴具有良好的刚性，所以多数机器的飞轮安装在主轴上。但由式(10-6)可知，为了减小飞轮的转动惯量，也可以选取高于主轴转速的轴安装飞轮，只要满足如下两个条件就行：

① 安装飞轮的轴与主轴保持定角速度比；
② 该轴上安装的飞轮与主轴上安装的飞轮具有相等的动能，即

$$\frac{1}{2}J\omega_m^2 = \frac{1}{2}J'\omega_m'^2, \text{或} J' = J\left(\frac{\omega_m}{\omega_m'}\right)^2 \tag{10-7}$$

式中 ω_m' 为任选飞轮轴的平均角速度，J' 为安装在该轴上的飞轮转动惯量。

10.2.3 最大盈亏功 A_{max} 的确定

计算飞轮转动惯量必须首先确定最大盈亏功。若给出作用在主轴上的驱动力矩 M' 和阻力矩 M'' 的变化规律，A_{max} 便可确定如下：

图 10-4(a)所示为某机组稳定运转一个周期中，驱动力矩 M' 和阻力矩 M'' 随主轴转角变化的曲线。μ_M 为力矩比例尺，实际力矩值可用纵坐标高度乘以 μ_M 得到；μ_φ 为转角比例尺，实际转角等于横坐标长度乘以 μ_φ。$(M'-\varphi)$ 曲线与横坐标轴所包围的面积表示驱动力矩所做的功（输入功），$(M''-\varphi)$ 曲线与横坐标轴所包围的面积表示阻力矩所做的功（输出功）。显然，在 oa 区间，输入功与输出功之差为面积 $S_1 \times \mu_M\mu_\varphi$，此即 oa 区间的盈亏功 A_{oa}（正值为盈功，负值为亏功）。由图可见，oa 区间阻力矩大于驱动力矩，出现亏功，机器动能减小，故 S_1 标注负号；而 ab 区间驱动力矩大于阻力矩，出现盈功，机器动能增加，故标注正号。同理，bc、do 区间为负，而 cd 区间为正。

如前所述，盈亏功等于机器动能的增减量。设 E_o 为主轴角位置为 φ_o 时机器的动能，则主轴角位置为 φ_a 时，机器的动能 E_a 应为 $E_a = E_o + A_{oa} = E_o + \mu_M\mu_\varphi S_1$，同理有：

$$E_b = E_a + A_{ab} = E_a + \mu_M\mu_\varphi S_2, \cdots, E_o = E_d + A_{do} = E_d + \mu_M\mu_\varphi S_5$$

以上动能变化可用能量指示图表示。如图 10-4(b)所示，从 o 点出发，顺次作向量 oa、ab、bc、cd、do 表示盈亏功 A_{oa}、A_{ab}、A_{bc}、A_{cd}、A_{do}（盈功为正，箭头朝上；亏功为负，箭头朝下，箭头的长度表示盈亏功的大小，即等于阴影面积）。由于机器经历一个周期回到初始状态，其动能增减为零，所以该向量图的首尾应当封闭。由图可知，b 点具有最大动能，对应于 ω_{max}，c 点具有最小动能，对应于 ω_{min}；b、c 二位置动能之差即是最大盈亏功 A_{max}。

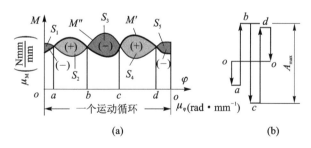

图 10-4 最大盈亏功的确定

某机组作用在主轴上的阻力矩变化曲线 $(M''-\varphi)$ 如图 10-5(a)所示。已知主轴上的驱动力矩 M' 为常数，主轴平均角速度 $\omega_m = 25$ rad/s，机械运转速度不均匀系数 $\delta = 0.02$。

求：① 驱动力矩 M'；
② 最大盈亏功 A_{max}；
③ 安装在主轴上飞轮的转动惯量 J；
④ 若将飞轮安装在转速为主轴转速 3 倍的辅助轴上，求飞轮转动惯量 J'。

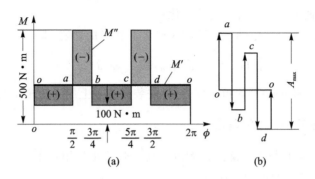

图 10-5 阻力矩变化

解：(1) 求 $(M'-\varphi)$

因给定 M' 为常数，故 $(M'-\varphi)$ 关系为一水平直线。在一个运动循环中驱动力矩所作的功为 $2\pi M'$，它应当等于一个运动循环中阻力矩所作的功，即：$2\pi M' = 100 \times 2\pi + 400 \times \dfrac{\pi}{4} \times 2$

解得 $M' = 200$ N·m。由此可作出 $(M'-\varphi)$ 水平直线。

(2) 求 $A_{\max}$

将 $(M'-\varphi)$ 与 $(M''-\varphi)$ 曲线的交点标注 a、b、c、d。将各区间 $(M'-\varphi)$ 与 $(M''-\varphi)$ 所围面积区分为盈功和亏功，并标注"+"号或"-"号。然后根据各区间盈亏的数值大小按比例作能量指示图，如图(b)所示，如下：

首先自 o 向上作 oa 表示 oa 区间的盈功，$A_{oa} = 100 \times \dfrac{\pi}{2}$ N·m；其次，向下作 ab 表示 ab 区间的亏功，$A_{ab} = 300 \times \dfrac{\pi}{4}$ N·m；类推直到画完最后一个封闭向量 do。由图可知，ad 区间出现最大盈亏功，其绝对值为

$$A_{\max} = |-A_{ab} + A_{bc} - A_{cd}| = \left|-300 \times \dfrac{\pi}{4} + 100 \times \dfrac{\pi}{2} - 300 \times \dfrac{\pi}{4}\right| = 314.16 \text{ N·m}$$

(3) 求安装在主轴上的飞轮转动惯量 $J = \dfrac{A_{\max}}{\omega_m^2 \delta} = \dfrac{314.16}{25^2 \times 0.02} = 25.13$ kgm²

(4) 求安装在辅助轴上的飞轮转动惯量 令 $\omega_m' = 3\omega_m$，$J' = J\left(\dfrac{\omega_m}{\omega_m'}\right)^2 = 25.13 \times \dfrac{1}{9} = 2.79$ kgm²

10.3 飞轮主要尺寸的确定

求出飞轮转动惯量 J 之后，还要确定它的直径、宽度、轮缘厚度等有关尺寸。

图 10-6 所示为带有轮辐的飞轮。这种飞轮的轮毂和轮辐的质量很小，回转半径也较小，近似计算时可以将它们的转动惯量略去，而认为飞轮质量集中于轮缘。设轮缘的平均直径 D_m 为，则

$$J = m\left(\dfrac{D_m}{2}\right)^2 = \dfrac{mD_m^2}{4} \tag{10-8}$$

当按照机器的结构和空间要求选定轮缘的平均直径 D_m 之后，由式(10-8)便可求出飞轮

的质量 m(kg)。设轮缘为矩形断面,它的体积、厚度、宽度分别为 V(m^3)、H(m)、B(m),材料的密度为 ρ(kg/m^3),则

$$m = V\rho = \pi D_m H B \rho \quad (10-9)$$

选定飞轮的材料与比值 H/B 之后,轮缘的截面尺寸便可以求出。

对于外径为 D 的实心圆盘式飞轮,由理论力学知

$$J = \frac{m}{2}\left(\frac{D}{2}\right)^2 = \frac{mD^2}{8} \quad (10-10)$$

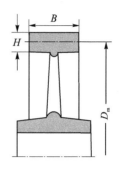

图 10-6 带轮辐的飞轮

选定圆盘直径 D,便可求出飞轮的质量 m。再从

$$m = V\rho = \frac{\pi D^2}{4} B \rho \quad (10-11)$$

选定材料之后,便可求出飞轮的宽度 B。

飞轮的转速越高,其轮缘材质产生的离心力越大,当轮缘材料所受离心力超过其材料的强度极限时,轮缘便会爆裂。为了安全,在选择平均直径 D_m 和外圆直径 D 时,应使飞轮外圆的圆周速度不大于以下安全数值:对于铸铁飞轮 $V_{max} < 36$ m/s;对于铸钢飞轮 $V_{max} < 50$ m/s。

应当说明,飞轮不一定是专门外加的构件。实际机械中往往用增大带轮(或齿轮)的尺寸和质量的方法,使它们兼起飞轮的作用。这种带轮(或齿轮)也就是机器中的飞轮。还应指出,本章所介绍的飞轮设计方法,没有考虑除飞轮外其他构件动能的变化,因而是近似的。由于机械速度不均匀系数允许有一个变化范围,所以这种近似设计可以满足一般使用要求。

习 题

1. 简答题

(1) 速度波动会带来哪些不良后果?举例说明。

(2) 机械速度波动分为哪两类,其调节原理怎样?

(3) 在机器中加装飞轮,除了可降低速度波动外,还有其他作用吗?

(4) 公式 $J = \frac{A_{max}}{\omega_m^2 \delta}$(10-6)说明了哪些问题?

(5) 何为周期性速度波动?何为非周期性速度波动?它们各用何种装置进行调节?经过调节之后主轴能否获得匀速转动?

2. 计算题

(1) 剪板机主轴转速为 $n = 192$ r/min,剪板功率 4.8 kW,剪切时间 0.2 s,$\delta \approx 0.1$。问:若采用 3 kW 的电机作动力,应加装多大转动惯量的飞轮?

(2) 图 10-7 所示为作用在多缸发动机曲柄上的驱动力矩 M' 和阻力矩 M'' 的变化曲线,其阻力矩等于常数,其驱动力矩曲线与阻力矩曲线围成的面积顺次为 +580、-320、+390、-520、+190、-390、+260、及 -190 mm^2,该图的比例尺为 $\mu_M = 100$ Nm/mm,$\mu_\varphi = 0.01$ rad/mm,设曲柄平均转速为 120 r/min,其瞬时角速度不超过其平均角速度的 ±3%,求装在该曲柄轴上的飞轮的转动惯量。

(3) 已知电动机驱动的剪床中作用在剪床主轴上的阻力矩 M'' 的变化规律如图 10-8 所示,设驱动力矩 M' 等于常数,剪床主轴转速为 60 r/min,机械运转速度不均匀系数 $\delta = 0.15$。

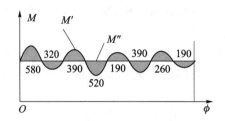

图 10-7 第(2)题图

求：① 驱动力矩 M' 的数值；② 所需安装在主轴上的飞轮的转动惯量。

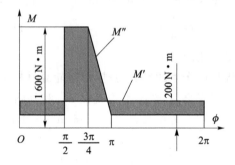

图 10-8 第(3)题图

(4) 上题中的剪床由电动机经减速器驱动。电动机转速为 1 500 r/min。若将飞轮装在电动机轴上，其转动惯量应为若干？

(5) 已知某轧钢机的原动机功率等于常数，$P'=2600$HP（马力），钢材通过轧辊时消耗的功率为常数，$P''=4000$HP，钢材通过轧辊的时间 $t=5$ s，主轴平均转速 $n=80$ r/min，机械运转速度不均匀系数 $\delta=0.1$，求：① 安装在主轴上的飞轮的转动惯量；② 飞轮的最大转速和最小转速；③ 此轧钢机的运转周期。

(6) 设某机组由发动机供给的驱动力矩 $M'=\dfrac{1000}{\omega}$N·m（即发动机输出力矩与瞬时角速度成反比），阻力矩 M'' 变化如图 10-9 所示，$t_1=0.1$ s，$t_2=0.9$ s，若忽略其他构件的转动惯量，求在 $\omega_{max}=134$ 1/s，$\omega_{min}=116$ 1/s 状态下飞轮的转动惯量。

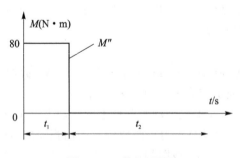

图 10-9 第(6)题图

(7) 某机组主轴上作用的驱动力矩 M' 为常数，它的一个运动循环中阻力矩 M'' 的变化如图 10-10 所示。今给定 $\omega_m=25$ rad/s，$\delta=0.04$，采用平均直径 $D_m=0.5$ m 带轮辐的飞轮，试确定飞轮的转动惯量和质量。

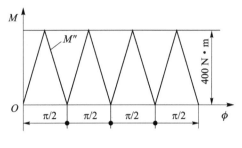

图 10 - 10　第(7)题图

(8) 某机组稳定运转一个运动循环中作用在主轴上的阻力矩 M'' 的变化规律如图 10 - 11 所示。已知驱动力矩 M' 为常数，主轴平均角速度 $\omega_m = 20$ rad/s，机械运转速度不均匀系数 $\delta = 0.01$，求驱动力矩 M' 和安装在主轴上的飞轮转动惯量。

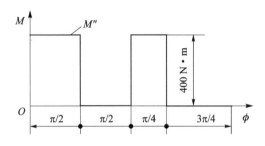

图 10 - 11　第(8)题图

(9) 某单缸四冲程内燃机主轴上的近似驱动力矩曲线如图 10 - 12 所示，其阻力矩 M'' 为常数，主轴平均转速为 $\omega_m = 1\ 000$ r/min。① 求阻力矩 M'' 和发动机平均功率；② 若机械运动速度不均匀系数 $\delta = 0.05$，求安装在主轴上的飞轮转动惯量。③ 欲将飞轮转动惯量减小 1/2，而 δ 保持原值，可采取什么措施？（提示：与横坐标轴围成的面积表示驱动力所作的功，横轴上的面积表示正功，横轴下的面积表示负功。）

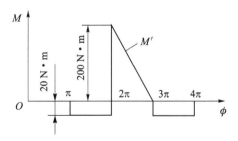

图 10 - 12　第(9)题图

第 11 章　回转件的平衡

在机械中,由于各构件的运动形式不同,其所产生的惯性力和惯性力的平衡方法也不同。一般可将机械的平衡问题分成两类,一类是转子的平衡,另一类是机构的平衡。

在机械系统中,通常将绕固定轴转动的回转构件称为转子。由于转子结构不对称或者安装不准确、材质不均匀等导致其质心偏离回转轴,产生不平衡的惯性力(或力矩),在轴承中引起附加动压力,使整个机器产生振动,降低机器的工作精度及效率等,因此当转子出现不平衡时,如何用重新分布构件质量的方法使转子得到平衡,这就是转子的平衡问题;对于做往复运动及作平面复合运动的构件,则因其重心是运动的,其惯性力无法就该构件本身加以平衡,因而必须就整个机构加以研究,设法使机构的惯性力的合力和力偶得到完全或部分的平衡,这就是机构的平衡问题。本书讨论最常见的转子的平衡问题。

除了少数利用振动来工作的机械外(例如振动夯实机、振动压路机等),都应设法消除或减小惯性力,使机械在惯性力得到平衡的状态下工作。这就是机械平衡的目的。

11.1　转子平衡的分类及其方法

根据转子工作转速的不同,转子的平衡可分为以下两类。

1. 刚性转子的平衡

当转子的工作转速为一阶临界转速的 0.7 倍、其弹性变形可以忽略不计的转子称为刚性转子。刚性转子的平衡可以通过重新调整转子上质量的分布,使其质心位于旋转轴线的方法来实现。本节主要介绍此类转子的平衡问题。

2. 挠性转子的平衡

当转子的工作转速等于或大于一阶临界转速的 0.7 倍、弹性变形不可忽略的转子称为挠性转子。由于挠性转子在运转过程中会产生较大的弯曲变形,且由此所产生的离心惯性力也随之明显增大,所以此类转子平衡问题十分繁琐,其平衡原理与方法可参考其他相关文献。

在转子的设计阶段,尤其是在对高速转子及精密转子进行结构设计时,除应保证其满足工作要求及制造工艺要求外,必须对其进行平衡计算,以检查其惯性力和惯性力矩是否平衡。若不平衡,还应在结构上采取相应措施,以消除或减少产生有害振动的不平衡惯性力和惯性力矩的影响,该过程称为为转子的平衡设计。

经过平衡设计的转子,虽然理论上已经达到平衡,但由于制造不精确、材质不均匀及装配误差等非设计因素的原因,实际生产出来的转子往往达不到原来的设计要求,仍然会产生不平衡现象。这种不平衡在设计阶段是无法确定和消除的,必须通过试验的方法平衡。

根据径宽比大小,可将刚性转子的平衡设计问题分为静平衡和动平衡。

11.2 刚性转子的静平衡

转子的径向尺寸 d 与轴向尺寸 b 的比值称为径宽比。对于径宽比 $D/b \geqslant 5$ 的转子,例如砂轮(见图 11-1)、飞轮、齿轮、带轮等,由于其轴向尺寸较小,故可近似地认为其不平衡质量分布在同一回转平面内。在这种情况下,若转子的质心不在其回转轴线上,当转子转动时,偏心质量就会产生离心惯性力,从而在运动副中引起附加动压力。由于存在不平衡质量,转子不能在任意位置静止,这种不平衡现象在转子静态时即可呈现出来,故称为静不平衡。

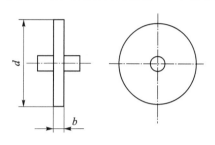

图 11-1 砂轮转子

对于静不平衡,为了消除离心惯性力的影响,设计时应首先根据转子结构确定各偏心质量的大小和方位,然后计算出为平衡偏心质量需添加的平衡质量的大小和方位,以便使设计出来的转子在理论上达到平衡。该过程称为转子的静平衡设计。

图 11-2(a)所示为一盘形转子,已知分布于同一回转平面内的偏心质量分别为 m_1、m_2 和 m_3,从回转中心到各偏心质量中心的矢径分别为 $\vec{r}_1$、$\vec{r}_2$ 和 $\vec{r}_3$,当转子以等角速度 ω 转动时,各偏心质量所产生的离心惯性力分别为 $\vec{F}_1$、$\vec{F}_2$ 和 $\vec{F}_3$,这些离心惯性力构成同一平面内汇交于回转中心的力系:

$$\vec{F}_1 = m_1 \omega^2 \vec{r}_1; \vec{F}_2 = m_2 \omega^2 \vec{r}_2; \vec{F}_3 = m_3 \omega^2 \vec{r}_3$$

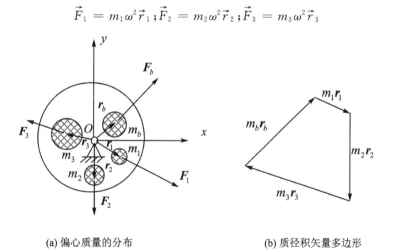

(a) 偏心质量的分布　　　　(b) 质径积矢量多边形

图 11-2 刚性转子的静平衡设计

为了平衡上述离心惯性力,可在此平面内增加一个平衡质量 m_b,从回转中心到该平衡质量的矢径记为 $\vec{r}_b$,其产生的离心惯性力为 $\vec{F}_b$。要使转子达到平衡,根据平面汇交力系平衡的条件,$\vec{F}_b$、$\vec{F}_1$、$\vec{F}_2$ 和 $\vec{F}_3$ 所形成的合力应为零,即

$$\vec{F}_1 + \vec{F}_2 + \vec{F}_3 + \vec{F}_b = 0$$

也即：
$$m_b\omega^2\vec{r}_b + m_1\omega^2\vec{r}_1 + m_2\omega^2\vec{r}_2 + m_3\omega^2\vec{r}_3 = 0$$

可以写成：$m_b\vec{r}_b + \sum_{i=1}^{3} m_i\vec{r}_i = 0$，如果有 k 个偏心质量，则有

$$m_b\vec{r}_b + \sum_{i=1}^{k} m_i\vec{r}_i = 0 \tag{11-1}$$

式(11-1)中，质量与矢径的乘积称为质径积，它表示在同一转速下转子上各离心惯性力的相对大小和方位。从式 11-1 可以看出，转子平衡后，其总质心将与其回转中心重合，即 $e=0$。

由上述分析可得如下结论：

① 刚性转子静平衡的条件：转子上各个偏心质量的离心惯性力的合力为零或质径积的矢量和为零。

② 对于静不平衡的刚性转子，无论其有多少偏心质量，只需要在一个平面内增加或去处一个平衡质量，即可使其得以静平衡，故静平衡又称单面平衡。

式(11-1)中，只有平衡质量 m_b 的大小和方位未知，可利用解析法或图解法进行求解。

解析法求解时，只需建立一直角坐标系，根据式(11-1)，按不平衡质量质径积的大小及图 11-2(a)所示的方向，分别列出质径积在 x 轴和 y 轴上的平衡条件即求出可平衡质量 $m_b\vec{r}_b$ 的大小和方位。

图 11-2(b)所示为图解法，所作的图形称为矢量多边形。

先算出各个质径积的大小 $m_i r_i$（如 $m_1 r_1$、$m_2 r_2$、$m_3 r_3$），选取质径积比例尺 μ_w(kg·mm/mm)，按矢径 $\vec{r}_i(\vec{r}_1、\vec{r}_2、\vec{r}_b)$ 的方向连续作出矢量 $m_i\vec{r}_i$，封闭矢量即代表平衡质径积 $m_b\vec{r}_b$。根据转子的结构情况选定 r_b 的数值后，平衡质量 m_b 的大小就随之而定，其方位则由矢量的方向 $\vec{r}_b$ 确定。

为使转子平衡，可以在平衡矢径 $\vec{r}_b$ 方向添加 m_b 或在 $\vec{r}_b$ 的反方向处去掉相应的一部分质量，只要保证矢量和为零即可。

11.3　刚性转子的动平衡

对于径宽比 $D/b < 5$ 的转子，例如精压机主机中的曲轴、汽轮机转子、凸轮轴(见图 11-3)等。由于其轴向宽度较大，其质量分布在几个不同的回转平面内。此时，即使转子的质心在回转轴线上，但由于各偏心质量所产生的离心惯性力不在同一回转平面内，即离心惯性力不再是平面汇交力系，而是空间力系，所形成的惯性力偶仍使转子处于不平衡状态，如图 11-3 中，m_1、m_2 为分布在凸轮轴上的不平衡质量，$m_1 = m_2$、$r_1 = r_2$、$L_1 = L_2$，转子上各个偏心质量的离心惯性力的合力为零，是静平衡的。但 $\vec{F}_1 L_1$ 与 $\vec{F}_2 L_2$ 在轴向形成了不平衡的力偶，由于这种不平衡只有在转子运动的情况下才能显现出来，故称其为动不平衡。

为了消除刚性转子的动不平衡现象，设计时应首先根据转子的结构确定各个回转平面内偏心质量的大小和方位。然后计算所需增加的平衡质量的数目、大小及方位，以使设计出来的转子理论上达到动平衡，该过程称为转子的动平衡设计。

如图 11-4(a)所示，若有一转子的偏心质量 m_1、m_2、m_3 分别位于三个平行的回转平面内，它们的矢径分别为 $\vec{r}_1$、$\vec{r}_2$ 和 $\vec{r}_3$。当转子以等角速度 ω 回转时，这些偏心质量所产生的离心惯性力 $\vec{F}_1$、$\vec{F}_2$ 和 $\vec{F}_3$ 将形成一个空间力系。

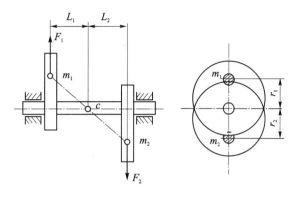

图 11-3 凸轮轴

为了使该空间力系及由其各力构成的惯性力偶矩得以平衡,可以根据转子的结构情况,选定两个平衡基面 T' 和 T''(与 $\vec{F}_1$、$\vec{F}_2$、$\vec{F}_3$ 所在的面平行)。根据理论力学中一个力可以分解为与其相平行的两个分力原理,将上述各个离心惯性力分别分解到平衡基面 T' 和 T'' 上。这样,我们就把该空间力系的平衡问题转化为两个平衡基面内的汇交力系的平衡问题。然后再利用静平衡的办法分别确定出 m'_b 和 m''_b 的大小和方位即可。

例如欲将 $m_1\vec{r}_1$ 分解到平衡基面 T' 和 T'' 上,可先将 $\vec{r}_1$ 分别投影到 T' 和 T'' 上,其大小、方向不变,再将 m_1 按下面的方法分解到 T' 和 T'' 上:

$$m'_1 = \frac{L''_1}{L}m_1, \qquad m''_1 = \frac{L'_1}{L}m_1 \qquad (11-2a)$$

式中:m'_1 和 m''_1 为 m_1 分解到平衡基面 T' 和 T'' 的质量。

同理,可得 m_2、m_3 分解到平衡基面 T' 和 T'' 的质量 m'_2、m''_2、m'_3 和 m''_3

$$m'_2 = \frac{L''_2}{L}m_2, \qquad m''_2 = \frac{L'_2}{L}m_2 \qquad (11-2b)$$

$$m'_3 = \frac{L''_3}{L}m_3, \qquad m''_3 = \frac{L'_3}{L}m_3 \qquad (11-2c)$$

如果径宽比 $D/b<5$ 的转子上有 k 个偏心质量,则在平衡基面 T' 和 T'' 应满足:

$$m'_b\vec{r}'_b + \sum_{i=1}^{k} m'_i\vec{r}_i = 0 \qquad (11-3)$$

$$m''_b\vec{r}''_b + \sum_{i=1}^{k} m''_i\vec{r}_i = 0 \qquad (11-4)$$

用图解法在平衡基面 T' 和 T'' 上,为求 $m'_b\vec{r}'_b$ 和 $m''_b\vec{r}''_b$ 而作的矢量多边形如图 11-4(b)、图 11-4(c)。

为了使转子平衡,可以分别在平衡基面 T' 和 T'' 上相对于平衡矢径 $\vec{r}'_b$ 方向添加 m'_b、相对于平衡矢径 $\vec{r}''_b$ 方向添加 m''_b,以保证平衡基面 T' 和 T'' 上矢量和为零。

由上述分析可得如下结论:

① 刚性转子动平衡的条件:各偏心质量所产生的离心惯性力之矢量和以及由这些惯性力所造成的惯性力偶矩之矢量和都为零;

② 对于动不平衡的刚性转子,无论它有多少个偏心质量,均只需要在任选的两个平衡平面内各增加或减少相应的平衡质量即可使转子达到动平衡。动平衡是利用两个基面进行平

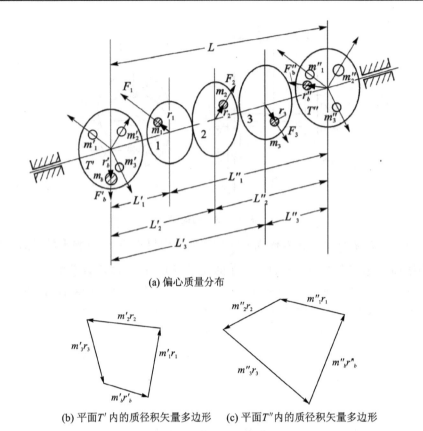

(a) 偏心质量分布

(b) 平面T'内的质径积矢量多边形   (c) 平面T''内的质径积矢量多边形

图 11 - 4 惯性转子的动平衡设计

衡,所以又称双面平衡。

③ 由于动平衡同时满足静平衡条件,所以经过动平衡设计的转子一定是静平衡的;反之,经过静平衡设计的转子则不一定是动平衡的。

例 11 - 1 图 11 - 5 所示为一装有皮带轮的滚筒轴。已知:皮带轮上有一不平衡质量 $m_1=0.5$ kg,滚筒上具有三个偏心质量 $m_2=m_3=m_4=0.4$ kg,各偏心质量的分布如图所示,且 $r_1=80$ mm,$r_2=r_3=r_4=100$ mm。试对该滚筒轴进行平衡设计。

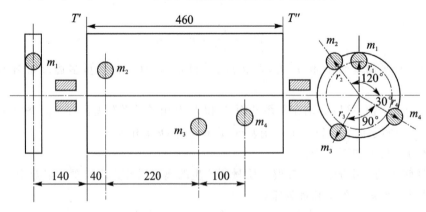

图 11 - 5 滚筒轴的动平衡设计

解:① 依题意可知,各个不平衡质量的分布不在同一回转平面内,因此应对其进行动平衡设计。为了使滚筒轴达到动平衡,必须任选两个平衡平面并在两个平衡平面内各加一合适的平衡质量。本题中,可以选择滚筒轴的两个端面 T' 和 T'' 作为平衡基面。

② 根据平行力的合成与分解原理,将各偏心质量 m_1、m_2、m_3、m_4 分别分解到两平衡平面内。根据公式(11-2)在平面 T' 内

$$\begin{cases} m_1' = \dfrac{l_1''}{l} m_1 = \dfrac{460+140}{460} \times 0.5 = 0.652 \text{ kg} \\ m_2' = \dfrac{l_2''}{l} m_2 = \dfrac{460-40}{460} \times 0.4 = 0.365 \text{ kg} \\ m_3' = \dfrac{l_3''}{l} m_3 = \dfrac{460-40-220}{460} \times 0.4 = 0.174 \text{ kg} \\ m_4' = \dfrac{l_4''}{l} m_4 = \dfrac{460-40-220-100}{460} \times 0.4 = 0.087 \text{ kg} \end{cases}$$

同理,在平面 T'' 内

$$\begin{cases} m_1'' = \dfrac{l_1'}{l} m_1 = \dfrac{140}{460} \times 0.5 = 0.152 \text{ kg} \\ m_2'' = \dfrac{l_2'}{l} m_2 = \dfrac{40}{460} \times 0.4 = 0.035 \text{ kg} \\ m_3'' = \dfrac{l_3'}{l} m_3 = \dfrac{40+220}{460} \times 0.4 = 0.226 \text{ kg} \\ m_4'' = \dfrac{l_4'}{l} m_4 = \dfrac{40+220+100}{460} \times 0.4 = 0.313 \text{ kg} \end{cases}$$

③ 计算各不平衡质量质径积的大小

$$\begin{cases} W_1' = m_1' r_1 = 0.652 \times 80 = 52.16 \text{ kg} \cdot \text{mm} \\ W_1' = m_1' r_1 = 0.152 \times 80 = 12.16 \text{ kg} \cdot \text{mm} \\ W_2' = m_2' r_2 = 0.365 \times 100 = 36.5 \text{ kg} \cdot \text{mm} \\ W_2' = m_2' r_2 = 0.035 \times 100 = 3.5 \text{ kg} \cdot \text{mm} \\ W_3' = m_3' r_3 = 0.174 \times 100 = 17.4 \text{ kg} \cdot \text{mm} \\ W_3' = m_3' r_3 = 0.226 \times 100 = 22.6 \text{ kg} \cdot \text{mm} \\ W_4' = m_4' r_4 = 0.087 \times 100 = 8.7 \text{ kg} \cdot \text{mm} \\ W_4' = m_4' r_4 = 0.313 \times 100 = 31.3 \text{ kg} \cdot \text{mm} \end{cases}$$

④ 确定平衡平面 T' 和 T'' 内,平衡质量的质径积 $m_b' \vec{r}_b$ 和 $m_b'' \vec{r}_b''$ 的大小及方向。

由于各偏心质量在平衡平面的方位角分别为

$$\theta_1' = -\theta_1'' = \theta_1 = 90° \qquad \theta_2' = \theta_2'' = \theta_2 = 120°$$
$$\theta_3' = \theta_3'' = \theta_3 = 240° \qquad \theta_4' = \theta_4'' = \theta_4 = 330°$$

对平面 T':

$$m_b' \vec{r}_b' + m_1' \vec{r}_1 + m_2' \vec{r}_2 + m_3' \vec{r}_3 + m_4' \vec{r}_4 = 0$$

取比例尺 $\mu_w = 1 \text{ kg} \cdot \text{mm/mm}$。

作出质径积矢量多边形如图 11-6(a)所示,测量可得:$W' = m_b' r_b' = 67.2 \text{ kg} \cdot \text{mm}$,$\theta_b' = 16.8°$。

同理，对平面 T''：

$$m_b''\vec{r}_b'' + m_1''\vec{r}_1 + m_2''\vec{r}_2 + m_3''\vec{r}_3 + m_4''\vec{r}_4 = 0$$

作出质径积矢量多边形如图 11-6(b)所示，测量可得：$W'' = m_b''r_b'' = 46.5$ kg·mm，$\theta_b'' = 107.6°$。

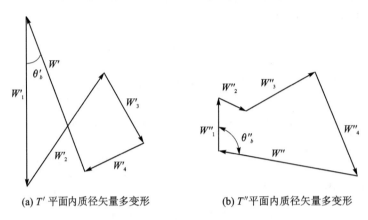

(a) T' 平面内质径矢量多变形　　(b) T'' 平面内质径矢量多变形

图 11-6　质径积矢量多变形

⑤ 确定平衡质量的矢径 r_b' 和 r_b'' 的大小，并计算平衡质量 m_b' 和 m_b''。

不妨取 $r_b' = r_b'' = 100$ mm，则平衡基面 T' 和 T'' 内应增加的平衡质量分别为

$$m_b' = 0.672 \text{ kg}, \quad m_b'' = 0.465 \text{ kg}$$

由上述平衡方程式计算出平衡质量的方位均为增加质量时的方位，如需去除质量，则应在所求方位角上加上 180°。

应当指出，由于 m_1 位于平衡平面 T' 和 T'' 的左侧，其产生的离心惯性力 F_1 分解到 T'、T'' 内时，$\vec{F}_1'$ 与 $\vec{F}_1$ 同向，而 $\vec{F}_1''$ 与 $\vec{F}_1$ 反向，故 $\theta_1' = -\theta_1'' = \theta_1$。

11.4　刚性转子的平衡试验

经平衡设计后的刚性转子在理论上是完全平衡的，但由于制造误差和装配误差及材质不均匀等原因，实际生产出的转子在运转时还可能出现不平衡现象。由于这种不平衡现象在设计阶段是无法确定和消除的，因此需要利用试验的方法对其做进一步的平衡。

11.4.1　静平衡试验

对于径宽比 $D/b \geqslant 5$ 的刚性转子，一般只需对其进行静平衡试验。静平衡试验所用的设备称为静平衡架。

图 11-7(a)为导轨式静平衡架，其主体部分是位于同一水平面内的两根互相平行的导轨。当用其平衡转子时，需将转子放在导轨上让其轻轻地自由滚动。若转子上有偏心质量存在，其质心必偏离转子的回转中心，在重力的作用下，待转子停止滚动时，其质心 S 必在回转中心的铅垂下方。此时，在回转中心的铅垂上方任意矢径大小处施加一平衡质量。反复试验，加减平衡质量，直至转子能在任何位置保持静止为止。导轨式静平衡架结构简单，平衡精度较高，但必须保证两导轨在同一水平面内且相互平行，故安装、调整较为困难。

若转子两端支承轴的尺寸不同时,可采用图 11-7(b)所示的圆盘式静平衡架。

(a) 导轨式静平衡架　　　　　　(b) 圆盘式静平衡架

图 11-7　静平衡架

试验时,将待平衡转子的轴颈放置在由两个圆盘所组成的支承上,其平衡方法与导轨式静平衡架相似。圆盘式静平衡架使用方便,但因圆盘的摩擦阻力较大,故平衡精度不如导轨式静平衡架。

11.4.2　动平衡试验

对于径宽比 $D/b<5$ 的刚性转子,必须进行动平衡试验。动平衡试验一般需要在专用的动平衡机上进行。动平衡机的种类很多,其构造及工作原理也不尽相同。

根据转子支承架的刚度大小,一般将动平衡机分为硬支承和软支承两类。图 11-8(a)所示为软支承动平衡机,这种动平衡机的转子支承架是由两片弹簧悬挂起来,并可沿振动方向往复摆动,因其刚度较小,故称为软支承动平衡机。这种动平衡机要在转子的工作频率远大于转子支承系统的固有频率 ω_n 的情况下工作(一般,$\omega \geqslant 2\omega_n$)。图 11-8(b)所示为硬支承动平衡机。这种动平衡机的转子直接支承在刚度较大的支承架上,且在转子的工作频率远小于转子支承系统的固有频率 ω_n 的情况下工作(一般,$\omega \leqslant 0.3\omega_n$)。

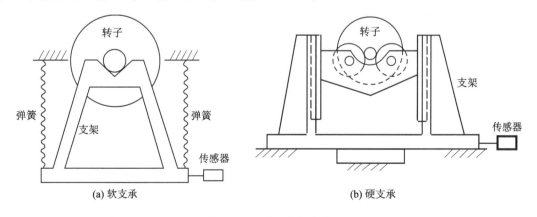

(a) 软支承　　　　　　　　　　(b) 硬支承

图 11-8　动平衡机支承

11.4.3 转子的平衡精度

工程上几乎所有计算、试验都不可能完全准确,都是一个相对的概念,都规定了许用值或安全系数等。平衡程度也是相对的,还会有一些残存的不平衡,要完全消除或进一步减小这些残存的不平衡,可能需要付出昂贵的代价。从工程的实际出发,这些残存的不平衡可能不会影响转子的实际使用。所以,针对不同的工作机器,有不同的要求,规定了不同的平衡精度,以保证使用和节约费用。

转子的平衡精度有两种表示方法:许用质径积和许用偏心距。前者指出了许可的残存质径积$[mr]$的值,后者则指出转子质心的许用偏心距$[r]$的值。两者表示相同的平衡效果时,可得:

$$[r] = [mr]/m \quad (\mu m)$$

许用偏心距与转子总质量无关,而许用质径积则与转子总质量有关。通常,在对产品进行机械平衡时,平衡精度多用许用质径积表示,因为它直观、方便,并便于平衡时进行操作,而在衡量转子平衡的优劣程度和衡量平衡机的检测精度时,则多用偏心距表示,便于直观比较。

由于转子不平衡产生的动力效应不仅与偏心距 r 有关,还与转子工作的角速度 ω 有关。所以工程上常采用 $[r]\omega$ 值来表示转子的许用不平衡,即

$$A = [r]\omega/1000 \quad (mm/s) \tag{11-5}$$

式中:A 为许用不平衡量(mm/s);ω 为转子的角速度(rad/s)。

典型转子的许用不平衡量可在相关手册上查取。

习 题

1. 填空题

(1) 使回转件_____落在回转轴线上的平衡称为静平衡;静平衡的回转件可以在任何位置保持_____而不会自动_____。

(2) 回转件静平衡的条件为:回转件上各质量的离心惯性力(或质径积)的_____等于零。

(3) 静平衡适用于轴向尺寸与径向尺寸之比_____的盘形回转件,可以近似认为它所有质量都分布在_____内,这些质量所产生的离心惯性力构成一个相交于回转中心的_____力系。

(4) 使回转件各质量产生的离心惯性力的_____以及各离心惯性_____均等于零的平衡称为动平衡。

2. 简答题

(1) 机械平衡的目的是什么?造成机械不平衡的原因可能有哪些?

(2) 什么是静平衡?什么是动平衡?各至少需要几个平衡平面?

(3) 经过平衡设计后的刚性转子,在制造出来后是否还要进行平衡实验?为什么?

(4) 在工程上规定许用不平衡量的目的是什么?为什么绝对的平衡是不可能的?

(5) 待平衡转子在静平衡架上滚动至停止时,其质心理论上应处于最低位置;但实际上由于存在滚动摩擦阻力,质心不会到达最低位置,因而导致试验误差。试问用什么方法进行静平

衡试验可以消除该项误差？

3．计算题

（1）某汽轮机转子质量为 1 t，由于材质不均匀及叶片安装误差致使质心偏离回转轴线 0.5 mm，当该转子以 5 000 r/min 的转速转动时，其离心力有多大？离心力是它本身重力的几倍？

（2）如图 11-9 所示盘形回转件经静平衡试验得知，其不平衡质径积 mr 等于 1.5 kg·m，方向沿图中 OA。由于结构限制，不允许在与 OA 相反的 OB 线上加平衡质量，只允许在 OC 和 OD 方向各加一个质径积来进行平衡。求 $m_C r_C$ 和 $m_D r_D$ 的数值。

（3）如图 11-10 所示盘形回转件上有四个偏置质量，已知 $m_1=10$ kg，$m_2=14$ kg，$m_3=16$ kg，$m_4=10$ kg，$r_1=50$ mm，$r_2=100$ mm，$r_3=75$ mm，$r_4=50$ mm，设所有不平衡质量分布在同一回转面内，问应在什么方位上加多大的平衡质量径积才能达到平衡？

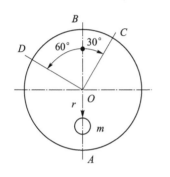

图 11-9　第(2)题图

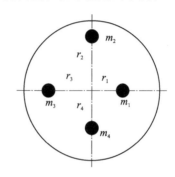

图 11-10　第(3)题图

（4）如图 11-11 所示，盘形转子的圆盘直径 $D=400$ mm、质量 $m=10$ kg。已知圆盘上不平衡质量 $m_1=2$ kg、$m_2=4$ kg，方位如图所示，两支承距离 $l=120$ mm，圆盘至右支承距离 $l_1=80$ mm，转速为 $n=3\,000$ r/min。试问：

① 该转子的质心偏移了多少？

② 作用在左、右二支承上的动反力各有多大？

（5）如图 11-12 所示，有一薄转盘，质量为 m，经静平衡试验测定其质心偏距为 r，方向如图垂直向下。由于该回转面不允许安装平衡质量，只能在平面Ⅰ、Ⅱ上校正。已知：$m=10$ kg，$r=5$ mm，$a=20$ mm，$b=40$ mm，求在Ⅰ、Ⅱ平面上应加的平衡质径积的大小和方向。

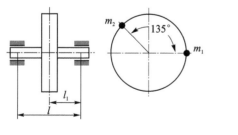

图 11-11　第(4)题图

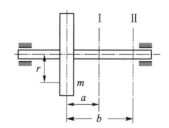

图 11-12　第(5)题图

（6）如图 11-13 所示，高速水泵的凸轮轴由三个互相错开 120°的偏心轮组成。每一偏心轮的质量为 0.4 kg，其偏心距为 12.7 mm。设在校正平面 A 和 B 中各装一个平衡质量 m_A 和

m_B 使之平衡,其回转半径为 10 mm,其他尺寸如图(单位为 mm),试用矢量图解法求 m_A 和 m_B 的大小和位置,并用解析法进行校核。

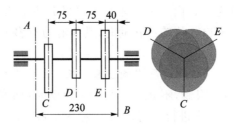

图 11-13 第(6)题图

(7) 如图 11-14 所示,转鼓存在着空间分布的不平衡质量。已知:$m_1=10\text{kg}, m_2=15\text{ kg}$, $m_3=20\text{ kg}, m_4=10\text{ kg}$,各不平衡质量的质心至回转轴线的距离 $r_1=50\text{ mm}, r_2=40\text{ mm}, r_3=60\text{ mm}, r_4=50\text{ mm}$,轴向距离 $l_{12}=l_{23}=l_{34}$。设平衡质量的向径 $r_I=r_{II}=100\text{ mm}$,试求在校正平面 I 和 II 内需加的平衡质量 m_I 和 m_{II} 及其相位。

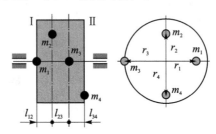

图 11-14 第(7)题图

(8) 如图 11-15 所示,回转件上存在空间分布的两个不平衡质量。已知:$m_A=500\text{ g}$, $m_B=1\,000\text{ g}, r_A=r_B=10\text{ mm}$,转速 $n=300\text{ r/min}$。① 求左右支承反力的大小和方向;② 若在 A 面上加一平衡质径积 $m_j r_j$ 进行静平衡,求 $m_j r_j$ 的大小和方向;③ 求静平衡之后左右支承反力的大小和方向;④ 问静平衡后支承反力是增大还是减小?

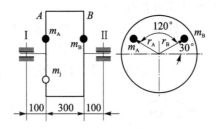

图 11-15 第(8)题图

第 12 章 机械零件设计概论

机械零件的设计,要求在满足预期功能的前提下,性能好、效率高、成本低,并能在预定使用期限内安全可靠,不失效,便于操作、维修等。机械零件由于某种原因不能正常工作时,称为失效。在不发生失效的条件下,零件所能安全工作的限度,称为工作能力。此限度对载荷而言,又称为承载能力。

零件的失效原因可能由于断裂,过大的弹性变形,零件的表面破坏及破坏正常工作条件等。机械零件虽然有多种可能的失效形式,但归纳起来最主要的涉及强度、刚度、耐磨性、稳定性和温度的影响等几个方面的问题。对于各种不同的失效形式,相应地有各种工作能力的设计准则。

设计机械零件时,常根据一个或几个可能发生的主要失效形式,运用相应的设计准则,确定零件的形状和主要尺寸。

机械零件的设计常按下列步骤进行:
① 拟定零件的计算简图;
② 确定作用在零件上的载荷;
③ 选择合适的材料;
④ 根据零件可能出现的失效形式,选用相应的设计准则,确定零件的形状和主要尺寸。应当注意,零件尺寸的计算值一般并不是最终采用的数值,设计者还要根据制造零件的工艺要求和标准、规格加以圆整;
⑤ 绘制工作图并标注必要的技术条件。

以上所述为设计计算。在实际工作中,也常采用相反的方式——校核计算,这时先参照实物(或图纸)和经验数据,初步拟定零件的结构和尺寸,然后再用有关的设计准则进行验算。

还应注意,在一般机器中,只有一部分零件是通过计算确定其形状和尺寸的,而其余的零件则仅根据工艺要求和结构要求进行结构设计。

12.1 机械零件的强度

在理想的平稳工作条件下作用在零件上的载荷称为名义载荷。

然而在机器运转时,零件还会受到各种附加载荷的作用,通常用引入载荷系数 K(有时只考虑工作情况的影响,则用工作情况系数 K_A)的办法来估计这些因素的影响。载荷系数与名义载荷的乘积,称为计算载荷。

按照名义载荷用力学公式求得的应力,称为名义应力。

当机械零件按强度条件设计时,常用的方式是比较危险截面处的计算应力(σ、τ)是否小于零件材料的许用应力($[\sigma]$、$[\tau]$)。即

$$\left. \begin{array}{l} \sigma \leqslant [\sigma], \text{而}[\sigma] = \dfrac{\sigma_{\lim}}{S} \\ \tau \leqslant [\tau], \text{而}[\tau] = \dfrac{\tau_{\lim}}{S} \end{array} \right\} \quad (12-1)$$

式中:σ_{lim}、τ_{lim} 分别为极限正应力和极限切应力;S 为安全系数。

许用应力取决于应力的种类、零件材料的极限应力和安全系数等。

12.1.1 应力的种类

按照随时间变化的情况,应力可分为静应力和变应力,具体如下:

(1) 静应力

如图 12-1 所示,不随时间变化的应力,称为静应力,纯粹的静应力是没有的,但如变化缓慢,变化范围小,就可看作是静应力。

(2) 变应力

随时间变化的应力,称为变应力。如图 12-2 所示,具有周期性的变应力称为循环变应力。

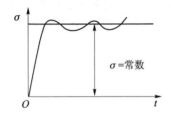

图 12-1 静应力

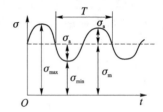

图 12-2 变应力

图 12-2 所示为一般的非对称循环变应力,图中 T 为应力循环周期。从图 12-2 中可知

平均应力 $$\sigma_m = \frac{\sigma_{max} + \sigma_{min}}{2}$$

应力幅 $$\sigma_a = \frac{\sigma_{max} - \sigma_{min}}{2} \tag{12-2}$$

应力循环中的最小应力与最大应力之比,可用来表示变应力中应力变化的情况,通常称为变应力的循环特性,用 r 表示,即 $r = \frac{\sigma_{min}}{\sigma_{max}}$。$|r| \leqslant 1$。

如图 12-3 所示,当 $\sigma_{max} = -\sigma_{min}$ 时,循环特征 $r = -1$,称为对称循环变应力。其 $\sigma_a = \sigma_{max} = -\sigma_{min}$,$\sigma_m = 0$。

如图 12-4 所示,当 $\sigma_{max} \neq 0$、$\sigma_{min} = 0$ 时,循环特性 $r = 0$,称为脉动循环变应力。其中 $\sigma_a = \sigma_m = \frac{1}{2}\sigma_{max}$。

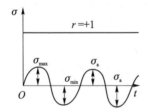

图 12-3 对称循环应变力

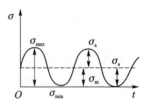

图 12-4 脉动循环变应力

静应力可看作变应力的特例,其中 $\sigma_{max} = \sigma_{min}$,循环特性 $r = +1$。

12.1.2 静应力下的许用应力

静应力下,零件材料有两种损坏形式:断裂或塑性变形。对于塑性材料,可按不发生塑性变形的条件进行计算。这时应取材料的屈服极限 σ_s 作为极限应力,故许用应力为

$$[\sigma] = \frac{\sigma_s}{S} \qquad (12-3)$$

对于用脆性材料制成的零件,应取强度极限 σ_B 作为极限应力,其许用应力为

$$[\sigma] = \frac{\sigma_B}{S} \qquad (12-4)$$

对于组织均匀的脆性材料,如淬火后低温回火的高强度钢,还应考虑应力集中的影响。灰铸铁虽属脆性材料,但由于本身有夹渣、气孔及石墨存在,其内部组织的不均匀性已远大于外部应力集中的影响,故计算时不考虑应力集中。

常用钢铁材料的极限应力可以查阅表 12-1。

表 12-1 常用钢铁材料的牌号及力学性能

材料		力学性能			试件尺寸 mm
类 别	牌 号	强度极限 σ_B /MPa	屈服极限 σ_S /MPa	伸长率 δ /%	
碳素结构钢	Q215	335～410	215	31	$d \leqslant 16$
	Q235	375～460	235	26	
	Q275	490～610	275	20	
优质碳素结构钢	20	410	245	25	$d \leqslant 25$
	35	530	315	20	
	45	600	355	16	
合金结构钢	35SiMn	883	735	15	$d \leqslant 25$
	40Cr	981	785	9	$d \leqslant 25$
	20CrMnTi	1079	834	10	$d \leqslant 15$
	65Mn	981	785	8	$d \leqslant 80$
铸 钢	ZG270-500	500	270	18	$d \leqslant 100$
	ZG310-570	700	310	15	
	ZG42SiMn	600	380	12	
灰铸铁	HT150	145	—	—	壁厚 10～20
	HT200	195	—	—	
	HT250	240	—	—	
球墨铸铁	QT400-15	400	250	15	壁厚 30～200
	QT500-7	500	320	7	
	QT600-3	600	370	3	

注:钢铁材料的硬度与热处理方法、试件尺寸等因素有关,其数值详见机械设计手册。

12.1.3 变应力下的许用应力

变应力下,零件的损坏形式是疲劳断裂。疲劳断裂具有以下特征:① 疲劳断裂的最大应力远比静应力下材料的强度极限低,甚至比屈服极限低;② 不管脆性材料或塑性材料,其疲劳断口均表现为无明显塑性变形的脆性突然断裂;③ 疲劳断裂是损伤的积累,它的初期现象是在零件表面形成微裂纹,并随应力循环次数增加而扩展,直到余下的截面积不足以承受外载荷时,零件就突然断裂。在零件的断口上可以清晰地看到这种情况。

1. 疲劳曲线

由材料力学可知,表示应力 σ 与应力循环次数 N 之间的关系曲线称为疲劳曲线。

从大多数黑色金属材料的疲劳试验可知,当循环次数 N 超过某一数值 N_0 以后,曲线趋向水平,即可以认为在"无限次"循环时试件将不会断裂,如图 12-5 所示。N_0 称为循环基数,对应于 N_0 的应力称为材料的疲劳极限。通常用 σ_{-1} 表示材料在对称循环变应力下的弯曲疲劳极限。

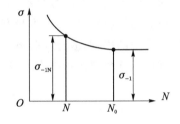

图 12-5 疲劳曲线

疲劳曲线的左半部($N < N_0$),可近似地用下列方程式表示:

$$\sigma_{-1N}^m N = \sigma_{-1}^m N_0 = C \tag{12-5}$$

式中:σ_{-1N} 为对应于循环次数 N 的疲劳极限;C 为常数;m 为随应力状态而不同的幂指数,例如弯曲时 $m = 9$。

从式(12-5)可求得对应于循环次数 N 的弯曲疲劳极限

$$\sigma_{-1N} = \sigma_{-1} \sqrt[m]{\frac{N_0}{N}} \tag{12-6}$$

2. 许用应力

变应力下,应取材料的疲劳极限作为极限应力。同时还应考虑零件的切口和沟槽等截面突变、绝对尺寸和表面状态等影响,为此引入有效应力集中系数 k_σ、尺寸系数 ε_σ 和表面状态系数 β 等,其值可在材料力学或有关设计手册中查得。当应力是对称变化时,许用应力为

$$[\sigma_{-1}] = \frac{\varepsilon_\sigma \beta \sigma_{-1}}{k_\sigma S} \tag{12-7}$$

当应力是脉动循环变化时,许用应力为

$$[\sigma_0] = \frac{\varepsilon_\sigma \beta \sigma_0}{k_\sigma S} \tag{12-8}$$

式中:S 为安全系数;σ_0 为材料的脉动循环疲劳极限;

以上所述为"无限寿命"下零件的许用应力。若零件在整个使用期限内,其循环总次数 N 小于循环基数 N_0 时,可根据式(12-6)求得对应于 N 的疲劳极限 σ_{-1N}。代入式(12-7)后,可得"有限寿命"下零件的许用应力。由于 σ_{-1N} 大于 σ_{-1},故采用 σ_{-1N} 可得到较大的许用应力,从而减小零件的体积和重量。

12.1.4 安全系数

安全系数定得正确与否对零件尺寸有很大影响。如果安全系数定得过大将使结构笨重;

如果定得过小,又可能不够安全。

在各个不同的机械制造部门,通过长期生产实践,都制订有适合本部门的安全系数(或许用应力)的表格。

当没有专门的表格时,可参考下述原则选择安全系数

① 静应力下,塑性材料以屈服极限为极限应力。由于塑性材料可以缓和过大的局部应力,故可取安全系数 $S=1.2 \sim 1.5$;对于塑性较差的材料(如 $\frac{\sigma_s}{\sigma_B}>0.6$)或铸钢件可取 $S=1.5 \sim 2.5$。

② 静应力下,脆性材料以强度极限为极限应力,这时应取较大的安全系数。例如,对于高强度钢或铸铁件可取 $S=3 \sim 4$。

③ 变应力下,以疲劳极限作为极限应力,可取 $S=1.3 \sim 1.7$;若材料不够均匀、计算不够精确时可取 $S=1.7 \sim 2.5$。

12.2 机械零件的接触强度

12.2.1 接触强度的概念

若两个零件在受载前是点接触或线接触,受载后,由于变形其接触处为一小面积,通常此面积甚小而表层产生的局部应力却很大,这种应力称为接触应力。这时零件强度称为接触强度。

机械零件的接触应力通常是随时间作周期性变化的,在载荷重复作用下,首先在表层内约 $20~\mu m$ 处产生初始疲劳裂纹,然后裂纹逐渐扩展(如有润滑油,则被挤进裂缝中产生高压,使裂纹加快扩展),最终使表层金属呈小片剥落下来,而在零件表面形成一些小坑。这种现象称为疲劳点蚀,如图 12-16 所示。

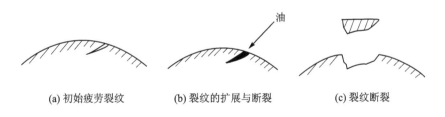

(a) 初始疲劳裂纹　　(b) 裂纹的扩展与断裂　　(c) 裂纹断裂

图 12-6　疲劳点蚀

发生疲劳点蚀后,减小了接触面积,损坏了零件的光滑表面,因而也降低了承载能力,并引起振动和噪声。疲劳点蚀常是齿轮、滚动轴承等零件的主要失效形式。

12.2.2 接触疲劳强度的设计准则

如图 12-7 所示,由弹性力学的分析可知,当两个轴线平行的圆柱体相互接触并受压时,其接触面积为一狭长矩形,最大接触应力发生在接触区中线上,其值为

$$\sigma_H = \sqrt{\frac{F_n}{\pi b} \cdot \frac{\frac{1}{\rho_1} \pm \frac{1}{\rho_2}}{\frac{1-\mu_1^2}{E_1} + \frac{1-\mu_2^2}{E_2}}} \qquad (12-9)$$

令 $\frac{1}{\rho_1} \pm \frac{1}{\rho_2} = \frac{1}{\rho}$ 及 $\frac{1}{E_1} + \frac{1}{E_2} = 2\frac{1}{E}$，式中"+"用于外接触，"-"用于内接触。

对于钢或铸铁取泊松比 $\mu_1 = \mu_2 = \mu = 0.3$，则上式可化简为

$$\sigma_H = \sqrt{\frac{1}{2\pi(1-\mu^2)} \cdot \frac{F_n E}{b\rho}} = 0.418\sqrt{\frac{F_n E}{b\rho}} \qquad (12-10)$$

接触疲劳强度的设计准则为

$$\sigma_H \leqslant [\sigma_H], 而 [\sigma_H] = \frac{\sigma_{H\lim}}{S_H} \qquad (12-11)$$

式中 $\sigma_{H\lim}$ 为实验测得材料的接触疲劳极限，对于钢，其经验公式为

$$\sigma_{H\lim} = (2.76 \times 布压硬度值 - 70) \text{MPa}$$

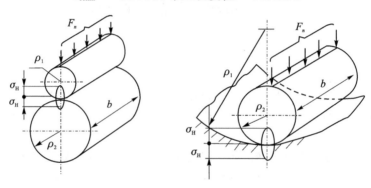

图 12-7 两圆柱体的接触应力

若两零件的硬度不同时，常以较软零件的接触疲劳强度极限为准。由图 12-7 可看出，作用在两圆柱体上的接触应力具有大小相等，方向相反，且左右对称及稍离接触区中线即迅速降低等特点。由于接触应力是局部性的应力，且应力的增长与载荷 F_n 并不成直线关系，而要缓慢得多，故安全系数 S_H 可取等于或稍大于 1。

12.3 机械零件的耐磨性

12.3.1 耐磨性的概念

运动副中，摩擦表面物质不断损失的现象称为磨损。磨损会逐渐改变零件尺寸和摩擦表面状态。零件抗磨损的能力称为耐磨性。

除非运动副摩擦表面为一层润滑剂所隔开而不直接接触，否则磨损总是难以避免的。但是只要磨损速度稳定缓慢，零件就能保持一定寿命。所以，在预定使用期限内，零件的磨损量不超过允许值时，就认为是正常磨损。

出现剧烈磨损时，运动副的间隙增大，能使机械的精度丧失，效率下降，振动、冲击和噪声增大。这时应立即停车检修、更换零件。

据统计,约有 80% 的损坏零件是因磨损而报废的。可见研究零件耐磨性具有重要意义。机械中磨损的主要类型:

(1) 磨粒磨损

硬质颗粒或摩擦表面上硬的凸峰,在摩擦过程中引起的材料脱落现象称为磨粒磨损。

(2) 粘着磨损(胶合)

加工后的零件表面总有一定的粗糙度。摩擦表面受载时,实际上只有部分顶峰接触,接触处压强很高,能使材料产生塑性流动。若接触处发生粘着,滑动时会使接触表面材料由一个表面转移到另一个表面,这种现象称为粘着磨损(胶合)。

(3) 疲劳磨损(点蚀)

在滚动或兼有滑动和滚动的高副中,如凸轮、齿轮等,受载时材料表层有很大的接触应力,当载荷重复作业时,常会出现表层金属呈小片状剥落,而在零件表面形成小坑,这种现象称为疲劳磨损或点蚀。

(4) 腐蚀磨损

在摩擦过程中,与周围介质发生化学反应或电化学反应的磨损,称为腐蚀磨损。

12.3.2 耐磨性的设计准则

实用耐磨计算是限制运动副的压强 p,即

$$p \leqslant [p] \tag{12-12}$$

式中 $[p]$ 是由实验或同类机器使用经验确定的许用压强。

相对运动速度较高时,还应考虑运动副单位时间单位接触面积的发热量 fpv。在摩擦系数一定的情况下,可将 pv 值与许用 pv 值进行比较,要求

$$pv \leqslant [pv] \tag{12-13}$$

12.4 机械制造常用材料及其选择

12.4.1 金属材料

1. 铸 铁

铸铁和钢都是铁碳合金,它们的区别主要在于含碳量的不同。含碳量小于 2% 的铁碳合金称为钢,含碳量大于 2% 的称为铸铁。铸铁具有适当的易熔性,良好的液态流动性,因而可铸成形状复杂的零件。

2. 钢

与铸铁相比,钢具有高的强度、韧性和塑性,并可用热处理方法改善其力学性能和加工性能。钢制零件的毛坯可用锻造、冲压、焊接或铸造等方法取得,因此其应用极为广泛。

按照用途,钢可分为结构钢,工具钢和特殊钢。结构钢用于制造各种机械零件和工程结构的构件;工具钢主要用于制造各种刃具、模具和量具;特殊钢(如不锈钢、耐热钢、耐酸钢等)用于制造在特殊环境下工作的零件。按照化学成分,钢又可分为碳素钢和合金钢。碳素钢的性质主要取决于含碳量,含碳量越高则钢的强度越高,但塑性越低。为了改善钢的性能,特意加入了一些合金元素的钢称为合金钢。

(1) 碳素结构钢

这类钢的含碳量一般不超过 0.7%。含碳量低于 0.25% 的低碳钢,它的强度极限和屈服极限较低,塑性很高,且具有良好的焊接性,适于冲压、焊接,常用来制作螺钉、螺母、垫圈、轴、气门导杆和焊接构件等。含碳量在 0.1%～0.2% 的低碳钢还用以制作渗碳的零件,如齿轮、活塞销、链轮等。通过渗碳淬火可使零件表面硬而耐磨,心部韧而耐冲击。如果要求有更高强度和耐冲击性能时,可采用低碳合金钢。含碳量在 0.3%～0.5% 的中碳钢,它的综合力学性能较好,既有较高的强度,又有一定的塑性和韧性,常用作受力较大的螺栓、螺母、键、齿轮和轴等零件。含碳量在 0.55%～0.7% 的高碳钢,具有高的强度和弹性,多用来制作普通的板弹簧、螺旋弹簧或钢丝绳等。

(2) 合金结构钢

钢中添加合金元素的作用在于改善钢的性能。例如:镍能提高强度而不降低钢的韧性;铬能提高硬度、高温强度、耐腐蚀性等;锰能提高钢的耐磨性、强度和韧性;钼的作用类似于锰,其影响更大些;钒能提高韧性及强度;硅可提高弹性极限和耐磨性,但会降低韧性。合金元素对钢的影响是很复杂的,特别是当为了改善钢的性能需要同时加入几种合金元素时。应当注意,合金钢的优良性能不仅取决于化学成分,而且在更大程度上取决于适当的热处理。

(3) 铸 钢

铸钢的液态流动性比铸铁差,所以用普通砂型铸造时,壁厚常不小于 10 mm。铸钢件的收缩率比铸铁件大,故铸钢件的圆角和不同壁厚的过渡部分均应比铸铁件大些。

选择钢材时,应在满足使用要求的条件下,尽量采用价格便宜供应充分的碳素钢,必须采用合金钢时也应优先选用我国资源丰富的硅、锰、硼、钒类合金钢。例如,我国新颁布的齿轮减速器规范中,已采用 35SiMn 和 ZG35SiMn 等代替原用的 35Cr、40CrNi 等材料。

3. 铜合金

铜合金有青铜和黄铜之分,黄铜是铜和锌的合金,并含有少量的锰、铝、镍等,它具有很好的塑性及流动性,故可进行锻压和铸造,青铜可分为含锡青铜和不含锡青铜类,它们的减摩擦性和抗腐蚀性均较好,也可碾压和铸造。此外,还有轴承合金(或称巴氏合金),主要用于制作滑动轴承的轴承衬。

12.4.2 非金属材料

1. 橡 胶

橡胶富于弹性,能吸收较多的冲击能量,常用作联轴器或减震器的弹性元件,带传动的胶带等,硬橡胶可用于制造用水润滑的轴承衬。

2. 塑 料

塑料的比重小,易于制成形状复杂的零件,而且各种不同塑料具有不同的特点,如耐蚀性、绝热性、绝缘性、减摩性、摩擦系数大等,所以近年来在机械制造中其应用日益广泛。以木屑、石棉纤维等作填充物,用热固性树脂压结而成的塑料称为结合塑料,可用来制作仪表支架、手柄等受力不大的零件。以布、石棉、薄木板等层状填充物为基体,用热固性树脂压结而成的塑料称为层压塑料,可用来制作无声齿轮、轴承衬和摩擦片等。

此外,在机械制造中也常用到其他非金属材料,如皮革、木材、纸板、棉、丝等。

设计机械零件时,选择合适的材料是一项复杂的技术经济问题。设计者应根据零件的用途、工作条件和材料的物理、化学、机械和工艺性能以及经济因素等进行全面考虑。这就要求设计者在材料和工艺等方面具有广泛的知识和实践经验。

12.5 公差与配合、表面粗糙度和优先数系

12.5.1 公差与配合

机器是由零件装配而成的。大规模生产要求零件具有互换性,以便在装配时不需要选择和附加加工,就能达到预期的技术要求。

为了实现零件的互换性,必须保证零件的尺寸、几何形状和相对位置以及表面粗糙度的一致性。就零件尺寸而言,它不可能做得绝对精确,但必须使尺寸介于两个允许的极限尺寸之间,这两个极限尺寸之差称为公差。因此互换性要求建立标准化的公差与配合制度。我国的公差与配合(GBl800~1803—79、GB/T1804—92)采用国际公差制,它既能适应于我国生产发展的需要,也有利于国际间的技术交流和经济协作。

孔,主要指圆柱形的内表面,也包括其他内表面,如键槽宽度。轴,主要指圆柱形的外表面,也包括其他外表面,如与键槽相配合的键宽。前者统称为包容面,后者统称为被包容面。

机械制造中最常用的公差等级是4~11级。4级、5级用于特别精密的零件。6级、7级、8级用于重要的零件,它们是现代生产中采用的主要精度等级。8级、9级用于工作速度中等及具有中等精度要求的零件。10~11级用于低精度零件,主要用于低速机器中;这些精度等级允许直接采用棒材、管材或精密锻件而不需要再作切削加工。

配合制度有基孔制和基轴制两种。基孔制的孔是基准孔,其下偏差为零,代号为H,而各种配合特性是靠改变轴的公差带来实现的,如图12-8所示。基轴制的轴是基准轴,其上偏差为零,代号为h,而各种配合特性是靠改变孔的公差带来实现的。为了减少加工孔用的刀具(如铰刀、拉刀)品种,工程中广泛采用基孔制。但有时仍须采用基轴制,例如,光轴与具有不同配合特性的零件相配合时;滚动轴承外径与轴承孔配合时等。

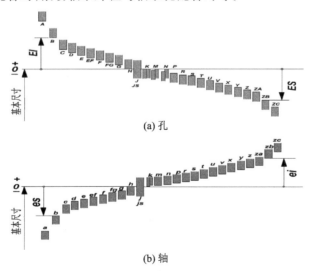

图 12-8 孔轴的基本偏差系列

12.5.2 表面粗糙度

零件是经过机械加工而成型的,机械加工必然在零件表面留下微细而凹凸不平的刀痕,导致零件表面存在微观的几何形状误差。表面粗糙度就是衡量零件表面微观几何形状误差的指标。

表面粗糙度有三种评定参数,其中最常用的是轮廓算术平均偏差 R_a,它是指在取样长度 l 内,被测定轮廓上各点至轮廓中线偏距绝对值的算术平均值,如图 12-9 所示,即

$$R_a = \frac{1}{l}\int_0^l |y| dx \quad 近似为 \quad R_a = \frac{1}{n}\sum_{i=1}^n |y_i|$$

表 12-2 列出了供优先选用的表面粗糙度 R_a 值及与其对应的加工方法。

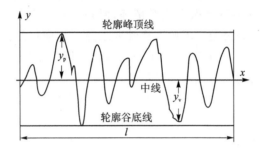

图 12-9 表征表面粗糙度的参数

表 12-2 用不同加工方法得到的 Ra 值

加工方法	表面粗糙度Ra(μm)												
	0.012	0.025	0.05	0.10	0.20	0.40	0.80	1.60	3.20	6.30	12.5	25	50	100
刨削								精			粗			
钻孔														
铰孔														
镗孔						精				粗				
滚、铣							精			粗				
车						精				粗				
磨			精			精								
研磨		精		粗										

12.5.3 优先系数

优先系数是用来使型号、直径、转速、承载量和功率等量值得到合理的分级。主要可便于组织生产和降低成本。

GB321-80 规定的优先数系有四种基本系列,即 R5 系列,公比为 $\sqrt[5]{10}\approx1.6$;R10 系列,公比为 $\sqrt[10]{10}\approx1.25$;R20 系列,公比为 $\sqrt[20]{10}\approx1.12$;R40 系列,公比为 $\sqrt[40]{10}\approx1.06$。

优先数系中任何一个数值称为优先数。对于大于 10 的优先数,可将以上数值乘以 10、100 或 1 000 等。

优先数和优先数系是一种科学的数值制度,在确定量值的分级时,必须最大限度地采用上述优先数及优先数系。

12.6 机械零件的工艺及标准化

12.6.1 工艺性

设计机械零件时,不仅应使其满足使用要求,即具备所要求的工作能力,同时还应当满足生产要求,否则就可能制造不出来,或虽能制造但费工费料很不经济。

在具体生产条件下,如所设计的机械零件便于加工而加工费用又很低,则这样的零件就称为具有良好的工艺性。有关工艺性的基本要求是:

① 毛坯选择合理　机械制造中毛坯制备的方法有:直接利用型材、铸造、锻造、冲压和焊接等。毛坯的选择与具体的生产技术条件有关。一般取决于生产批量、材料性能和加工可能性等。

② 结构简单合理　设计零件的结构形状时,最好采用最简单的表面(如平面、圆柱面、螺旋面)及其组合,同时还应当尽量使加工表面数目最少和加工面积最小。

③ 规定适当的制造精度及表面粗糙度　零件的加工费用随着精度的提高而增加,尤其在精度较高的情况下,这种增加极为显著。因此,在没有充分根据时,不应当追求高的精度。同理,零件的表面粗糙度也应当根据配合表面的实际需要,作出适当的规定。

欲设计出工艺性良好的零件,设计者就必须与工艺技术员工相结合并善于向他们学习。此外,在金属工艺学课程和手册中也都提供了一些有关工艺性的基本知识,可供参考。

12.6.2 标准化

标准化是指以制订标准和贯彻标准为主要内容的全部活动过程。标准化的研究领域十分宽广,就工业产品标准化而言,它是指对产品的品种、规格、质量、检验或安全、卫生要求等制订标准并加以实施。

产品标准化本身包括三个方面的含义:① 产品品种规格的系列化——将同一类产品的主要参数、型式、尺寸、基本结构等依次分档,制成系列化产品,以较少的品种规格满足用户的广泛需要;② 零部件的通用化——将同一类型或不同类型产品中用途结构相近似的零部件(如螺栓,轴承座、联轴器和减速器等),经过统一后实现通用互换;③ 产品质量标准化——产品质量是一切企业的"生命线",要保证产品质量合格和稳定就必须做好设计、加工工艺、装配检验,甚至包装储运等环节的标准化。这样,才能在激烈的市场竞争中立于不败之地。

对产品实行标准化具有重大的意义:在制造上可以实行专业化大量生产,既可提高产品质量又能降低成本;在设计方面可减少设计工作量;在管理维修方面,可减少库存量和便于更换损坏的零件。

按照标准的层次,我国的标准分为国家标准、行业标准、地方标准和企业标准四级。按照标准实施的强制程度,标准又分为强制性(GB)和推荐性(GB/T)两种。例如《公差与配合》(GB1800—79～GB1804—79)、《普通螺纹基本尺寸》(GB196—81)、《渐开线圆柱齿轮模数》(GB1357—87)都是强制性标准,必须执行。而《带传动——普通 V 带传动》(GB/T13575.1—

92),即为推荐性标准,鼓励企业自愿采用。

为了增强在国际市场的竞争能力,我国鼓励积极采用国际标准和国外先进标准。近年发布的我国国家标准,许多都采用了相应的国际标准。设计人员必须熟悉现行的有关标准。一般机械设计手册及机械工程手册(以后简称手册)中都收录摘编了常用的标准和资料,以供查阅。

习 题

1. 简答题

(1) 通过热处理可改变毛坯或零件的内部组织,从而改变它的力学性能。钢的常用热处理方法有:退火、正火、淬火、调质、表面淬火和渗碳淬火等。试选择其中3种加以解释并简述其应用。

(2) 写出下列材料名称并按小尺寸试件查出该材料的抗拉强度 σ_B(MPa)、屈服极限 σ_S(MPa)、伸长率 δ(%):Q235,45,40MnB,ZG270-500,HT200,QT500-7,ZCuSn10P1,ZA1Si12。

(3) 试求把14号热轧工字钢(材料为Q235)沿轴线拉断所需的最小拉力 F。

(4) 齿轮传动中,齿面接触应力可以看成哪类循环变应力?为什么?

2. 计算题

(1) 图12-10所示夹钳弓架的材料为45钢,已知:$a=65$ mm,$b=16$ mm,$h=50$ mm,试按弓架强度计算夹钳所能承受的最大夹紧力 F(计算时取安全系数 $S=2$)并绘出应力分布图。

(2) 试确定下列结构尺寸:(a) 普通螺纹退刀槽的宽度 b,沟槽直径 d_3,过渡圆角半径 r 及尾部倒角 C;(b) 扳手空间所需的最小中心距 A_1 和螺栓轴线与箱壁的最小距离 T(题12-11(b)图)。

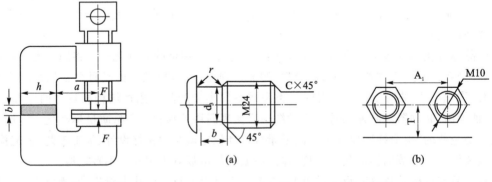

图12-10 第(1)题图　　　　图12-11 第(2)题图

(3) 钢制圆轴 $d=30$ mm,用平键与轮毂相联,试选择键的断面尺寸 $b \times h$,确定键槽的尺寸并绘制此平键联接的横截面图。

(4) 一小型转臂吊车如图12-12所示。横梁采用工字钢,电动葫芦(图中未示出)与横梁上的小车相连。小车移动和横梁转动用人力操纵。小车、电动葫芦的自重及起重量总计为 $W=20$ kN。试分析:

① 计算支承 B 及拉杆对横梁的作用力；

② 绘制横梁的弯矩图；

③ 已知铆钉组形心到支承 B 的距离 $g=300$ mm，计算横梁上铆钉组的截荷（即通过铆钉组中心处，横梁的内力及内力矩）。

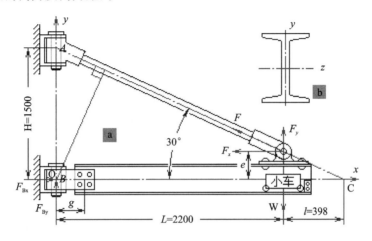

图 12-12 转臂吊车

(5) 根据第(4)题求出的铆钉组载荷，分析各铆钉上受的载荷是否相同，若不相同，哪个铆钉的载荷最大？最大载荷是多少？铆钉组排列尺寸见图。

[提示：用力的封闭多边形法画出作用在各铆钉上合力，然后进行比较，从中找出最大载荷，则较为简便。]

(6) 第(5)题中铆钉和被铆件的材料为 Q215 钢，许用切应力 $[\tau]=115$ MPa，许用挤压应力 $[\sigma]=240$ MPa，铆钉的直径 $d=18$ mm，横梁为 18 号工字钢，厚度 $\delta=9$ mm，其他尺寸见图。试校核铆钉联接的强度。

(7) 一对齿轮作单向传动，试问：① 轮齿弯曲应力可看成哪类循环变应力？② 两轮齿数为 $z_1=80$，小齿轮主动，$n_1=200$ r/min，预定使用期限为 500 h，在使用期限终了时，大齿轮应力循环总次数 N 是多少？③ 设大齿轮材料疲劳极限为 σ_{-1}，循环基数 $N_0=10^7$，那么对应于循环总次数 N 的疲劳极限能提高到多少？

(8) 一直径 $d=40$ mm，长度 $l=300$ mm 的钢制圆轴嵌入两刚性支承之间。材料的线膨胀系数 $\alpha=1.1\times10^{-5}/℃$，弹性模量 $E=2.06\times10^5$ MPa。当轴的温升 $\triangle t=50$ ℃时，① 若支承可以自由移动时，轴的伸长量是多少？② 若两支承距离仍维持不变，因轴的温度升高而加在支承上的压力是多少？

第 13 章　机械联接设计

组成机械的各个部分需要用各种联接零件或各种方法组合起来。联接零件是各种机械中使用最多的零件,有时,机械中联接零件占零件总数的 50% 以上。

联接零件一般为标准件,所以机械设计中如无特殊原因,都应该选用标准的联接零件,如螺栓、螺钉、螺母、垫圈、键等。这样不但可以降低生产成本,缩短开发新产品的周期,而且便于使用和修理。

常用机械联接可以分为可拆联接与不可拆联接。可拆联接在拆开时不必破坏联接件和被联接件,不可拆联接在拆开时至少必须破坏联接件和被联接件之一。常用的可拆联接有螺栓联接、花键联接、销联接、型面联接等,不可拆联接有焊接、铆接、粘接等。

在设计被联接零件时,同时需要确定采用的联接类型。联接类型的选择是以使用要求及经济要求为根据的。一般地说,采用不可拆联接多是由于制造及经济上的原因;采用可拆联接多是由于结构、安装、运输、维修上的原因。不可拆联接通常较可拆联接成本低廉。

在具体选择联接类型时,还必须考虑到联接的加工条件和被联接零件的材料、形状及尺寸等因素。例如:板件与板件的联接,多选用螺纹联接、焊接、铆接或胶接;杆件与杆件的联接,多选用螺纹联接或焊接;轴与轮毂的联接则经常选用键、花键联接或过盈联接等。有时亦可综合使用两种联接,例如胶—焊联接、胶—铆联接、以及键与过盈配合同时使用的联接等。

13.1　螺纹联接

用带螺纹的零件构成的联接称为螺纹联接。螺纹联接的特点是结构简单、装拆方便、互换性好、成本低廉、工作可靠和形式灵活多样,可反复拆开而不必破坏任何零件,因而应用广泛。利用螺纹件还可以组成螺旋副,传递运动和动力,称为螺旋传动,其功用虽不同于螺纹联接,但在受力和几何关系等方面与螺纹联接有许多相似之处。

13.1.1　机械中的常用螺纹

1. 螺纹的形成

如图 13-1 所示,将两直角边长度分别为 πd 和 L 的三角形绕在直径为 d 的圆柱体外表面上,当一直角边与圆柱体的底边重合时,斜边即在圆柱体表面形成一条螺旋线。取一个三角形平面,使其通过圆柱体的轴线并使该三角形的一条边与圆柱体的母线重合,当该平面沿螺旋线运动时,则三角形平面在空间便形成三角形螺纹;如果选取的是矩形平面,则得到的是矩形螺纹。

按螺旋线绕行的方向,有右螺纹和左螺纹之分。只有在特殊需要时,才采用左螺纹,比如煤气罐等危险设备中使用的螺纹。

按螺纹的线数(也称头数),可分为单线螺纹和多线螺纹。

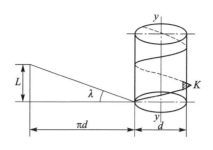

图 13‑1　螺旋线的形成

2. 螺纹的主要参数

现以三角形螺纹为例,结合图 13‑2 说明圆柱螺纹的主要参数。

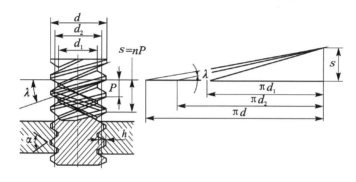

图 13‑2　螺纹的主要几何参数

① 大径 d:螺纹的最大直径,在标准中也称作公称直径。

② 小径 d_1:即螺纹的最小直径,在强度计算中常作为危险剖面的计算直径。

③ 中径 d_2:轴向平面内螺纹的牙厚等于槽宽处的一个假想圆柱体的直径,可近似地表示为 $d_2=(d+d_1)/2$。

④ 螺距 p:螺纹相邻两牙在中径上对应两点的轴向距离。

⑤ 线数 n:螺纹的螺旋线数量,也称螺纹头数。

⑥ 导程 s:同一螺旋线上的相邻两牙在中径线上对应两点间的轴向距离。对于单线螺纹 $s=p$;对于线数为 n 的多线螺纹 $s=np$。

⑦ 升角 λ:中径 d_2 圆柱上,螺旋线的切线与垂直于螺纹轴线的平面的夹角。

⑧ 牙型角 α:螺纹牙型两侧边的夹角。

常用粗牙螺纹基本尺寸见表 13‑1。

表 13‑1　粗牙螺纹基本尺寸

mm

公称直径 D、d	中径 D_2 或 d_2	小径 D_1 或 d_1	公称直径 D、d	中径 D_2 或 d_2	小径 D_1 或 d_1
8	7.188	6.647	24	22.051	20.752
10	9.026	8.376	30	27.727	26.211
12	10.863	10.106	36	33.402	31.670
16	14.701	13.835	42	39.077	37.129
20	18.376	17.294	48	44.752	44.587

3. 螺旋副的效率和自锁

现以矩形螺纹为例进行分析。

(1) 螺旋副的效率

螺旋副是由外螺纹(螺杆)和内螺纹(螺母)组成的运动副,经过简化可以把螺母看作一个滑块(重物)沿螺杆的螺旋表面运动,如图13-3(a)所示。

将矩形螺纹沿中径 d_2 处展开,得一倾斜角为 λ(即螺纹升角)的斜面,斜面上的滑块代表螺母,螺母和螺杆的相对运动可以看作滑块在斜面上的运动。

图13-3(b)所示为滑块在斜面上匀速上升时的受力图。F_Q 为轴向载荷,F 相当于转动螺母时作用在螺纹中径上的水平推力,F_N 为法向反力,摩擦力 $F_f = f \cdot F_N$,f 为摩擦系数,F_R 为 F_N 与 F_f 的合力,ρ 为 F_R 与 F_N 的夹角,称为摩擦角,$\rho = \arctan f$。

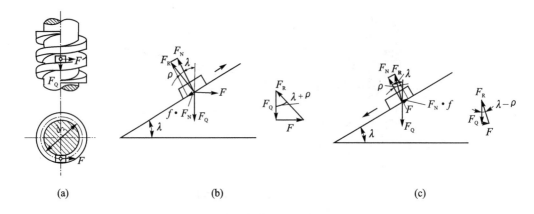

图 13-3 螺纹的受力分析

根据平衡条件,作力封闭图得:

$$F = F_Q \tan(\lambda + \rho)$$

所以,转动螺母所需的转矩为:

$$T_1 = F \frac{d_2}{2} = \frac{F_Q d_2}{2} \tan(\lambda + \rho) \tag{13-1}$$

螺母旋转一周所需的输入功为:$W_1 = 2\pi T_1$;此时螺母上升一个导程 s,其有效功为 $W_2 = F_Q \cdot s$。因此螺旋副的效率为:

$$\eta = \frac{W_2}{W_1} = \frac{F_Q \cdot s}{2\pi T_1} = \frac{F_Q \pi d_2 \tan\lambda}{2\pi \frac{F_Q d_2}{2} \tan(\lambda + \rho)} = \frac{\tan\lambda}{\tan(\lambda + \rho)} \tag{13-2}$$

对于非矩形螺纹,式(13-1)、式(13-2)中的摩擦角 ρ 用当量摩擦角 ρ_V 替换,于是可以得到以下的关系式:

螺纹力矩 $$T_1 = \frac{F_Q d_2}{2} \tan(\lambda + \rho_V) \tag{13-3}$$

螺旋副效率 $$\eta = \frac{\tan\lambda}{\tan(\lambda + \rho_V)} \tag{13-4}$$

(2) 螺旋副的自锁

物体在摩擦力的作用下,无论驱动力多大都不能使其运动的现象,称为自锁。

如图13-3(c),使置于斜面上的滑块下滑的驱动力为 F_Q,摩擦力 F_f 起到阻止滑块下滑的作用。若滑块在摩擦力的作用下无论驱动载荷 F_Q 有多大都不能使其下滑,则说明滑块已经达到自锁。

F_Q 沿滑动方向的投影为 $F_Q \sin \lambda$,摩擦力 $F_f = f \cdot F_N = \tan \rho \cdot F_Q \cos \lambda$。

自锁时
$$F_Q \sin \lambda \leqslant \tan \rho \cdot F_Q \cos \lambda$$

即
$$\tan \lambda \leqslant \tan \rho$$

所以,螺旋副的自锁条件为
$$\lambda \leqslant \rho$$

$\lambda = \rho$ 时,表明螺旋副处于临界自锁状态,$\lambda < \rho$ 时,其值越小,自锁性越强。

对于非矩形螺纹,螺旋副的自锁条件为
$$\lambda \leqslant \rho_v \tag{13-5}$$

4. 机械中的常用螺纹

按螺纹在轴向剖面内的形状,一般将机械中的常用螺纹分为三角形螺纹、锯齿形螺纹、梯形螺纹及矩形螺纹四种,其外形和剖面结构如图 13-4、图 13-5 所示。

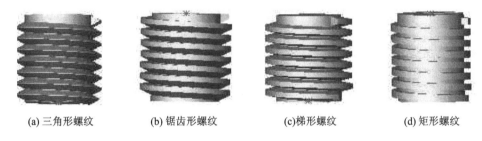

(a) 三角形螺纹　　(b) 锯齿形螺纹　　(c) 梯形螺纹　　(d) 矩形螺纹

图 13-4　各类螺纹的外形

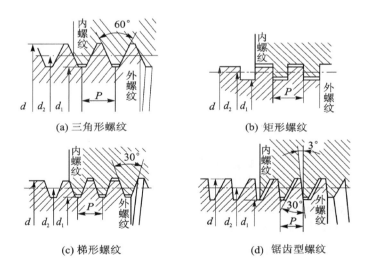

(a) 三角形螺纹　　(b) 矩形螺纹

(c) 梯形螺纹　　(d) 锯齿型螺纹

图 13-5　各类螺纹的剖面结构

四种常用螺纹中除三角形螺纹用于联接外,其余均用于传动。除矩形螺纹外,其余都已标准化。

在国家标准中,把牙型角 $\alpha = 60°$ 的三角形米制螺纹称为普通螺纹,是联接螺纹的基本形式,其牙根强度高,具有良好的自锁性能。同一公称直径的普通螺纹可以有多种螺距,其中螺距最大的称为粗牙螺纹,其余的称为细牙螺纹。一般联接多采用粗牙螺纹,粗牙螺纹应用最广。细牙螺纹螺距小、深度浅,因此自锁性比粗牙螺纹好,适合受冲击、振动和变载荷的联接,但不耐磨,容易滑扣,适合于薄壁零件的联接,细牙螺纹也常用作微调机构的调整螺纹。

矩形螺纹的牙型为正方形,牙型角 $\alpha=0°$,牙厚为螺距的一半。效率高,但牙根强度弱,精确制造困难,螺纹副磨损后,间隙难以补偿与修复,对中精度会降低。

梯形螺纹的牙型角 $\alpha=30°$,牙根强度高,螺纹的工艺性好;内外螺纹以锥面贴合,对中性好,不易松动;用剖分式螺母,可以调整和消除间隙。与矩形螺纹比,效率较低。

锯齿形螺纹的牙型为不等腰梯形,牙型角 $\alpha=33°$(承载面牙侧角为 $3°$、非承载面的牙侧角为 $30°$),综合矩形螺纹效率高和梯形螺纹牙根强度高的特点,但只能单向传递动力。精压机连杆中的调节螺杆由于只在一个方向上承受大的冲压力,故采用了锯齿形螺纹。

13.1.2 螺纹联接件及螺纹联接的类型

1. 螺纹联接件

螺纹联接件的品种很多,但是从结构等方面来说,常用的有以下几种。

(1) 螺　栓

螺栓是工程上、日常生活中应用最为普遍、广泛的紧固件之一。

为了满足工程上的不同需要,螺栓的头部有各种不同形状,有六角头(图 13-6(a))、内六角头(见图 13-6(b))和方头(见 13-6(c))等,但是最常见的是六角头。

(2) 双头螺柱

如图 13-6(d)所示。双头螺栓的两端都制有螺纹,两端的螺纹可以相同,也可以不同。其安装方式是一端旋入被联接件的螺纹孔中,另一端用来安装螺母。

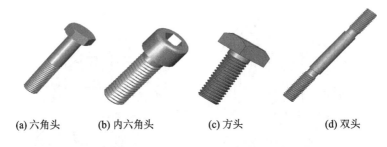

(a) 六角头　　(b) 内六角头　　(c) 方头　　(d) 双头

图 13-6　螺栓和双头螺柱

(3) 螺　钉

螺钉的头部有各种形状,为了明确表示螺钉的特点,所以通常以其头部的形状来命名,如:盘头螺钉(见图 13-7(a))、内六角圆柱螺钉(13-7(b))、沉头螺钉(见图 13-7(c))、滚花螺钉(见 13-7(d))、自攻螺钉(见 13-7(e))和吊环螺钉(见图 13-7(f))等。但是注意:在许多情况下,螺栓也可以用作螺钉。

(4) 紧定螺钉

紧定螺钉主要用于小载荷的情况下。例如,以传递圆周力为主的情况、防止传动零件的轴向串动等。紧定螺钉的工作面是在末端,根据传力的大小,末端的形状有平端、锥端、圆柱端等,头部的形状也有开槽、内六角等。常用紧定螺钉如图 13-8 所示。

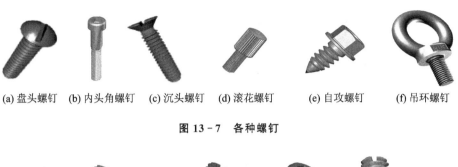

(a) 盘头螺钉　(b) 内头角螺钉　(c) 沉头螺钉　(d) 滚花螺钉　(e) 自攻螺钉　(f) 吊环螺钉

图 13-7　各种螺钉

图 13-8　紧定螺钉

(5) 螺　母

螺母是和螺栓相配套的标准零件,其外形为六角形的螺母最为常用,其厚度有厚的、标准的和扁的,其中以标准的应用最广。图 13-9(a)、图 13-9(b)、图 13-9(c)分别为厚六角形螺母、标准六角形螺母和扁六角形螺母。另外,还有圆形螺母(见图 13-9(d))及其他特殊的形状的螺母,如凸缘螺母(见 13-9(e))、盖形螺母(见图 13-9(f))、蝶形螺母(见图 13-9(g))等。

(a) 原六角形螺母　(b) 标准大角形螺母　(c) 扁六角形螺母　(d) 圆形螺母　(e) 凸缘螺母　(f) 盖形螺母　(g) 蝶形螺母

图 13-9　各种螺母

(6) 垫　圈

垫圈也是标准件,品种也最多,但是,应用最多、最常见的有平垫圈(见 13-10(b))和弹簧垫圈(见 13-10(a))两种。平垫圈的目的主要是为了增加支承面积,同时对支承面起保护作用。弹簧垫圈主要是用于防止螺母和其他紧固件的自动松脱。所以凡是有振动的地方又未采取其他防松措施时,原则上都应该加装弹簧垫圈。

除了以上两类垫圈外,还有一些特殊的垫圈,例如开口垫圈(见图 13-10(c))、方斜垫圈(见图 13-10(d))、止动垫圈(见图 13-10(e))及圆螺母专用止动垫圈(见图 13-10(f))等。在需要的时候可查阅设计手册。

在选用标准件紧固件时,应该视具体情况,对连接结构进行分析比较后合理选择。

另外,需要注意:螺纹紧固件一般分精制和粗制两种,在机械工业中主要选择使用精制螺纹。

2. 螺纹联接的主要类型

根据螺纹联接的不同结构型式,可将螺纹联接分为螺栓联接、双头螺柱联接、螺钉联接和紧定螺钉联接。

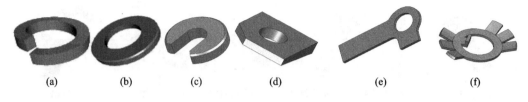

图 13-10 各种垫圈

(1) 螺栓联接

螺栓联接又分为普通螺栓联接和铰制孔用螺栓联接,如图 13-11 所示。

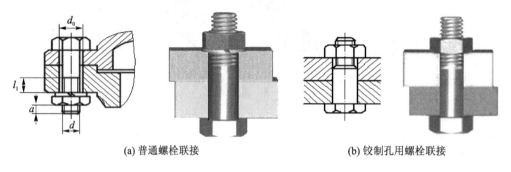

(a) 普通螺栓联接　　　　　　　　(b) 铰制孔用螺栓联接

图 13-11 螺栓联接

① 普通螺栓联接

螺栓与孔之间留有间隙,孔的直径大约是螺栓公称直径的 1.1 倍,螺栓连接工作前必须进行有效预紧。孔壁上不制作螺纹,通孔的加工精度要求较低,结构简单,装拆方便,应用十分广泛。无论该联接承受的是轴向力还是横向力,该联接下的螺栓只受拉力,所以,普通螺栓又称为受拉螺栓。常用于被联接件较薄,可加工成通孔处。

② 铰制孔用螺栓联接

铰制孔用螺栓联接(也称配合螺栓联接)的被联接件通孔与螺栓的杆部之间采用基孔制过渡配合,螺栓兼有定位销的作用能精确固定被联接件的相对位置,并能承受较大的横向载荷。这种联接对孔的加工精度要求较高,需精确铰制。铰制孔用螺栓联接成本稍高,一般用于需要精确定位或需承受大横向载荷的特定场合。因为该联接中螺栓的主要承受剪切力,所以铰制孔用螺栓又称为受剪螺栓。

(2) 双头螺柱联接

双头螺柱联接使用于结构上不能采用螺栓联接的场合,例如,被联接件之一太厚不宜制成通孔,材料又比较软(如铝镁合金壳体),且需要经常拆卸的场合,如图 13-12 所示。

(3) 螺钉联接

螺钉直接拧入被联接件的螺纹孔中,不必用螺母,结构简单紧凑,与双头螺柱联接相比外观整齐美观,如图 13-13 所示。但当要经常拆卸时,易使螺纹孔磨损,导致被联接件报废,故多用于受力不大,不需经常拆卸的场合。

(4) 紧定螺钉联接

紧定螺钉联接是利用拧入零件螺纹孔中的螺钉末端顶住另一零件的表面或顶入相应的凹坑中,以固定两个零件的相对位置,并可同时传递不太大的力或力矩。如图 13-14(a)为用平

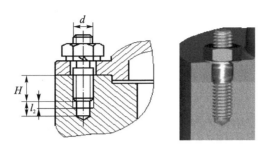

图 13-12 双头螺柱联接

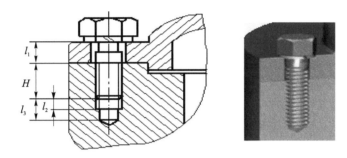

图 13-13 螺钉联接

端紧定螺钉的联接,这种联接不伤零件表面;图 13-14(b)为用锥端紧定螺钉的联接,这种联接通常应在被联接件上预制一锥凹坑。

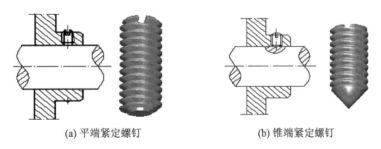

(a) 平端紧定螺钉　　　　　　　(b) 锥端紧定螺钉

图 13-14 紧定螺钉联接

13.1.3　螺纹联接的预紧与防松

1. 螺纹联接的预紧

在实际上,绝大多数螺纹联接在装配时都必须拧紧,使联接在承受工作载荷之前,预先受到的作用力称之为预紧力。预紧的目的在于增强联接的可靠性和紧密性,以防止受载后被联接件间出现缝隙和发生相对滑移。

预紧力的具体数值应根据载荷性质、联接刚度等具体条件确定,并根据预紧力的大小计算出预紧力矩。如图 13-15 所示,由于拧紧力矩 $T(T=FL)$ 的作用,使螺栓和被联接件之间产生预紧力 F_0。因为拧紧时螺母的拧紧力矩 T 等于螺旋副间的摩擦阻力矩 T_1 和螺母环形端面与被联接件支撑面间的摩

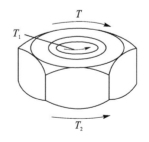

T_1—螺旋副间的摩擦阻力矩;
T_2—螺母与被联接件间的摩擦阻力矩

图 13-15 螺旋副的拧紧力矩

擦阻力矩 T_2 之和,即

$$T = T_1 + T_2$$

螺旋副间的摩擦力矩为:

$$T_1 = F_0 \tan(\lambda + \rho_v) \frac{d_2}{2}$$

螺母与支撑面间的摩擦阻力矩为:

$$T_2 = \frac{1}{3} f_c F_0 \frac{D_0^3 - d_0^3}{D_0^2 - d_0^2}$$

所以

$$T = \frac{1}{2} F_0 \left[d_2 \tan(\lambda + \rho_v) + \frac{2}{3} f_c \left(\frac{D_1^3 - d_0^3}{D_1^2 - d_0^2} \right) \right] \qquad (13-6)$$

对于 M10～M64 的粗牙普通螺纹的钢制螺纹,螺纹升角 $\lambda = 1°42' \sim 3°2'$;螺纹中径 $d_2 = 0.9d$;螺旋副的当量摩擦角 $\rho_v = \arctan 1.155 f$(f 为摩擦系数,无润滑时,$f = 0.1 \sim 0.2$);螺栓孔直径 $d_0 = 1.1d$;螺母环形支撑面的外径 $D_0 = 1.5d$;螺母与支撑面间的摩擦系数 $f_c = 0.15$。将上述各参数代入式(13-6)整理后得:

$$T \approx 0.2 F_0 d \qquad (13-7)$$

对于一定公称直径 d 的螺栓,当要求的预紧力 F_0 已知时,可按式(13-7)确定扳手的拧紧力矩 T。一般标准扳手的长度 $L \approx 15d$,若拧紧力为 F,则 $T = FL$。由式(13-7)可得:$F_0 \approx 75F$。假定 $F = 200$ N,则 $F_0 = 15\ 000$ N。如果用这个预紧力去拧紧 M12 以下的钢制螺栓,就很可能过载拧断。因此,对于重要的联接,应尽可能不采用直径过小的螺栓。必须使用时,应严格控制其预紧力。

控制预紧力的方法很多,通常借助测力矩扳手或定力矩扳手,如图 13-16 所示,利用控制力矩的方法来控制预紧力的大小。测力矩扳手的工作原理是根据扳手上的弹性元1,在拧紧力的作用下所产生的弹性变形来指示拧紧力矩的大小。定力矩扳手的工作原理是当拧紧力矩超过规定值时,弹簧3被压缩,扳手卡盘1与圆柱销2之间打滑,如果继续转动手柄,卡盘不再转动。拧紧力矩的大小可利用螺钉4调整弹簧压紧力来加以控制。

此外,如需精确控制预紧力,也可采用测量螺栓伸长量的办法控制预紧力。

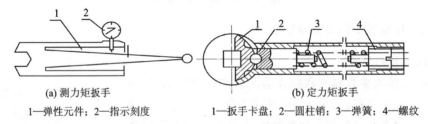

(a) 测力矩扳手　　　　　　　(b) 定力矩扳手

1—弹性元件;2—指示刻度　　1—扳手卡盘;2—圆柱销;3—弹簧;4—螺纹

图 13-16　测力矩扳手与定力矩扳手

2. 螺纹防松

螺栓联接在实际工作中,所受的外载荷一般有冲击振动、变载荷,而且螺栓材料在高温时有蠕变,这样会造成螺纹副间的摩擦力减少,从而使螺纹联接松动,如经反复作用,螺纹联接就会松驰而失效。因此,必须进行防松,否则会影响正常工作,造成事故。

防松的根本问题在于消除(或限制)螺纹副之间的相对运动,或增大相对运动的难度。防松的方法根据其工作原理可分为摩擦防松、机械防松、永久防松(破坏螺旋副的运动)。

常用的防松方法主要有摩擦防松和机械防松,如图 13-17、图 13-18 所示。

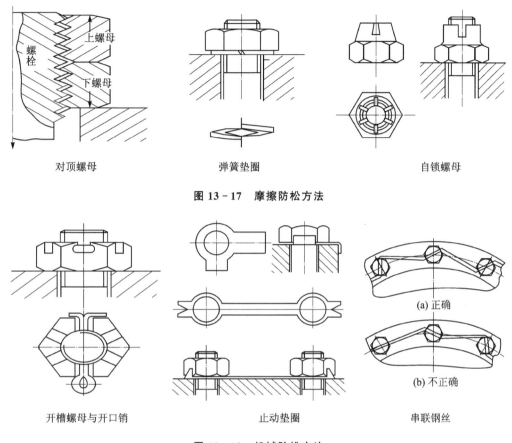

图 13-17　摩擦防松方法

图 13-18　机械防松方法

13.1.4　螺栓组联接的结构设计

在进行螺栓的设计之前,先要进行螺栓组的结构设计。螺栓组联接结构设计主要目的,在于合理地确定联接结合面的几何形状和螺栓的布置形式,力求各螺栓和联接结合面间受力均匀,便于加工和装配。为此设计时,应考虑以下几方面的问题。

1. 接合面形状设计

如图 13-19 所示,为了便于加工和便于对称布置螺栓,通常都设计成轴对称的简单几何形状。结合面较大时采用环状、条状结构,以减少加工面,且提高联接的平稳性和刚度。

2. 螺栓分布排列设计

螺栓分布排列设计应使各螺栓受力合理、便于划线和装拆、联接紧密。主要设计原则有:

① 对称布置螺栓,使螺栓组的对称中心和联接接合面的形心重合,从而保证联接结合面受力比较均匀,如图 13-20(a)所示。

② 当采用铰制孔用螺栓组联接时,不要在平行于工作载荷的方向上成排地布置 8 个以上的螺栓,以免载荷分布过于不均,如图 13-20(b)所示。

③ 当螺栓组联接的载荷是弯矩或转矩时,应使螺栓的位置适当靠近联接结合面的边缘,以减少螺栓的受力,如图 13-20(c)所示。

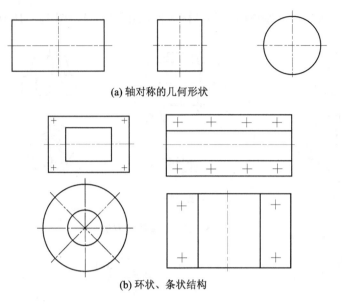

图 13-19 结合面形状设计

④ 分布在同一圆周上的螺栓数目应取成偶数,以便于分度和划线;同一螺栓组中螺栓的材料、直径和长度均应相同,如图 13-20(d)所示。

⑤ 螺栓排列应考虑扳手空间,给予螺栓合理的间距和边距,如图 13-20(e)所示。

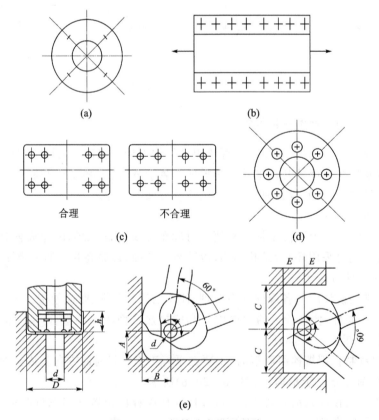

图 13-20 螺栓分布排列设计

13.1.5 螺纹联接件的材料与许用应力

(1) 材　料

国家标准中对螺纹联接标准件的材料的使用无硬性规定,只有推荐材料。但是,规定了必须达到的性能等级。国家标准规定的螺栓、螺钉、螺柱及螺母所能使用的性能等级见表13-2。

表 13-2　螺纹联接的性能等级及推荐材料

螺栓螺钉螺柱	性能等级	3.6	4.6	4.8	5.6	5.8	6.8	8.8	9.8	10.9	12.9
	推荐材料	低碳钢	低碳钢或中碳钢					低碳合金钢中碳钢		中碳钢合金钢	合金钢
相配螺母	性能等级	4(d>M16)5(d≤M16)			5	5	6	8	9	10	12

螺栓、螺钉、螺柱的性能等级由两部分数字组成,利用小数点分开。前面的数字表示公称抗拉强度的百分之一;后面的数字表示屈服强度 σ_s 与公称抗拉强度 σ_B 的比值的10倍。螺母性能等级只用一位数字表示,其为公称抗拉强度的百分之一。

不同的国标号,不同的直径,国家标准规定的性能等级不同。

在机械设计中,一般要给出所选择螺栓的性能等级国标号,列于明细表中,便于统计采购。若所设计的螺纹联接不属标准件,可按表13-3确定其力学性能。

表 13-3　螺纹紧固件材料的力学性能　　　　　　　　　　　MPa

钢　号	Q215	Q235	35	45	40Cr
强度极限 σ_b	340～420	410～470	540	650	750～1000
屈服极限 σ_s	220	240	320	360	650～900

(2) 许用应力与安全系数

螺纹联接的安全系数及许用应力见表13-4、表13-5。

表 13-4　紧螺栓联接的安全系数 S(不能严格控制预紧力时)

材料	静载荷		变载荷	
	M6～M16	M16～M30	M6～M16	M16～M30
碳素钢	4～3	3～2	10～6.5	6.5
合金钢	5～4	4～2.5	7.6～5	5

表 13-5　螺纹联接的许用应力

紧螺栓联接的受载情况	许用应力
受轴向载荷、横向载荷	$[\sigma]=\dfrac{\sigma_s}{S}$;控制预紧力时 $S=1.2\sim1.7$; 不能严格控制预紧张力时,S 严格按照表13-4

续表 13 – 5

紧螺栓联接的受载情况		许用应力
铰制孔用螺栓受横向载荷	静载荷	$[\tau] = \dfrac{\sigma_s}{2.5}$ $[\sigma_P] = \dfrac{\sigma_s}{1.25}$（被联接件为钢） $[\sigma_P] = \dfrac{\sigma_B}{2 \sim 2.5}$（被联接件为铸铁）
	变载荷	$[\tau] = \dfrac{\sigma_s}{3.5 \sim 5}$ $[\sigma_P]$ 按静载荷的 $[\sigma_P]$ 值降低 20%～30%

13.1.6 螺纹联接的强度计算

螺栓组的结构设计完成之后,对于重要的螺栓连接都应该进行强度计算。

针对不同零件的不同失效形式,应分别拟定不同的计算方法,失效形式是计算的依据和出发点。

螺栓的主要失效形式有:① 受拉螺栓的螺栓杆发生疲劳断裂;② 受剪螺栓的螺栓杆和孔壁间可能发生压溃或被剪断;③ 经常装拆时会因磨损而发生滑扣现象。标准螺栓与螺母的螺纹及其他各部分尺寸是根据等强度原则及使用经验设计的,不需要每项都进行强度计算。通常螺栓联接的计算是确定螺纹的小径 d_1,然后依据标准选定螺纹公称直径 d 及螺距 p 等。

按螺栓的个数多少,螺栓联接可分为单个螺栓联接和螺栓组联接(同时使用若干个螺栓)。前者计算较为简单,是设计的基础;后者是工程中的实用,可通过受力分析找出受力最大的螺栓,并求出力的大小,然后按单个螺栓进行计算。

螺栓的联接形式、载荷的性质不同,螺栓的强度条件就不同。为此螺栓联接可分为松联接和紧联接;其中紧联接应用较多,按外力的方向可分为受横向和受轴向载荷作用,前者按联接的结构又可分为普通螺栓联接和铰制孔用螺栓联接。下面分别进行讨论。

1. 松螺栓联接

如图 13 – 21 所示的吊钩螺栓,工作前不拧紧,无预紧力,只有工作载荷 F 起拉伸作用,工作载荷即为螺栓的受力。

强度条件为:

$$\sigma = \frac{F}{\frac{\pi}{4}d_1^2} \leqslant [\sigma] \qquad (13 - 8)$$

设计公式:

$$d_1 \geqslant \sqrt{\frac{4F}{\pi[\sigma]}} \qquad (13 - 9)$$

式中:σ 为所受的拉应力,MPa;d_1 为螺纹的小径,mm;$[\sigma]$ 为许用拉应力,MPa。

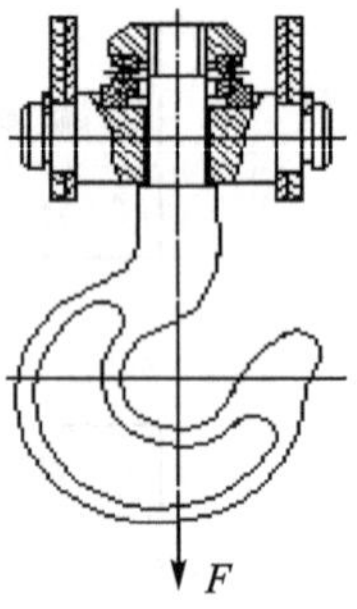

2. 紧螺栓联接

(1) 仅受预紧力的螺栓联接

图 13 – 22 所示的联接是用普通螺栓来承受横向载荷的。螺纹拧紧后,螺栓上作用有预紧

图 13 – 21 松螺栓联接

力 F_0，F_0 在被联接件的结合面上形成正压力，进而产生摩擦力，由摩擦力平衡横向载荷 F_Σ，螺栓上仅受预紧力。

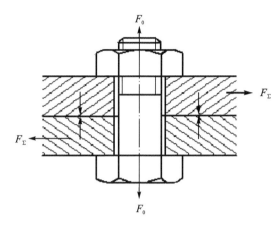

图 13-22 仅受预紧力的螺栓联接

这种螺栓联接在拧紧螺母时，螺栓杆除沿轴向受预紧力 F_0 的拉伸作用产生的拉应力外，还受到螺纹力矩的扭转作用产生的扭剪应力。为了简化计算，可将螺栓所受到的轴向拉力增大 30%，以考虑扭转剪应力的影响。

强度条件：

$$\sigma = \frac{1.3F_0}{\pi d_1^2/4} \leqslant [\sigma] \qquad (13-10)$$

设计公式：

$$d_1 \geqslant \sqrt{\frac{1.3 \times 4F_0}{\pi[\sigma]}} \qquad (13-11)$$

由式(13-11)可知，要求出 d_1，必须先求出预紧力 F_0。

螺栓预紧后，由预紧力 F_0 在结合面间产生的摩擦力应大于或等于横向外载荷，这样才不至于使两被联接件滑动，造成联接失效。

于是有

$$fF_0 zi \geqslant K_s F_\Sigma \quad \text{或} \quad F_0 \geqslant \frac{K_s F_\Sigma}{fzi} \qquad (13-12)$$

式中：f 为结合面的摩擦系数；i 为结合面数；K_s 为防滑系数，$K_s = 1.1 \sim 1.3$。F_0 为预紧力，N；z 为螺栓个数，F_Σ 为横向外载荷，N。

(2) 同时受预紧力和工作拉力的螺栓联接

这种螺栓联接比较常见，图 13-23 所示为气缸盖螺栓联接。

气缸盖受到总轴向力 F_Σ 的作用，则每个螺栓平均承受轴向工作载荷：

$$F = \frac{F_\Sigma}{Z}$$

Z 为螺栓个数。

由于螺栓和被联接件都是弹性体，在受有预紧力的基础上，因为两者弹性变形的相互制约，故螺栓所受的总拉力 F_2 并不等于预紧力 F_0 和工作拉力 F 之和，而是满足以下公式：

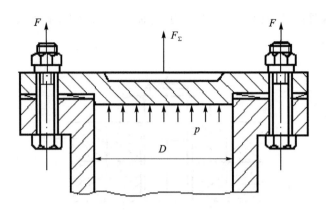

图 13-23 受预紧力和工作拉力的螺栓联接

$$\begin{cases} F_2 = F_0 + CF \\ F_2 = F_1 + F \end{cases} \tag{13-13}$$

式中：F_2 为总拉力，N；F_1 为残余预紧力，N；C 为螺栓的相对刚度，常用值见表 13-6。

表 13-6 螺栓的相对刚度

垫片类型	金属垫片或无垫片	皮革垫片	铜皮石棉垫片	橡胶垫片
C	0.2~0.3	0.7	0.8	0.9

为保证联接的紧密性，以防止联接受载后结合面间产生缝隙，应使残余预紧力 $F_1 \geqslant 0$。残余预紧力 F_1 的推荐值见表 13-7

表 13-7 残余预紧力 F_1 的推荐值

联接性质		残余预紧力 F_1
一般联接	工作载荷稳定	$F_1 = (0.2~0.6)F$
	工作载荷不稳定	$F_1 = (0.6~1.0)F$
有紧密性要求的联接		$F_1 = (1.5~1.8)F$
地脚螺栓联接		$F_1 \geqslant F$

在螺栓的强度计算之前，应先根据螺栓受载情况，求出单个螺栓的工作拉力 F，再根据联接的工作要求，选定预紧力 F_0 或残余预紧力 F_1，根据公式(13-12)便可求出螺栓受的总拉力 F_2。考虑到螺栓工作时，可能需要补充拧紧，在螺纹部分会产生扭转切应力，所以将总拉力 F_2 增大 30% 作为计算载荷。则：

强度条件为：

$$\sigma_{ca} = \frac{1.3 F_2}{\frac{\pi}{4} d_1^2} \leqslant [\sigma] \tag{13-14}$$

设计公式为：

$$d_1 \geqslant \sqrt{\frac{1.3 \times 4 F_2}{\pi [\sigma]}} \tag{13-15}$$

3. 受剪螺栓联接

如图 13-24 所示为铰制孔螺栓联接,在被联接件的结合面处螺栓杆受剪切,螺栓杆与孔壁之间受挤压。应分别按照挤压强度和剪切强度计算。

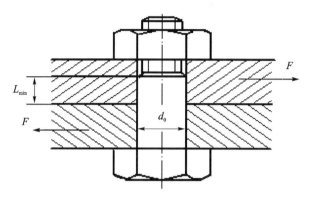

图 13-24 铰制孔螺栓联接

螺栓杆与孔壁的剪切强度条件为:

$$\tau = \frac{F}{\frac{\pi}{4}d_0^2} \leqslant [\tau] \tag{13-16}$$

设计公式为:

$$d_0 \geqslant \sqrt{\frac{4F}{\pi[\tau]}} \tag{13-17}$$

螺栓与孔壁接触表面的挤压强度条件为:

$$\sigma_P = \frac{F}{d_0 L_{\min}} \leqslant [\sigma_P] \tag{13-18}$$

设计公式为:

$$d_0 \geqslant \frac{F}{L_{\min}[\sigma_P]} \tag{13-19}$$

式中:F 为横向载荷,N;d_0 螺杆或孔的直径,mm;L_{min}——被联接件中受挤压孔壁的最小长度,mm;$[\tau]$——螺栓许用剪应力,MPa;$[\sigma_P]$——螺栓或被联接件中较弱者的许用挤压应力,MPa。

13.1.7 提高螺栓联接强度的措施

螺栓联接的强度主要取决于螺栓强度,而影响螺栓强度的因素有许多,主要有以下几点。

1. **降低螺栓的刚度、增加被联接件的刚度**

由式(13-12)可知,螺栓的相对刚度 C 越大,在其他条件不变的情况下,总拉力 F_2 越大,螺栓联接的强度越低。所以,为了降低螺栓的相对刚度,可降低螺栓的刚度、增加被联接件的刚度。改变螺栓的长度或形状,可降低螺栓的刚度,如图 13-25 将螺栓做成腰杆状或空心状;采用密封圈进行密封,使被联接件直接接触以增加被联接件的刚度,如图 13-26 所示。

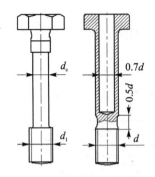

图 13-25 腰杆状与空心状螺栓

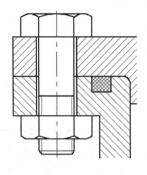

图 13-26 采用密封圈

2. 改善螺纹牙间的载荷分布不均现象

拧紧螺母时螺栓牙受拉伸长,螺母牙受压缩短,伸与缩的螺距变化差以紧靠支承面处第一圈为最大,应变最大,应力最大,其余各圈依次递减。试验证明:约有三分之一的载荷集中在第一圈螺纹上,以后各圈递减,在第八圈以后螺纹几乎不承受载荷。旋合螺纹的变形示意如图 13-27 所示。所以采用圈数过多的加厚螺母,并不能提高联接的强度。

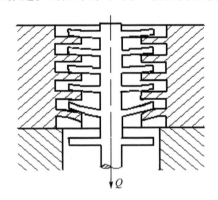

图 13-27 旋合螺纹的变形示意图

改善载荷不均匀的措施,原则上是减小螺栓与螺母二者承受载荷时螺距的变化差,尽可能使螺纹各圈承受载荷接近均等。

常用的方法有:

(1) 采用悬置螺母

如图 13-28(a)所示。由于此时螺母的旋合段受拉,可使螺母螺距的拉伸变形与螺栓螺距的拉伸变形相协调,从而减少两者的螺距的变化之差,使螺纹牙上的载荷分布趋于均匀。

(2) 采用环槽螺母

如图 13-28(b)所示,其基本原理同悬置螺母基本一致。但其效果没有悬置螺母好。

(3) 采用内斜螺母

如图 13-28(c)所示。由于螺母旋入端制有 10°~15°的内斜角,使得螺栓上原来受力较大的下面几圈螺纹牙的受力点外移,因而螺纹牙的刚度减小,容易弯曲变形,从而使螺栓下面几圈的载荷向上转移,达到螺纹牙间载荷分布趋于均匀。

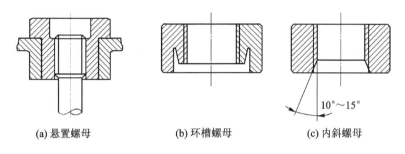

图 13-28　改善螺纹牙受力不均匀的措施

3. 避免或减小附加应力

附加应力是指由于制造、装配或不正确设计而在螺栓中产生的额外附加弯曲应力。为此，联接的支承面必须进行加工，保证设计、制造、安装时螺栓轴线与被联接件的结合面垂直。如图 13-29(a)为专用精压机主机机架使用的螺钉联接，支承面设计成锪平的凸台；图 13-29(b)为专用精压机主机减速器上使用的螺栓联接，支承面采用了加工过的沉孔；图 13-29(c)为链式输送机头轮机架，它使用了槽钢用的斜垫圈以便保证螺栓不因歪斜而产生附加弯曲应力。

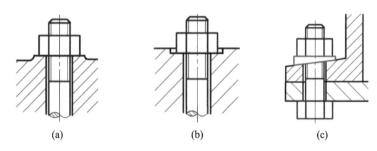

图 13-29　避免或减小附加应力

4. 减小应力集中的影响

为了减少应力集中，可以采用加大圆角等方法，如图 13-30 所示。

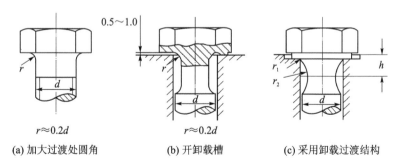

图 13-30　减小应力集中的措施

5. 采用合理的制造工艺

采用冷墩螺栓头部和滚压螺纹的工艺方法，可以显著提高螺栓的疲劳强度。这是因为冷墩和滚压工艺不切断材料纤维，金属流线的走向合理，而且有冷作硬化的效果，并使表层留有残余应力。因而滚压螺纹的疲劳强度可较切削螺纹的疲劳强度高 30%～40%。如果热处理后再滚压螺纹,其疲劳强度可提高70%～100%。这种冷墩和滚压工艺还具有材料利用率高、生产效率高和制造成本低等优势。

此外,在工艺上采用氮化、氰化、喷丸等处理,都是提高螺纹联接件疲劳强度的有效方法。

13.2 键联接、花键联接及销联接

可拆式机械联接除了螺纹联接以外,还有多种其他联接方式,比如键联接、花键联接、销联接等,下面分别简单介绍这些内容。

13.2.1 键联接

键是一种标准件,通常用于联接轴与轴上旋转零件与摆动零件,起周向固定零件的作用,以传递旋转运动和扭矩,而导键、滑键、花键还可用作轴上移动的导向装置。键联接的主要类型有:平键、半圆键、楔键、切向键。

1. 类 型

(1) 平键

① 普通平键

普通平键用于静联接,即轴与轮毂间无相对周向移动。两侧面为工作面,靠键与键槽的挤压力传递扭矩;轴上的键槽用盘铣刀或指状铣刀加工,轮毂槽用拉刀或插刀加工。普通平键联接如图13-31所示。

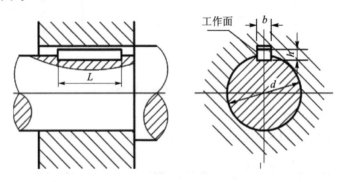

图 13-31 普通平键联接

普通平键分为以下几种:圆头(A型)、方头(B型)、单圆头(C型),如图13-32所示。

圆头平键的轴槽是用指状铣刀加工的,键在槽中固定良好,但槽在轴上引起的应力集中较大。方头平键的键槽是用盘铣刀加工的,轴的应力集中较小,但不利于键的固定,尺寸大的键要用紧定螺钉压紧在槽中。单圆头平键用于轴端与毂的联接。普通平键应用最广,它适用于高精度、高速或冲击、变载荷情况下的静联接。

② 薄型平键 键高约为普通平键的60%～70%,也分为圆头、方头、单圆头三种。通常用于薄壁结构、空心轴等径向尺寸受限制的联接。

③ 导向平键与滑键 用于动联接,即轴与轮毂之间有相对轴向移动的联接。导向平键,如图13-33(a)——键不动,轮毂轴向作短距离移动。滑键,如图13-33(b)——键随轮毂作长距离移动。

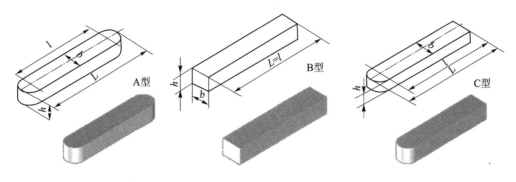

图 13-32 普通平键类型

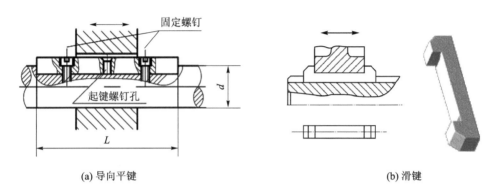

(a) 导向平键　　　　　　　　　　　(b) 滑键

图 13-33 导向平键与滑键联接

平键联接装拆方便,对中性好,容易制造,作用可靠,多用于高精度联接。但只能圆周固定,不能承受轴向力。

(2) 半圆键

键的截面呈小半圆型,键能在键槽中绕几何中心摆动,键的侧面为工作面,工作时靠其侧面的挤压来传递扭矩。轴槽用与半圆键形状相同的铣刀加工。其特点是工艺性好,装配方便,适用于锥形轴与轮毂的联接,轴槽对轴的强度削弱较大。只适宜轻载大轴径联接。半圆键如图 13-34 所示。

锥形轴端采用半圆键连接在工艺上较为方便,见图 13-34(b)。

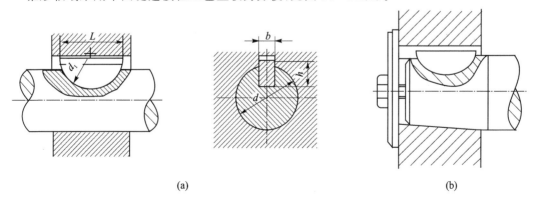

(a)　　　　　　　　　　　　　　(b)

图 13-34 半圆键

（3）楔键联接

普通楔键的上、下面为工作表面，上工作面有 1∶100 斜度，侧面有间隙，工作时打紧，靠上下面摩擦传递扭矩，并可传递小部分单向轴向力。楔键联接适用于低速轻载、精度要求不高的场合。它对中性较差，有偏心。不宜高速和精度要求高的联接，变载下易松动。钩头用于拆卸，如在中间用键槽应比键长 2 倍才能装入。楔键联接如图 13 - 35 所示。

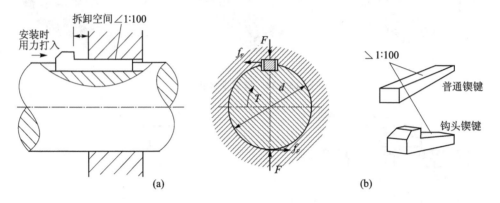

图 13 - 35　楔键联接

（4）切向键

一套切向键由两个斜度为 1∶100 的楔键组合而成。上、下两面为工作面，布置在圆周的切向。工作面的压力沿轴的切向作用，靠工作面与轴及轮毂相挤压来传递扭矩，能传递很大的转矩。

一套切向键只能传递一个方向的转矩，若要传递两个方向的转矩，必须用两套切向键，沿周向成 120°～130° 分布。

切向键联接如图 13 - 36 所示。

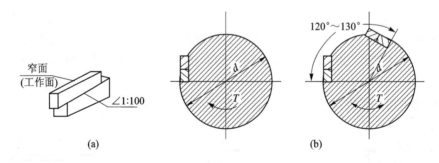

图 13 - 36　切向键联接

2. 键联接设计

键联接的设计主要包括键的选择和强度计算。

（1）键的选择

键的选择包括类型选择和尺寸选择两方面内容。选择键联接的类型时，应考虑的因素大致包括：载荷的类型；所需传递的转矩的大小；对于轴毂对中性的要求；键在轴上的位置（在轴的端部还是中部）；联接于轴上的带毂零件是否需要沿轴向滑移及滑移距离的长短；键是否要具有轴向固定零件的作用或承受轴向力等。

平键的主要尺寸为键宽 b、键高 h 和键长 L。设计时,键的剖面尺寸可根据轴的直径 d 按手册推荐选取。键的长度一般略短于轮毂长度,但所选定的键长应符合标准中规定的长度系列。见表 13-8。

表 13-8 普通平键和普通楔键的主要尺寸

轴的直径/mm	6~8	>8~10	>10~12	>12~17	>17~22	>22~30	>30~38
键宽 b×键高 h/mm²	2×2	3×3	4×4	5×5	6×6	8×7	10×8
轴的直径/mm	>38~48	>44~50	>50~58	>58~65	>65~75	>75~85	>85~95
键宽 b×键高 h/mm²	12×8	14×9	16×10	18×11	20×12	22×14	25×8
键的长度系列/mm	6、8、10、12、14、16、18、20、22、25、28、32、36、40、45、50、56、63、70、80、90、100、110、125、140、180、200、220、250、……						

(2) 平键联接强度计算

平键联接传递扭矩时,受力如图 13-37 所示,键的侧面受挤压,剖面 $a-a$ 受剪切。对于标准键联接,主要失效形式是键、轴槽、毂槽三者中较弱零件的工作面被压溃(对于静联接)或磨损(对于动联接)。因此,采用常见材料组合和按标准选取的平键联接,只需按工作面上的挤压应力(对于动联接常用压强)进行强度计算。

在计算中,假设载荷沿键的长度和高度均布。则其强度条件为:

$$\sigma_p = \frac{4T}{dhl} \leqslant [\sigma_p] \quad (13-19)$$

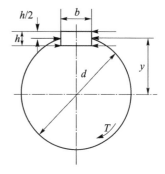

图 13-37 平键联接的受力情况

式中:T 为传递的转矩,N·mm;d 为轴的直径,mm;l 为键的工作长度,mm,圆头平键 $l=L-b$,方头平键 $l=L$,这里 L 为键的公称长度,mm,b 为键的宽度,mm;$[\sigma_p]$ 为键联接中挤压强度最低的零件(一般为轮毂)的许用挤压应力,MPa,其值可查表 13-9,对于动联接则以许用压强 $[p]$ 代替 $[\sigma_p]$。

如果验算结果强度不够,可适当增加键和轮毂的长度,但键的长度一般不应该超过 2.5 d,否则,挤压应力沿键的长度方向分布不均匀;也可在联接处相隔 180 度布置两个平键。考虑到载荷分布的不均匀性,双键联接的强度只按 1.5 个键计算。

表 13-9 键联接的许用挤压应力 $[\sigma_p]$ 和压强 $[p]$

联接的工作方式	联接中较弱零件的材料	$[\sigma_p]$ 或 $[p]$		
		静载荷	轻微冲击	冲击载荷
静联接用 $[\sigma_p]$	钢	125~150	100~120	60~90
	铸铁	70~80	50~60	30~45
动联接用 $[p]$	钢	50	40	30

13.2.2 花键联接

花键联接是由多个键齿与键槽在轴和轮毂孔的周向均布而成。花键齿侧面为工作面,适用于动、静联接。花键联接如图 13-38 所示。

1. 花键联接的结构特点

① 齿较多、工作面积大、承载能力较高；② 键均匀分布，各键齿受力较均匀；③ 齿槽浅、齿根应力集中小，对轴的强度削弱减少；④ 轴上零件对中性好；⑤ 导向性较好；⑥ 加工需专用设备、制造成本高。

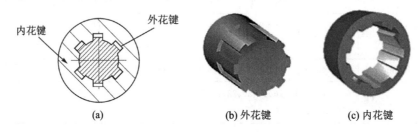

图 13-38 花键联接

2. 花键联接类型

按齿形分：

(1) 矩形花键联接　如图 13-39(a)所示按新标准为内径定心，定心精度高，定心稳定性好，配合面均要磨削用以消除热处理后引起的变形，应用广泛。

(2) 渐开线花键　如图 13-39(b)所示定心方式为齿形定心，当齿受载时，齿上的径向力能自动定心，有利于各齿均载，应用广泛，优先采用。

(3) 三角形花键　齿数较多，齿较小，对轴强度削弱小。适于轻载、直径较小时及轴与薄壁零件的联接应用较少。

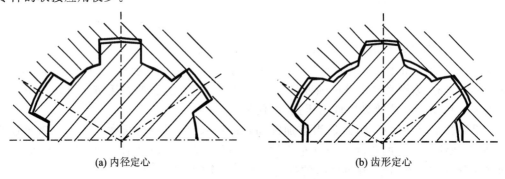

图 13-39 花键类型

13.2.3 销联接

销联接也是工程中常用的一种重要联接形式，主要用来固定零件之间的相对位置，当载荷不大时也可以用作传递载荷的联接，同时可以作为安全装置中的过载剪断元件。

销联接的类型有以下几种：

定位销，图 13-40(a)所示，主要用于零件间位置定位，常用作组合加工和装配时的主要辅助零件。

联接销，图 13-40(b)所示，主要用于零件间的联接或锁定，可传递不大的载荷。

安全销，图 13-40(c)所示，主要用于安全保护装置中的过载剪断元件。

按外形分 { 圆柱销 不能多次装拆(否则定位精度下降)。
圆锥销,图 13-40(d)所示,1:50 锥度,可自锁,定位精度高,允许多次装拆,且便于拆卸。

另外还有许多特殊型式的销,如带螺纹锥销,开尾圆锥销,图 13-40(e),槽销、销轴等多种形式。

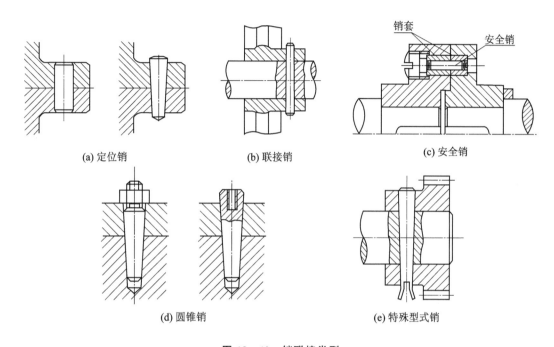

图 13-40 销联接类型

销联接在工作中通常受到挤压和剪切。设计时,可以根据联接结构的特点和工作要求来选择销的类型、材料和尺寸,必要时进行强度校核计算。

13.3 机械联接实例设计与分析

13.3.1 大带轮与减速器高速轴的键联接设计与计算

1. 已知数据

精压机主机传动系统中大带轮与减速器高速轴的联接采用的是键联接,该轴受转矩 $T_1 = 1.19 \times 10^5$ N·mm,有冲击载荷,但传至此处已不大。轴段直径 $d_1 = 35$ mm,轴长 $l_1 = 48$ m,轴和键的材料均为 45 钢,带轮材料为铸铁。

2. 计算步骤及结果

(1) 键的类型与尺寸选择

① 因为该键用于轴端与毂的联接,所以采用单圆头平键。

② 尺寸选择

由表 13-8,轴段直径 $d_1 = 35$ mm,选键的截面为 $b \times h = 10 \times 8$;轴长 $l_1 = 48$ mm,取键的长度 $L = 45$ mm。因此键的型号为:键 C10×8 GB1096—79。

(2) 键的校核计算

按最弱的材料铸铁查表 13-9 得键联接的许用挤压应力 $[\sigma_p]=45$ MPa。

键的工作长度 $l=L-b/2=45-10/2=40$ mm。

则由式(13-19)

$$\sigma_p = \frac{4T}{dhl} = \frac{4 \times 1.19 \times 10^5}{35 \times 8 \times 40} = 42.5 \text{ MPa} < [\sigma_p]$$

所以该联接满足强度要求。

13.3.2 连杆盖与连杆体之间的螺纹联接

1. 设计数据

如图 13-41 所示,连杆盖与连杆体之间的螺纹联接由 4 个 M10 的双头螺柱联接构成,四个螺柱均匀分布,用对顶螺母防松。

连杆和滑块的重力及其产生的摩擦力是该联接的主要载荷。滑块极限位置时螺柱轴线与重力方向的夹角约为 40^0,滑块与导轨的摩擦系数约为 0.1。综合考虑各种因素,螺柱所受工作拉力按 1 500 N 计算。

2. 计算步骤及结果

(1) 确定许用应力 $[\sigma]$

查国家标准 GB/T 901 得知螺柱的性能等级为 4.8 级,故其屈服强度 $\sigma_s=320$ MPa。

由表 13-1 查得 M10 时,$d_1=8.376$ mm;由表 13-4,取 $S=4$

则由表 13-5

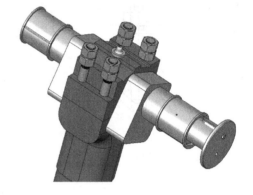

图 13-41 连杆盖与连杆体之间的螺纹联接

$$[\sigma] = \frac{\sigma_s}{S} = \frac{320}{4} = 80 \text{ MPa}$$

(2) 计算螺栓的总拉力

每个螺栓所受的工作载荷为 $F=\dfrac{1\ 500}{4}=375$ N,由表 13-7 按工作载荷不稳定,取残余预紧力 $F_1=0.8F$。

由式(13-12),每个螺柱所受的总拉力为

$$F_2 = F_1 + F = 0.8F + F = 0.8 \times 375 + 375 = 675 \text{ N}$$

(3) 校核强度

由式(13-13)

$$\sigma_{ca} = \frac{1.3F_2}{\pi d_1^2/4} = \frac{1.3 \times 675}{\pi \times 8.376^2/4} = 15.93 \text{ MPa} < [\sigma]$$

合格

习　题

1. 填空题

(1) 三角形螺纹的牙型角 $\alpha=$ _____，适用于_____。而梯形螺纹的牙型角 $\alpha=$ _____，适用于_____。

(2) 螺旋副的自锁条件是_____。

(3) 螺纹联接防松的实质是_____。

(4) 受轴向工作载荷 F 的紧螺栓联接，螺栓所受的总拉力 Q 等于_____和_____之和。

(5) 承受横向工作载荷的普通螺栓联接，螺栓受_____应力和_____应力作用，可能发生的失效形式是_____。

(6) 承受横向工作载荷的铰制孔螺栓联接，靠螺栓受_____和_____来传递载荷，可能发生的失效形式是_____和_____。

(7) 若螺纹的直径和螺纹副的摩擦系数一定，则拧紧螺母时的效率取决于螺纹的_____和_____。

(8) 在螺栓联接中，当螺栓轴线与被联接件支承面不垂直时，螺栓中将产生附加_____应力，而避免其发生的常用措施是采用_____和_____作支承面。

(9) 普通平键用于_____联接，其工作面是_____面，工作时靠_____传递转矩，主要失效形式是_____。

(10) 楔键的工作面是_____，主要失效形式是_____。

(11) 平键的剖面尺寸通常是根据_____选择；长度尺寸主要是根据_____选择。

(12) 导向平键和滑键用于_____联接，主要失效形式是_____，这种联接的强度条件是_____。

(13) 同一联接处使用两个平键，应错开_____布置；采用两个楔键或两组切向键时，要错开_____；采用两个半圆键，则应_____。

2. 简答题

(1) 一刚性凸缘联轴器用普通螺栓联接以传递转矩 T，现欲提高其传递的转矩，但限于结构不能增加螺栓的数目，也不能增加螺栓的直径。试提出三种提高转矩的方法。

(2) 普通螺纹分为粗牙和细牙螺纹，请问细牙螺纹有什么特点？用于何处？

(3) 常用螺纹联接的类型有哪几种？应用场合是什么？

(4) 什么是螺纹联接的紧联接和松联接？

(5) 螺纹联接的防松方法常用的有几种？工作原理是什么？举例说明。

(6) 普通螺栓和铰制孔螺栓靠什么传递横向载荷？

(7) 提高螺栓联接强度的措施有哪些？

(8) 普通平键的公称长度 L 与工作长度 l 之间有什么关系？

(9) 普通平键有那些失效形式？主要失效形式是什么？怎样进行强度校核？如经校核判断强度不足时，可采取哪些措施？

(10) 平键和楔键联接在工作原理上有什么不同？

(11) 切向键是如何工作的？主要用在什么场合？

(12) 平键联接、半圆键联接、楔键联接和切向键联接各自的失效形式是什么？静联接和动联接校核计算有何不同？

3. 计算题

(1) 如图 13-42 所示，用 8 个 $M24(d_1 = 20.752\ mm)$ 的普通螺栓联接的钢制液压油缸，螺栓材料的许用应力 $[\sigma] = 80\ MPa$，液压油缸的直径 $D = 200\ mm$，为保证紧密性要求，剩余预紧力为 $Q'_P = 1.6F$，试求油缸内许用的最大压强 P_{max}。

(2) 如图 13-43 所示螺栓联接，4 个普通螺栓成矩形分布，已知螺栓所受载荷 $R = 4\ 000\ N$，$L = 300\ mm$，$r = 100\ mm$，接合面数 $m = 1$，接合面间的摩擦系数为 $f = 0.15$，可靠性系数 $K_f = 1.2$，螺栓的许用应力为 $[\sigma] = 240\ MPa$，试求：所需螺栓的直径 (d_1)。

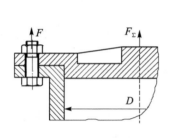

图 13-42 第(1)题图

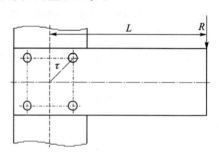

图 13-43 第(2)题图

(3) 如图 13-44 所示的夹紧联接中，柄部承受载荷 $P = 600\ N$，柄长 $L = 350\ mm$，轴直径 $d_b = 60\ mm$，螺栓个数 $z = 2$，接合面摩擦系数 $f = 0.15$，螺栓机械性能等级为 8.8，取安全系数 $S = 1.5$，可靠性系数 $K_f = 1.2$，试确定螺栓直径。

(4) 如图 13-45 所示为一圆盘锯，锯片直径 $D = 500\ mm$，用螺母将其压紧在压板中间。如锯片外圆的工作阻力 $F_t = 400\ N$，压板和锯片间的摩擦系数 $f = 0.15$，压板的平均直径 $D_1 = 150\ mm$，取可靠性系数 $K_f = 1.2$，轴的材料为 45 钢，屈服极限 $\sigma_S = 360\ MPa$，安全系数 $S = 1.5$，确定轴端的螺纹直径。

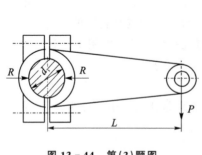

图 13-44 第(3)题图   图 13-45 第(4)题图

(5) 如图 13-31 所示，齿轮轮毂与轴采用普通平键连接。已知轴径 $d = 70\ mm$，初定轮毂长度等于齿宽 55 mm，传递转矩 $T = 969 \times 10^3\ N \cdot mm$，有轻微冲击，轮毂材料为 40Cr，轴的材料 45 钢。试确定平键的连接尺寸，并校核连接强度。若强度不足，可采取什么措施？

第 14 章 轴

轴是机器中的重要零件之一,它的主要作用是支承旋转的机械零件(如齿轮,带轮)和传递转矩。根据承受载荷的不同,轴可分为心轴、转轴和传动轴三种。

(1) 心 轴

只承受弯矩而不传递转矩的轴称为心轴。心轴又可分为转动心轴(工作时轴转动,如铁路车辆的轴)和固定心轴(工作时轴不转动,如自行车的前后轴)两种,如图 14-1、图 14-2 所示。

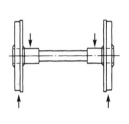 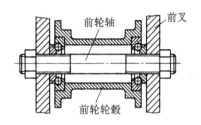

图 14-1 转动心轴　　　　　　图 14-2 固定心轴

(2) 转 轴

转轴既支承传动件又传递动力,即同时承受弯矩和转矩(如齿轮减速箱中的轴),如图 14-3 所示。

(3) 传动轴

传动轴主要传递动力,即主要承受转矩作用,不承受或承受很小弯矩(如汽车的传动轴),如图 14-4 所示。

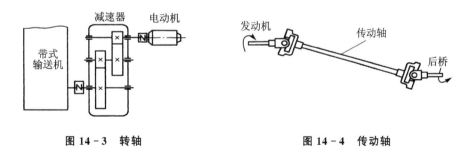

图 14-3 转轴　　　　　　图 14-4 传动轴

按照轴线的形状,轴还可分为:直轴(图 14-1～图 14-4)、曲轴(图 14-5)和挠性钢丝轴(图 14-6)。曲轴常用于往复式机械中。挠性钢丝轴是由几层紧贴在一起的钢丝层构成的,可以把转矩和旋转运动灵活地传到任何位置,常用于振动捣碎等设备中。本章只探讨直轴。

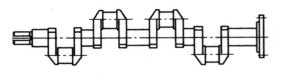
图 14-5 曲 轴

图 14-6 挠性钢丝轴

14.1 轴的材料及其选择

轴的材料常采用碳素钢和合金钢。选择时主要考虑的因素有：轴的强度，刚度以及耐磨性，热处理方法，加工工艺要求，材料来源和价格等。

(1) 碳素钢　35、45、50 等优质碳素结构钢因具有较高的综合力学性能，应用较多，其中以 45 号钢用得最为广泛。为了改善其力学性能，应进行正火或调质处理。不重要或受力较小的轴，则可采用 Q235、Q275 等碳素结构钢。

(2) 合金钢　合金钢具有较高的力学性能和较好的热处理性能，但价格较贵，多用于有特殊要求的轴。例如：采用滑动轴承的高速钢，常用 20Cr、20CrMnTi 等低碳合金结构钢，经渗碳淬火后可提高轴颈耐磨性；汽轮发电机转子轴在高温、高速和重载条件下工作，必须具有良好的高温力学性能，常采用 40CrNi、38CrMoAlA 等合金结构钢。值得注意以下两点：①由于碳素钢与合金钢的弹性模量基本相同，所以采用合金钢并不能提高轴的刚度；②轴的各种热处理（如高频淬火、渗碳、氮化、氰化等）以及表面强化处理（喷丸、滚压）对提高轴的疲劳强度有显著效果。

轴的毛坯一般用圆钢或锻件，有时也可采用铸钢或球墨铸铁。例如，用球墨铸铁制造曲轴、凸轮轴，具有成本低廉、吸振性较好、对应力集中的敏感性较低、强度较好等优点。

表 14-1 列出几种轴的常用材料及其主要力学性能。

表 14-1　轴的常用材料及其主要力学性能

材料及热处理	毛坯直径 /mm	硬度 HBS	强度极限 σ_B	屈服极限 σ_s	弯曲疲劳极限 σ_{-1}	应用说明
			MPa			
Q235			440	240	200	用于不重要或载荷不大的轴
35 正火	≤100	149～187	520	270	250	有好的塑性和适当的强度，可做一般曲轴、转轴等
45 正火	≤100	170～217	600	300	275	用于较重要的轴，应用最为广泛
45 调质	≤200	217～255	650	360	300	
40Cr 调质	25		1 000	800	500	用于载荷较大，而无很大冲击的重要的轴
	≤100	241～286	750	550	350	
	>100～300	241～266	700	550	340	

续表 14-1

材料及热处理	毛坯直径/mm	硬度 HBS	强度极限 σ_B	屈服极限 σ_s	弯曲疲劳极限 σ_{-1}	应用说明
			MPa			
40MnB 调质	25		1 000	800	485	性能接近 40Cr,用于重要的轴
	≤200	241~286	750	500	335	
35CrMo 调质	100	207~269	750	550	390	用于重载荷的轴
20Cr 渗碳淬火回火	15	表面 56~62HRC	850	550	375	用于要求强度、韧性及耐磨性均较高的轴
	≤60		650	400	280	

14.2 轴的结构设计

轴的结构外形主要取决于轴在箱体上的安装位置及形式,轴上零件的布置和固定方式,受力情况和加工工艺等。

轴的结构设计要求:① 轴和轴上零件要有准确、牢固的工作位置;② 轴上零件装拆、调整方便;③ 轴应具有良好的制造工艺性;④ 尽量避免应力集中等。

14.2.1 拟定轴上零件的装配方案

根据轴上零件的结构特点,首先要预定出主要零件的装配方向、顺序和相互关系,它是轴进行结构设计的基础,拟定装配方案,应先考虑几个方案,进行分析比较后再选优。

原则:① 轴的结构越简单越合理;② 装配越简单、方便越合理。如图 14-7 中的装配方案是:齿轮 3、套筒 4、右端轴承 5、轴承端盖 9、半联轴器 8 依次从轴的右端向左安装,而左端只安装轴承 1 及其端盖。这样就对各轴段的粗细顺序作了初步的安排。为使轴上零件易于安装,

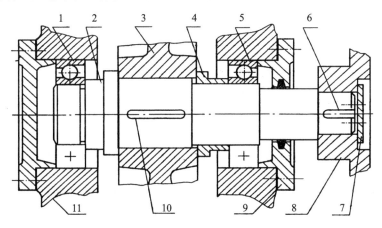

1,5—轴承;2—轴;3—齿轮;4—套筒;6,10—键;7—轴端挡圈;8—半联轴器;9—轴承端盖;11—轴承座或箱体

图 14-7 轴上零件的装配方案

轴端及各轴段的端部应有倒角。轴上磨削的轴段应有砂轮越程槽;车制螺纹的轴段应有螺纹退刀槽。

14.2.2 轴上零件的定位和固定

为了防止轴上零件受力时发生沿轴向或周向的相对运动,必须进行轴向和周向的定位与固定(有游动或相对转动要求者例外),以保证其准确的工作位置。

(1) 零件的轴向定位与固定

轴上零件的轴向定位与固定常用轴肩、套筒、轴端挡圈(又称压板)、圆螺母等来实现的。

① 轴肩和轴环(轴中间高两边低轴向尺寸小的环),如图14-8所示。

用轴肩和轴环这种方法结构简单,定位可靠,能承受较大的轴向载荷,广泛用于齿轮类零件和滚动轴承的轴向定位,缺点是轴径变化处会产生应力集中。设计时应保证定位准确,轴的过渡圆角半径 r 应小于相配零件毂孔倒角 C 或圆角 R;轴肩高度 $h≈(0.07d+3)~(0.1d+5)$,对于定位轴肩,h 应大于 C 或 R,通常取 $h=(2~3)C$ 或 $(2~3)R$,对于非定位轴肩,其主要作用是便于轴上零件的装拆,其轴肩高度可取 $h≈1~2$ mm,滚动轴承的定位轴肩高度应根据轴承标准查取相关的安装尺寸;轴肩的宽度 $b≈1.4h$(与滚动轴承相配处的 h 和 b 值,查轴承标准)。

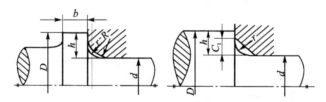

图14-8 轴肩圆角与相配零件的倒角(或圆角)

② 套筒,如图14-9

套筒常用于两个距离较近的零件之间,起轴向定位和固定的作用。但由于套筒与轴的配合较松,故不宜用于转速很高的轴上。图中套筒一端对齿轮起固定作用,另一端对轴承进行轴向固定,一般取 $l≈B-(2~3)$mm。

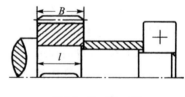

图14-9 套筒

③ 圆螺母和弹性挡圈,如图14-10

圆螺母常与止动垫圈配合使用,可以承受较大的轴向力,固定可靠,但轴上需切制螺纹和退刀槽,对轴的强度有所削弱。弹性挡圈结构简单,但装配时轴上需切槽,会引起应力集中,一般用于受轴向力不大的零件,对其轴向固定。

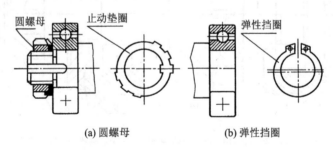

(a) 圆螺母　　　(b) 弹性挡圈

图14-10 圆螺母和弹性挡圈

④ 紧定螺钉,如图 14-11、轴端挡圈,如图 14-12 和圆锥面,如图 14-13

用紧定螺钉固定的轴结构简单,可同时兼作周向定位(仪器、仪表中较常用),但承载能力低,不适合高速重载场合。用螺钉将挡圈固定在轴的端面,常与轴肩或锥面配合,固定轴端零件。能承受较大的轴向力,且固定可靠。而圆锥面装拆方便,可用于高速、冲击载荷及零件对中性要求高的场合。

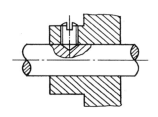

图 14-11 紧定螺钉

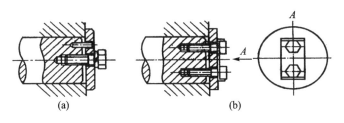

图 14-12 轴端挡圈

图 14-13 轴端挡圈与圆锥面

(2) 零件的周向定位与固定 周向定位的目的是限制轴上零件与轴发生相对转动。常用的周向定位零件有键、花键(承载大,定位精度高,适于动联接)、紧定螺钉、销(同时实现轴向定位,传力不大处)等,还可采用过盈配合。

14.2.3 各轴段的直径和长度的确定

(1) 各轴段直径的确定

凡有配合要求的轴段应尽量采用标准直径(可查相应手册)。安装滚动轴承、联轴器、密封圈等标准件的轴径应符合各标准件内径系列的规定。套筒的内径应与相配的轴径相同并采用过渡配合。其他的①可按扭矩估算轴段的直径 $d_{\min}$;② 按轴上零件安装、定位要求确定各段轴径。

(2) 各轴段长度的确定

① 采用套筒、螺母、轴端挡圈作轴向固定,应把装零件的轴段长度做得比零件轮毂短 2~3 mm,以确保套筒、螺母或轴端挡圈能靠紧零件端面;② 考虑零件间的适当间距(特别是转动零件与静止零件之间必须有一定的间隙)。

14.2.4 轴的结构工艺性

轴的结构工艺性是指轴的结构形式应便于加工和装配轴上的零件,并且生产效率高,成本低。一般而言,轴的结构越简单,则工艺性越好。因此,在满足使用要求的前提下,轴的结构形式应尽量简化。为了便于装配零件,应去掉毛刺,轴端应倒角;需要磨削加工的轴段,应留有砂轮越程槽,如图 14-14(a);需要切制螺纹的轴段,应留有退刀槽,如图 14-14(b),其尺寸可参看标准或手册。为了减少加工时装夹工件的时间,同一轴上不同轴段的键槽应布置在轴的同一母线上。为了减少加工刀具种类和提高劳动生产率,轴上直径相近处的圆角、倒角、键槽宽度、砂轮越程槽和退刀槽宽度等应尽可能采用相同的尺寸。

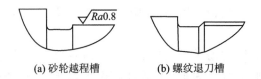

图 14-14 轴的结构工艺性

14.3 轴的强度计算

轴的强度计算应根据轴的承载情况,采用相应的计算方法。常用的轴的强度计算方法有以下两种。

14.3.1 按扭转强度计算

按扭转强度计算既适用于只承受转矩的传动轴的精确计算,也可用于既受弯矩又受扭矩的转轴的近似计算。

对于只传递转矩的圆截面轴,其强度条件为

$$\tau = \frac{T}{W_T} = \frac{9.55 \times 10^6 P}{0.2 d^3 n} \leqslant [\tau] \quad \text{MPa} \tag{14-1}$$

式中:τ 为轴的扭切应力,MPa;T 为转矩,N·mm;W_T 为抗扭截面系数,mm³,对圆截面轴 $W_T = \frac{\pi d^3}{16} \approx 0.2 d^3$;$P$ 为传递的功率,kW;n 为轴的转速,r/min;d 为轴的直径,mm;$[\tau]$ 为许用扭切应力,MPa。

对于既传递转矩又承受弯矩的转轴,也可用上式初步估算轴的直径,但必须把轴的许用扭切应力 $[\tau]$ 适当降低(见表 14-2),以补偿弯矩对轴的影响。将降低后的许用应力代入上式,并改写为设计公式

$$d \geqslant \sqrt[3]{\frac{9.55 \times 10^6}{0.2[\tau]}} \sqrt[3]{\frac{P}{n}} \geqslant C \sqrt[3]{\frac{P}{n}} \quad \text{mm} \tag{14-2}$$

式中:C 是由轴的材料和承载情况确定的常数,见表 14-2。应用上式求出 d 值,d 值需圆整为标准直径系列值,一般作为轴最细处的直径的最小值。

表 14-2 常用材料的 $[\tau]$ 和 C 值

轴的材料	Q235,20	35	45	40Cr,35SiMn
$[\tau]$/MPa	12~20	20~30	30~40	40~52
C	160~135	135~118	118~107	107~98

注:当作用在轴上的弯矩比传递的转矩小或只传递转矩时,C 值取小值;否则取大值。

此外,也可采用经验公式来估算轴的直径。例如在一般减速器中,高速输入轴的直径可按与其相联的电动机轴的直径 D 估算,$d = (0.8 \sim 1.2) D$;各级低速轴的轴径可按同级齿轮中心距 a 估算,$d = (0.3 \sim 0.4) a$。

14.3.2 按弯扭合成强度计算

图 14-15 为一单级圆柱齿轮减速器的设计草图,图中各符号表示有关的长度尺寸。显

然,零件在草图上的作用位置即可确定。由此可作轴的受力分析及绘制弯矩图和转矩图。

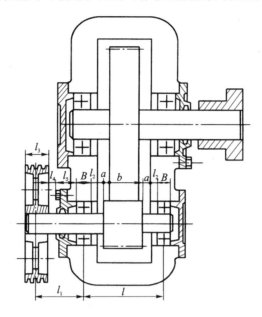

图 14-15 齿轮减速器设计草图

对于一般钢制的轴,可用第三强度理论(即最大切应力理论)求出危险截面的当量应力 σ_e,其强度条件为

$$\sigma_e = \sqrt{\sigma_b^2 + 4\tau^2} \leqslant [\sigma_b] \tag{14-3}$$

式中:σ_b 为危险截面上弯矩 M 产生的弯曲应力;τ 为转矩 T 产生的扭切应力。对于直径 d 的圆轴,

$$\sigma_b = \frac{M}{W} = \frac{M}{\pi d^3/32} \approx \frac{M}{0.1d^3}$$

$$\tau = \frac{T}{W_T} = \frac{T}{2W}$$

其中 W、W_T 分别为轴的抗弯截面系数和抗扭截面系数。将 σ_b 和 τ 值代入式(14-3),得

$$\sigma_e = \sqrt{\left(\frac{M}{W}\right)^2 + 4\left(\frac{T}{2W}\right)^2} = \frac{1}{W}\sqrt{M^2+T^2} \leqslant [\sigma_b] \tag{14-4}$$

由于一般转轴的 σ_b 为对称循环应力,而 τ 的循环特性往往与 σ_b 不同,考虑两者循环特性不同的影响,对上式中的转矩 T 乘以折合系数 α,即

$$\sigma_e = \frac{M_e}{W} = \frac{1}{0.1d^3}\sqrt{M^2+(\alpha T)^2} \leqslant [\sigma_{-1b}] \tag{14-5}$$

式中:M_e——当量弯矩,$M_e = \sqrt{M^2+(\alpha T)^2}$;

α——根据转矩性质而定的折合系数。对不变的转矩,$\alpha = \frac{[\sigma_{-1b}]}{[\sigma_{+1b}]} \approx 0.3$;当转矩脉动变化时,$\alpha = \frac{[\sigma_{-1b}]}{[\sigma_{0b}]} \approx 0.6$;对于频繁正反转的轴,$\tau$ 可作为对称循环变应力,$\alpha = 1$。若转矩的变化规律不清楚,一般按脉动循环处理。

$[\sigma_{-1b}]$、$[\sigma_{0b}]$、$[\sigma_{+1b}]$——分别为对称循环、脉动循环及静应力状态下的许用弯曲应力,见

表 14-3。

表 14-3 轴的许用弯曲应力 MPa

材料	σ_B	$[\sigma_{+1b}]$	$[\sigma_{0b}]$	$[\sigma_{-1b}]$
碳素钢	400	130	70	40
	500	170	75	45
	600	200	95	55
	700	230	110	65
合金钢	800	270	130	75
	900	300	140	80
	1000	330	150	90
铸 钢	400	100	50	30
	500	120	70	40

综上所述,按弯扭合成强度计算轴径的一般步骤如下:

① 将外载荷分解到水平面和垂直面内。求垂直面支承反力 F_V 和水平面支承反力 F_H;

② 作垂直面弯矩 M_V 图和水平面弯矩 M_H 图;

③ 作合成弯矩 M 图,$M = \sqrt{M_H^2 + M_V^2}$;

④ 作转矩 T 图;

⑤ 弯扭合成,作当量弯矩 M_e 图,$M_e = \sqrt{M^2 + (\alpha T)^2}$;

⑥ 计算危险截面轴径。由式(14-5)

$$d \geqslant \sqrt[3]{\frac{M_e}{0.1[\sigma_{-1b}]}} \tag{14-6}$$

式中:M_e 的单位为 N·mm;$[\sigma_{-1b}]$ 的单位为 MPa。

对于有键槽的截面,应将计算出的轴径加大 4% 左右。若计算出的轴径大于结构设计初步估算的轴径,则表明结构图中轴的强度不够,必须修改结构设计;若计算出的轴径小于结构设计的估算轴径,且相差不很大,一般就以结构设计的轴径为准。

对于一般用途的轴,按上述方法设计计算即可。对于重要的轴,尚须作进一步的强度校核(如安全系数法),其计算方法可查阅有关参考书。

例 14-1 试计算某减速器输出轴危险截面的直径,如图 14-16(a)。已知作用在齿轮上的圆周力 $F_t = 17\,400$ N,径向力 $F_r = 6\,140$ N,轴向力 $F_a = 2\,860$ N,齿轮分度圆直径 $d_2 = 146$ mm,作用在轴右端带轮上外力 $F = 4\,500$ N(方向未定),$L = 193$ mm,$K = 206$ mm。

解:(1) 求垂直面的支承反力,如图(b)所示

$$F_{1V} = \frac{F_r \cdot \frac{L}{2} - F_a \cdot \frac{d_2}{2}}{L} = \frac{6\,410 \times \frac{193}{2} - 2\,860 \times \frac{146}{2}}{193} = 2\,123 \text{ N}$$

$$F_{2V} = F_r - F_{1V} = 6\,410 - 2\,123 = 4\,287 \text{ N}$$

(2) 求水平面的支承反力,如图(c)所示

$$F_{1H} = F_{2H} = \frac{F_t}{2} = \frac{17\,400}{2} = 8\,700 \text{ N}$$

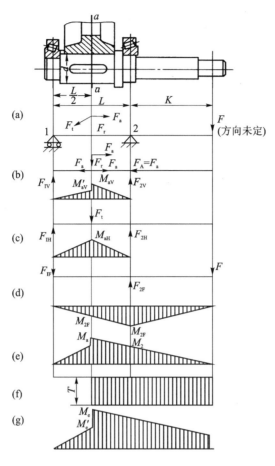

图 14-16 轴的受力分析

(3) F 力在支点产生的反力,如图(d)所示

$$F_{1F} = \frac{F \cdot K}{L} = \frac{4\,500 \times 206}{193} = 4\,803 \text{ N}$$

$$F_{2F} = F + F_{1F} = 4\,500 + 4\,803 = 9\,303 \text{ N}$$

外力 F 作用方向与带传动的布置有关,在具体布置尚未确定前,可按最不利的情况考虑,见本例(7)的计算

(4) 绘垂直面的弯矩图,如图(b)所示

$$M_{aV} = F_{2V} \cdot \frac{L}{2} = 4\,287 \times \frac{0.193}{2} = 414 \text{ N} \cdot \text{m}$$

$$M'_{aV} = F_{1V} \cdot \frac{L}{2} = 2\,123 \times \frac{0.193}{2} = 205 \text{ N} \cdot \text{m}$$

(5) 绘水平面的弯矩图,如图(c)所示

$$M_{aH} = F_{1H} \cdot \frac{L}{2} = 8\,700 \times \frac{0.193}{2} = 840 \text{ N} \cdot \text{m}$$

(6) F 力产生的弯矩图,如图(d)所示

$$M_{2F} = F \cdot K = 4\,500 \times 0.206 = 927 \text{ N} \cdot \text{m}$$

$a-a$ 截面 F 力产生的弯矩为:

$$M_{aF} = F_{1F} \cdot \frac{L}{2} = 4\,803 \times \frac{0.193}{2} = 463 \text{ N·m}$$

(7) 求合成弯矩图,如图(e)所示

考虑到最不利的情况,把 M_{aF} 与 $\sqrt{M_{aV}^2 + M_{aH}^2}$ 直接相加。

$$M_a = \sqrt{M_{aV}^2 + M_{aH}^2} + M_{aF} = \sqrt{414^2 + 840^2} + 463 = 1\,400 \text{ N·m}$$

$$M'_a = \sqrt{(M'_{aV})^2 + (M_{aH})^2} + M_{aF} = \sqrt{205^2 + 840^2} + 463 = 1\,328 \text{ N·m}$$

$$M_2 = M_{2F} = 927 \text{ N·m}$$

(8) 求轴传递的转矩,如图(f)所示

$$T = F_t \cdot \frac{d_2}{2} = 17\,400 \times \frac{0.146}{2} = 1\,270 \text{ N·m}$$

(9) 求危险截面的当量弯矩,如图(g)所示

从图 g 可见,a—a 截面最危险,其当量弯矩为

$$M_e = \sqrt{M^2 + (\alpha T)^2}$$

可认为轴的扭切应力是脉动循环变应力,取折合系数 $\alpha = 0.6$,代入上式可得

$$M_e = \sqrt{1\,400^2 + (0.6 \times 1\,270)^2} \approx 1\,600 \text{ N·m}$$

(10) 计算危险截面处轴的直径

轴的材料选用 45 钢,调质处理,由表 14-1 查得 $\sigma_B = 650$ MPa,由表 14-3 查得许用弯曲应力 $[\sigma_{-1b}] = 60$ MPa,则

$$d \geq \sqrt[3]{\frac{M_e}{0.1[\sigma_{-1b}]}} = \sqrt[3]{\frac{1\,600 \times 10^3}{0.1 \times 60}} = 64.4 \text{ mm}$$

考虑到键槽对轴的削弱,将 d 值大加 5%,故

$$d = 1.05 \times 64.48 = 67.704 \text{ mm} \approx 68 \text{ mm}$$

该轴径 68 mm,需要与结构设计的轴径比较,取大者。

14.4 轴的刚度计算

轴受弯矩作用会产生弯曲变形,如图 14-17 所示,受转矩作用会产生扭矩变形,如图 14-18 所示。如果轴的刚度不够,就会影响轴的正常工作。例如电机转子轴的挠度过大,会改变转子与定子的间隙而影响电机的性能。又如机床主轴的刚度不够,将影响加工精度。因此,为了使轴不致因刚度不够而失效,设计时必须根据轴的工作条件限制其变形量,即

$$\text{挠度 } y \leq [y] \quad \text{转角 } \theta \leq [\theta] \quad \text{扭角 } \varphi \leq [\varphi] \tag{14-7}$$

式中 $[y]$、$[\theta]$、$[\varphi]$ 分别为许用挠度、许用转角和许用扭角,而 y、θ、φ 的计算可参考材料力学或机械设计手册,其值见表 14-4。

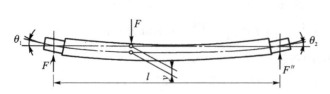

图 14-17 轴的挠度和转角

图 14-18 轴的扭角

表 14-4 轴的许用变形量

变形种类	适用场合	许用值	变形种类	适用场合	许用值
挠度 /mm	一般用途的轴	$(0.0003\sim0.0005)l$	转角 /(rad)	滑动轴承	$\leqslant 0.001$
	刚度要求较高的轴	$\leqslant 0.0002l$		向心球轴承	$\leqslant 0.05$
				调心球轴承	$\leqslant 0.05$
	感应电机轴	$\leqslant 0.1\Delta$		圆柱滚子轴承	$\leqslant 0.0025$
	安装齿轮的轴	$(0.01\sim0.05)m$		圆锥滚子轴承	$\leqslant 0.0016$
	安装蜗轮的轴	$(0.02\sim0.05)m$		安装齿轮处轴的截面	$0.001\sim0.002$
l—支承间跨距; Δ—电机定子与转子间的气隙; m_n—齿轮法面模数; m—蜗轮模数。			每米长的扭角 (°)/m	一般传动	$0.5\sim1$
				较精密的传动	$0.25\sim0.5$
				重要传动	<0.25

14.4.1 弯曲变形计算

计算轴在弯矩作用下所产生的挠度 y 和转角 θ 的方法很多。在材料力学课程中已研究过两种：① 按挠曲线的近似微分方程式积分求解；② 变形能法。对于等直径轴，用前一种方法较简便；对于阶梯轴，用后一种方法较适宜。

14.4.2 扭转变形的计算

等直径的轴受转矩 T 作用时，其扭角 φ 可按材料力学中的扭转变形公式求出，即

$$\varphi = \frac{Tl}{GI_\rho} = \frac{32Tl}{G\pi d^4} \text{ rad} \tag{14-8}$$

式中：T 为转矩，N·mm；l 为轴受转矩作用的长度，mm；G 为材料的切变模量，MPa；d 为轴径，mm；I_ρ 为轴截面的极惯性矩。

对阶梯轴，其扭角 φ 的计算式为

$$\varphi = \frac{1}{G}\sum_{i=1}^{n}\frac{T_i l}{I_{\rho i}} \text{ rad} \tag{14-9}$$

式中：T_i、l_i、$I_{\rho i}$ 分别代表阶梯轴第 i 段上所传递的转矩及该段长度和极惯性矩，单位同式(14-8)。

例 14-2 一钢制等直径轴，已知传递的转矩 $T=4000$ N·m，轴的许用切应力 $[\tau]=40$ MPa，轴的长度 $l=1700$ mm，轴在全长上的扭角 φ 不得超过 1°，钢的切变模量 $G=8\times10^4$ MPa，试求该轴的直径。

解：① 按强度要求，应使

$$\tau = \frac{T}{W_T} = \frac{T}{0.2d^3} \leqslant [\tau]$$

故轴的直径

$$d \geqslant \sqrt[3]{\frac{T}{0.2[\tau]}} = \sqrt[3]{\frac{4000\times10^3}{0.2\times40}} = 79.4 \text{ mm}$$

② 按扭转刚度要求,应使

$$\varphi = \frac{32Tl}{G\pi d^4} \leqslant [\varphi]$$

按题意 $l=1\,700$ mm,在轴的全长上,$[\varphi]=1°=\dfrac{\pi}{180}$ rad。故

$$d \geqslant \sqrt[4]{\frac{32Tl}{\pi G[\varphi]}} = \sqrt[4]{\frac{32 \times 4\,000 \times 10^3 \times 1\,700}{\pi \times 8 \times 10^4 \times \dfrac{\pi}{180}}} = 83.9 \text{ mm}$$

故该轴的直径取决于刚度要求。圆整后可取 $d=85$ mm。

14.5 轴的临界转速的概念

由于回转件的结构不对称、材质不均匀、加工有误差等原因,要使回转件的重心精确地位于几何轴线上,几乎是不可能的。实际上,重心与几何轴线间一般总有一微小的偏心距,因而回转会产生离心力,使轴受到周期性载荷的干扰,引起轴的弯曲振动(或称横向振动)。

若轴所受的外力频率与轴的自振频率一致时,运转便不稳定而发生显著的振动,这种现象称为轴的共振。产生共振时轴的转速称为临界转速。如果轴的转速停滞在临界转速附近,轴的变形将迅速增大,以至达到使轴,甚至整个机器破坏的程度。因此,对于重要的,尤其是高转速的轴必须计算其临界转速,并使轴的工作转速 n 避开临界转速 n_c。

轴的临界转速可以有许多个,最低的一个称为一阶临界转速,其余为二阶、三阶……。

工作转速低于一阶临界转速的轴称为刚性轴;超过一阶临界转速的轴称为挠性轴。对于刚性轴,应使 $n<(0.75\sim 0.8)n_{c1}$;对于挠性轴,应使 $1.4n_{c1} \leqslant n \leqslant 0.7n_{c2}$(式中 n_{c1}、n_{c2} 分别为一阶临界转速、二阶临界转速)。

14.6 提高轴的强度、刚度和减轻轴的重量的措施

轴的结构、表面质量及轴上零件的结构、布置、受力位置等都对轴的承载能力有影响。我们可以从结构和工艺两个方面采取措施来提高轴的承载能力。轴的尺寸如能减小,整个机器的尺寸也常会随之减小。

14.6.1 改进轴的结构,减少应力集中

主要措施有:① 尽量避免形状的突然变化,使轴径变化平缓;② 宜采用较大的过渡圆角。若圆角半径受到限制,可以改用内圆角、凹切圆角(图 14-19(a))或过渡肩环(图 14-19(b))以保证圆角尺寸;③ 过盈配合的轴可以在轴上或轮毂上开减载槽(图 14-19(c));④ 适当加大配合部轴径;⑤ 选择合理的配合;⑥ 盘铣刀铣键槽比用指铣刀铣应力集中小;⑦ 渐开线花键比矩形花键应力集中小。

14.6.2 合理布置轴上零件　减小轴受转矩

为了减小轴受弯矩,传动件应尽量靠近轴承,并尽可能不采用悬臂的支承形式,力求缩短支承跨距及悬臂长度等。

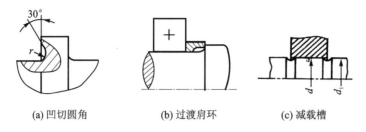

(a) 凹切圆角　　　　　(b) 过渡肩环　　　　　(c) 减载槽

图 14-19　减小应力集中的结构

当动力从两轮输出时,为了减小轴上转矩,应将输入轮布置在中间,如图 14-20(a)所示。这时轴的最大转矩为 T_1;而在图 14-20(b)的布置中,轴的最大转矩为 T_1+T_2。

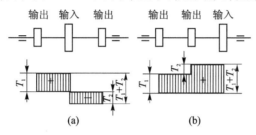

图 14-20　轴的两种布置方案

14.6.3　选择受力方式以减小轴的载荷,改善轴的强度和刚度

(1) 采用载荷分担的方法减小轴的载荷

例如,图 14-21 所示为起重机卷筒的两种布置方案,图 14-20(a)的结构中,大齿轮和卷筒连成一体,转矩经大齿轮直接传给卷筒,故卷筒轴只受弯矩而不传递扭矩,在起重同样载荷 W 时,轴的直径可小于图 14-20(b)的结构。

改进受弯矩和转矩联合作用的转轴或轴上零件的结构,使轴只承受一部分载荷。如图 14-22 是一个卸荷带轮结构,一般安装带轮的轴受弯矩和转矩的联合作用,而图中所示结构,作用于带轮上的载荷由轴承支持,轴只受转矩。又如图 14-23(a)中一个轴上有两个齿轮,动力由其他齿轮(图中未画出)传给齿轮 A,通过轴使齿轮 B 一起转动,轴受弯矩和转矩的联合作用。如将两齿轮做成一体,如图 14-23(b),转矩直接由齿轮 A 传给齿轮 B,则此轴只受弯矩,不受转矩。

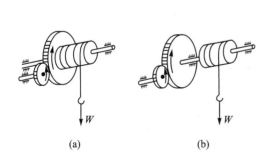
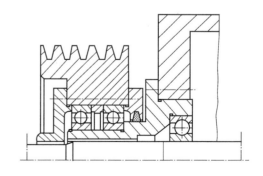

图 14-21　起重机卷筒　　　　　　**图 14-22　卸荷带轮结构**

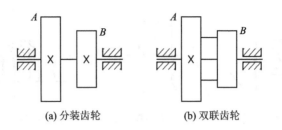

(a) 分装齿轮　　　　　(b) 双联齿轮

图 14-23　转轴改为心轴

(2) 采用力平衡或局部相互抵消的办法来减小轴的载荷

如图 14-23(a)所示的两个圆柱齿轮,如为斜齿,可以正确设计齿的螺旋方向,使轴向力互相抵消一部分。又如图 14-24 所示的行星齿轮减速器,由于行星轮均匀布置,可以使太阳轮轴只受转矩不受弯矩。

(3) 改变支点位置,改善轴的强度和刚度

锥齿轮传动中,小锥齿轮轴常因结构布置关系设计成悬臂安装,如图 14-25(a)所示,若改为简支结构,如图 14-25(b)所示,则不仅可提高轴的强度和刚度,还可以改善锥齿轮的啮合情况,其结构可参看图 14-26 锥齿轮减速箱结构图。

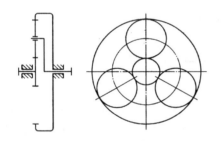

图 14-24　行星齿轮减速器

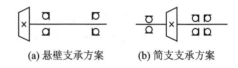

(a) 悬臂支承方案　　　(b) 简支支承方案

图 14-25　小锥齿轮轴承支承方案简图

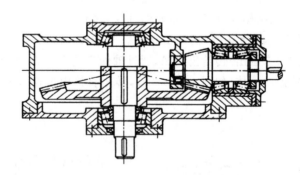

图 14-26　锥齿轮减速箱结构简图

14.6.4　改善表面质量提高轴的疲劳强度

① 改善轴的表面粗糙度可以提高轴的疲劳强度。对于高强度材料轴更应如此。

② 进行各种热处理及表面强化处理(如高频淬火、表面渗碳、氰化、氮化、喷丸、碾压),使轴的表层产生预压应力即残余压应力可以显著提高轴的承载能力。

习 题

1. 填空题

(1) 根据轴的承载情况,工作时既承受弯矩又承受转矩的轴称为_____;主要承受转矩的轴称为_____;只承受弯矩的轴称为_____。

(2) 根据轴的承载情况,自行车的前后轴属于_____。

(3) 在进行轴的强度计算时,对单向转动的转轴,一般将弯曲应力考虑为_____变应力,将扭剪应力考虑为_____变应力。

(4) 如果轴的同一截面有几个应力集中源,则应取其中_____应力集中系数来计算该截面的疲劳强度安全系数。

(5) 轴在引起共振时的转速称为_____。工作转速低于一阶临界转速的轴称为_____轴。工作转速高于一阶临界转速的轴称为_____轴。

(6) 轴上零件的轴向定位和固定,常用的方法有_____,_____,_____和_____。

(7) 一般的轴都需具有足够的_____,合理的结构形式和尺寸以及良好的_____,这就是轴设计的基本要求。

(8) 按轴线形状,轴可分为_____轴、_____轴和_____轴。

(9) 轴上零件的周向固定常用的方法有_____、_____、_____、_____。

(10) 轴上需车制螺纹的轴段应设_____槽,需要磨削的轴段应设_____槽。

(11) 当轴上的键槽多于一个时,应使各键槽位于_____;与滚动轴承想相配的轴颈直径应符合_____直径标准。

(12) 对大直径的轴的轴肩圆角处进行喷丸处理是为了降低材料对_____的敏感性。

(13) 提高轴的疲劳强度的措施有_____、_____、_____、_____。

2. 计算题

(1) 分析图 14-27(a)所示传动装置中各轴所受的载荷(轴的自重不计),并说明各轴的类型。若将卷筒结构改为图(b)、(c)所示,分析其卷筒轴的类型。

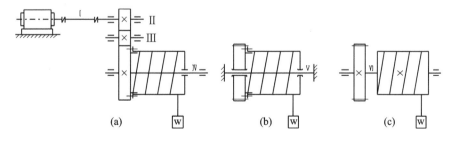

图 14-27 第(1)题图

(2) 图 14-28 所示带式输送机有两种传动方案,若工作情况相同,传递功率一样,试分析比较:

① 按方案(a)设计的单级齿轮减速器,如果改用方案(b),减速器的哪根轴的强度要重新验算? 为什么?

② 若方案(a)中的 V 带传动和方案(b)中的开式齿轮传动的传动比相等,两方案中电动机轴所受的载荷是否相同?为什么。

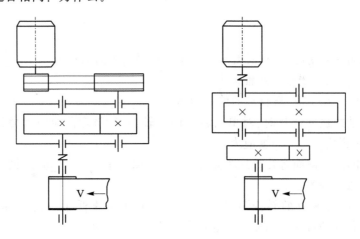

图 14-28 第(2)题图

(3) 一单向转动的转轴,危险剖面上所受的载荷为水平面弯矩 $M_H = 4 \times 10^5$ N·mm,垂直面弯矩 $M_V = 1 \times 10^5$ N·mm,转矩 $T = 6 \times 10^5$ N·mm,轴的直径 $d = 50$ mm,试求:

① 危险剖面上的的合成弯矩 M、计算弯矩 M_{ca} 和计算应力 σ_{ca}。

② 危险剖面上弯曲应力和剪应力的应力幅和平均应力: σ_a、σ_m、τ_m、τ_a。

3. 分析题

指出图 14-29 中轴系的结构错误,并改正。

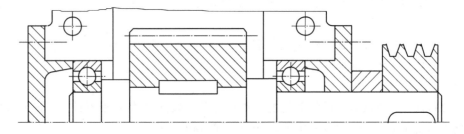

图 14-29 第(4)题图

第 15 章 滑动轴承

根据轴承中摩擦性质的不同,可把轴承分为滑动摩擦轴承(简称滑动轴承)和滚动摩擦轴承(简称滚动轴承)两大类。滚动轴承由于摩擦系数小,起动阻力小,而且它已标准化,选用、润滑、维护都很方便,因此在一般机器中应用较广。但由于滑动轴承本身具有一些独特的优点,使得它在某些不能、不便或使用滚动轴承没有优势的场合,如高速、重载、高精度、径向空间尺寸受到限制或必须剖分安装(如曲轴的轴承)、以及需在水或腐蚀性介质中工作等条件下,仍占有重要地位。因此,滑动轴承在轧钢机、汽轮机、内燃机、铁路机车及车辆、金属切削机床、航空发动机附件、雷达、卫星通信地面站、天文望远镜以及各种仪表中应用颇为广泛。

滑动轴承的类型很多,按其承受载荷方向的不同,可分为径向轴承(承受径向载荷)和止推轴承(承受轴向载荷)。根据其滑动表面间润滑状态的不同,可分为液体润滑轴承、不完全液体润滑轴承(指滑动表面间处于边界润滑或混合润滑状态)和无润滑轴承(指工作时不加润滑剂)。根据液体润滑承载机理的不同,又可分为液体动力润滑轴承(简称液体动压轴承)和液体静压润滑轴承(简称液体静压轴承)。本章主要讨论液体动压轴承。

要正确设计滑动轴承,必须合理地解决以下问题:①轴承的型式和结构;②轴瓦的结构和材料选择;③轴承的结构参数;④润滑剂的选择和供应;⑤轴承的工作能力及热平衡计算。

15.1 滑动轴承的主要结构形式

15.1.1 整体式径向滑动轴承

整体式径向滑动轴承的结构形式见图 15-1。它由轴承座、减摩材料制成的整体轴套等组成。轴承座上设有安装润滑油杯的螺纹孔,在轴套上开有油孔、并在轴套的内表面上开有油槽。这种轴承的优点是结构简单,成本低廉。它的缺点是轴套磨损后,轴承间隙过大时无法调整;另外,只能从轴颈端部装拆,对于重型机器的轴或具有中间轴颈的轴,装拆很不方便或无法安装。因此这种轴承多用在低速、轻载或间歇性工作的机器中,如某些农业机械,手动机械等。这种轴承所用的轴承座叫做整体有衬套滑动轴承座,其标准见 JB/T 2560—19910。

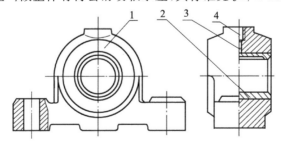

1—轴承座;2—整体轴套;3—油孔;4—螺纹孔

图 15-1 整体式径向滑动轴承

15.1.2 剖分式径向滑动轴承

剖分式径向滑动轴承的结构型式见图 15-2。它是由轴承座、轴承盖、剖分式轴瓦和双头螺柱等组成。轴承盖和轴承座的剖分面常做成阶梯形,以便对中和防止横向错动。轴承盖上部开有螺纹孔,用以安装油杯或油管。剖分式轴瓦由上、下两半组成。为了节省贵重金属或其他需要,常在轴瓦内表面上贴附一层轴承衬。轴承剖分面最好与载荷方向近于垂直,多数轴承的剖分面是水平的(也有做成倾斜的,如倾斜 45°,以适应径向载荷作用线的倾斜度超出轴承垂直中心线左右各 35°范围的情况)。这种轴承装拆方便,并且轴瓦磨损后可以用减少剖分面处的垫片厚度来调整轴承间隙(调整后应修刮轴瓦内孔)。这种轴承所用的轴承座叫做对开式二螺柱正滑动轴承座,其标准见 JB/T 2561—1991;四螺柱的见 JB/T 2562—1991。

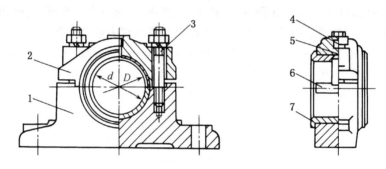

1—轴承座;2—轴承盖;3—双头螺柱;4—螺纹孔;5—油孔;6—油槽;7—剖分式轴瓦

图 15-2 对开式径向滑动轴承

另外,还可将轴瓦的瓦背制成凸球面,并将其支承面制成凹球面,从而组成调心轴承,用于支承挠度较大或多支点的长轴。

轴瓦是直接与轴颈相接触的重要零件。为了节省贵重金属或其他需要,常在轴瓦内表面上粘附一层轴承衬。剖分式轴瓦由上、下两半组成,通常是下轴瓦承受载荷,上轴瓦不承受载荷。在轴瓦内壁上不承受载荷的表面上开设油槽,润滑油通过轴承盖上的油孔和轴瓦上的油槽流进轴承间隙润滑摩擦面。常见油槽形式如图 15-3 所示。一般油槽与轴瓦端面保持一定距离,以防止漏油。

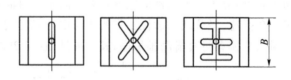

图 15-3 油槽形式

剖分式滑动轴承在拆装轴时,轴颈不需要轴向移动,拆装方便。适当增减轴瓦剖分面间的调整垫片,可调节轴颈与轴承间的间隙。

轴瓦宽度与轴颈直径之比 B/d 称为宽径比,它是径向滑动轴承中的重要参数之一。对于非液体摩擦的滑动轴承,常取 $B/d=0.8\sim 1.5$,有时可以更大些;对于液体摩擦的滑动轴承,常取 $B/d=0.5\sim 1$。

15.1.3 推力滑动轴承

推力滑动轴承用来承受轴向载荷,与径向轴承联合使用可同时承受轴向和径向载荷。其常用的结构形式及结构尺寸见表 15-1。

表 15-1 推力滑动轴承的结构形式和结构尺寸

形 式	简 图	基本特点及应用	结构尺寸
空心式	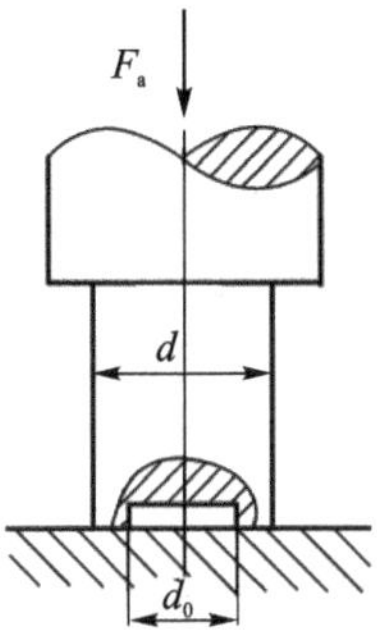	支承面上压强分布均匀,润滑不方便	d 由轴的结构确定 $d_0=(0.4\sim0.6)d$
单环式	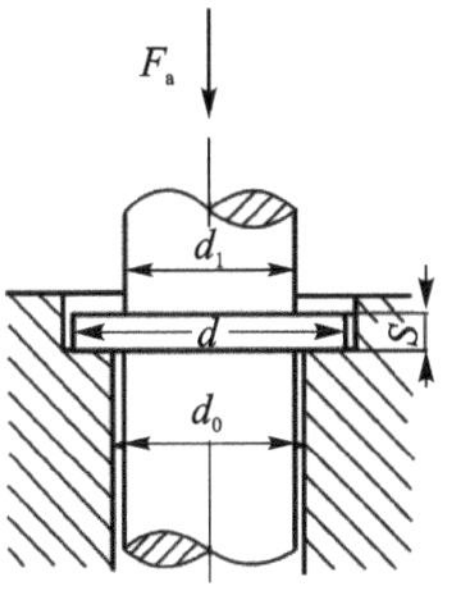	利用轴环的端面止推,结构简单,润滑方便,广泛用于低速、轻载的场合	d_1 由轴的结构确定 $d=(1.2\sim1.6)d_1$ $d_0=1.1d_1$ $S=(0.12\sim0.15)d_1$ $S_1=(2\sim3)S$
多环式	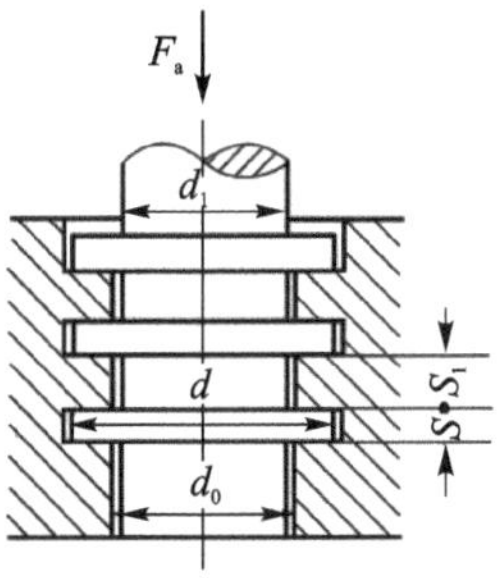	特点同单环式,可承受单环式更大的载荷,也可承受双向载荷	

15.2 滑动轴承的失效形式及常用材料

15.2.1 滑动轴承的失效形式

(1) 磨粒磨损

进入轴承间隙的硬颗粒(如灰尘、砂粒等)有的嵌入轴承表面,有的游离于间隙中并随轴一起转动,它们都将对轴颈和轴承表面起研磨作用。

(2) 刮　伤

进入轴承间隙中的硬颗粒或轴颈表面粗糙的轮廓峰顶,在轴承上划出线状伤痕,导致轴承因刮伤而失效。

(3) 咬粘(胶合)

当轴承温升过高,载荷过大,油膜破裂时,或在润滑油供应不足条件下,轴颈和轴承的相对运动表面材料发生粘附和迁移,从而造成轴承损坏。

(4) 疲劳剥落

在载荷反复作用下,轴承表面出现与滑动方向垂直的疲劳裂纹,当裂纹向轴承衬与衬背结合面扩展后,造成轴承衬材料的剥落。

(5) 腐　蚀

润滑剂在使用中不断氧化,所生成的酸性物质对轴承材料有腐蚀性,形成点状的脱落。氧对锡基巴氏合金的腐蚀,会使轴承表面形成一层黑色硬质覆盖层,它能擦伤轴颈表面,并使轴承间隙变小。此外,硫对含银或含铜的轴承材料的腐蚀,润滑油中水分对铜铅合金的腐蚀,都应予以注意。

以上列举了常见的几种失效形式,由于工作条件不同,滑动轴承还可能出现气蚀、流体侵蚀、电侵浊和微动磨损等损伤。从美国、英国和日本三家汽车厂统计的汽车用滑动轴承故障原因的平均比率来看,如表 15-2 所列,因不干净或有异物而导致故障所占的比例最大。

表 15-2　滑动轴承故障原因的平均比率/%

故障原因	不干净	润滑油不足	安装误差	对中不良	超载	腐蚀	制造精度低	气蚀	其他
比率/%	38.3	11.1	15.9	8.1	6.0	5.6	5.5	2.8	6.7

15.2.2　轴承材料

轴瓦和轴承衬的材料统称为轴承材料。针对上述失效形式,轴承材料性能应着重满足以下主要要求。

① 良好的减摩性、耐磨性和抗咬粘性;
② 良好的摩擦顺应性、嵌入性和磨合性;
③ 足够的强度和抗腐蚀能力;
④ 良好的导热性、工艺性、经济性等。

应该指出,没有一种轴承材料能够全面具备上述性能,因而必须针对各种具体情况,仔细进行分析后合理选用。

常用的轴承材料可分三大类:① 金属材料,如轴承合金、铜合金、铝基合金和铸铁等;② 多孔质金属材料;③ 非金属材料,如工程塑料、碳-石墨等。

本书仅介绍轴承合金、铜合金、铝基轴承合金、灰铸铁及耐磨铸铁、多孔质金属材料、非金属材料等主要材料。

(1) 轴承合金(通称巴氏合金或白合金)

轴承合金是锡、铅、锑、铜的合金,它以锡或铅作基体,其内含有锑锡(Sb-Sn)或铜锡(Cu-Sn)的硬晶粒。硬晶粒起抗磨作用,软基体则增加材料的塑性。轴承合金的弹性模量和弹性极限都很低,在所有轴承材料中,它的嵌入性及摩擦顺应性最好,很容易和轴颈磨合,也不易与轴颈发生咬粘。但轴承合金的强度很低,不能单独制作轴瓦,只能贴附在青铜、钢或铸铁轴瓦上作轴承衬。轴承合金适用于重载、中高速场合,价格较贵。

(2) 铜合金

铜合金具有较高的强度,较好的减摩性和耐磨性。由于青铜的减摩性和耐磨性比黄铜好,故青铜是最常用的材料。青铜有锡青铜、铅青铜和铝青铜等几种,其中锡青铜的减摩性和耐磨性最好,应用较广。但锡青铜比轴承合金硬度高,磨合性及嵌入性差,适用于重载及中速场合。铅青铜抗粘附能力强,适用于高速、重载轴承。铝青铜的强度及硬度较高,抗粘附能力较差,适用于低速、重载轴承。

(3) 铝基轴承合金

铝基轴承合金在许多国家获得广泛应用。它有相当好的耐蚀性和较高的疲劳强度,摩擦性能亦较好。这些品质使铝基轴承合金在部分领域取代了较贵的轴承合金和青铜。铝基轴承合金可以制成单金属零件(如轴套、轴承等),也可制成双金属零件,双金属轴瓦以铝基轴承合金为轴承衬,以钢作衬背。

(4) 灰铸铁及耐磨铸铁

普通灰铸铁或加有镍、铬、钛等合金成分的耐磨灰铸铁,或者球墨铸铁,都可以用作轴承材料。这类材料中的片状或球状石墨在材料表面上覆盖后,可以形成一层起润滑作用的石墨层,故具有一定的减摩性和耐磨性。此外,石墨能吸附碳氢化合物,有助于提高边界润滑性能,故采用灰铸铁作轴承材料时,应加润滑油。由于铸铁性脆、磨合性差,故只适用于轻载低速和不受冲击载荷的场合。

(5) 多孔质金属材料

这是用不同金属粉末经压制、烧结而成的轴承材料。这种材料是多孔结构的,孔隙约占体积的 10%～35%。使用前先把轴瓦在热油中浸渍数小时,使孔隙中充满润滑油,因而通常把这种材料制成的轴承叫含油轴承。它具有自润滑性。工作时,由于轴颈转动的抽吸作用及轴承发热时油的膨胀作用,油便进摩擦表面间起润滑作用;不工作时,因毛细管作用,油便被吸回到轴承内部,故在相当长时间内,即使不加润滑油仍能很好的工作。如果定期给以供油,则使用效果更佳。但由于其韧性较小,故宜用于平稳无冲击载荷及中低速度情况。常用的有多孔铁和多孔质青铜。多孔铁常用来制作磨粉机轴套、机床油泵衬套、内燃机凸轮轴衬套等。多孔质青铜常用来制作电唱机、电风扇、纺织机械及汽车发电机的轴承。我国已有专门制造含油轴承的工厂。可根据设计手册选用。

(6) 非金属材料

非金属材料中应用最多的是各种塑料(聚合物材料),如酚醛树脂、尼龙、聚四氟乙烯等。聚合物的特性是:与许多化学物质不起反应,抗腐蚀能力特别强,例如聚四氟乙烯(PTFE)能抗强酸弱碱;具有一定的自润滑性,可以在无润滑条件下工作,在高温条件下具有一定的润滑能力;具有包容异物的能力(嵌入性好),不易擦伤配合表面;减摩性及耐磨性都比较好。

选择聚合物作轴承材料时,必须注意下述一些问题:聚合物的热传导能力只有钢的百分之几,线胀系数比钢大得多,强度和屈服极限较低以及在常温条件下会出现蠕变现象,因而不宜用来制作间隙要求严格的轴承。

碳-石墨是电机电刷的常用材料,也是不良环境中的轴承材料。

碳-石墨是由不同量的碳和石墨构成的人造材料,石墨含量愈多,材料愈软,摩擦系数愈小。可在碳-石墨材料中加金属、聚四氟乙烯或二硫化钼组分,也可以浸渍液体润滑剂。碳-石墨轴承具有自润性,它的自润性和减摩性取决于吸附的水蒸气量。碳-石墨和含有碳氢化合物的润滑剂有亲和力,加入润滑剂有助于提高其边界润滑性能。此外,它还可以作水润滑的轴承材料。

橡胶主要用于以水作润滑剂但环境较脏污之处。橡胶轴承内壁上带有纵向沟槽,以利润滑剂的流通,加强冷却效果并冲走污物。

木材具有多孔质结构,可用填充剂来改善其性能。填充聚合物能提高木材的尺寸稳定性和减少吸湿量,并能提高强度。采用木材(以溶于润滑油的聚乙烯作填充剂)制成的轴承,可在灰尘极多的条件下工作,例如用作建筑、农业中使用的带式输送机支承辊子的滑动轴承。

常用金属轴承材料性能见表 15-3,常用非金属和多孔质金属轴承材料性能可参考相关手册。

表 15-3 常用金属轴承材料性能

材料类别	牌号(名称)	最大许用值① [p]/MPa	[v]/(m·s⁻¹)	[pv]/(MPa·m·s⁻¹)	最高工作温度/℃	轴颈硬度/HBS	抗咬粘性	顺应性	嵌入性	耐蚀性	疲劳强度	备注
锡基轴承合金	ZSnSb11Cu6 ZSnsb8Cu4	平稳载荷 25 / 冲击载荷 20	80 / 60	20 / 15	150	150	1	1	1	1	5	用于高速、重载下工作的重要轴承,变载荷下易于疲劳,价贵
铅基轴承合金	ZPbSb16Sn16Cu2	15	12	10	150	150	1	1	3	5		用于中速、中等载荷的轴承,不宜受显著冲击。可作为锡锑轴承合金的代用品
	ZPbSb15Sn5Cu3Cd2	5	8	5								
锡青铜	ZCuSn10P1(10-1锡青铜)	15	10	15	280	300~400	3	5	1	1		用于中速、重载及受变荷的轴承
	ZCuSn5Pb5Zn5(5-5-5锡青铜)	8	3	15								用于中速、中载的轴承
铅青铜	ZCuPb30(30铅青铜)	25	12	30	280	300	3	4	4	2		用于高速、重载轴承、能承受变载和冲击
铝青铜	ZCuAl10Fe3(10-3铝青铜)	15	4	12	280	300	5	5	5	2		最宜用于润滑充分的低速重载轴承
黄铜	ZCuZn16Si4(16-4硅黄铜)	12	2	10	200	200	5	5	5	1		用于低速、中轴轴承
	ZCuZn40Mn2(40-2锰黄铜)	10	1	10	200	200	5	5	1	1		用于高速、中载轴承,是较新的轴承材料,强度高、耐腐蚀、表面性能好。可用于增压强化柴油机轴承
铝基轴承合金	2%铝锡合金	28~35	14	—	140	300	4	3	1	2		

续表 15-3

材料类别	牌号（名称）	最大许用值[①] [p]/MPa	[v]/(m·s⁻¹)	[pv]/(MPa·m·s⁻¹)	最高工作温度/℃	轴颈硬度/HBS	性能比较 抗咬粘性	顺应性 嵌入性	耐蚀性	疲劳强度	备注
三元电镀合金	铝-碳-镉铰层	14～35	—	—	170	200～300	1	2	2	2	镀铅锡青铜作中间层,再镀10～30 μm 三元减摩层,疲劳强度高,嵌入性好
银	镀层	28～35	—	—	180	300～400	2	3	1	1	镀银,上附薄层铅,再镀铟,常用于飞机发动机、柴油机轴承
耐腐铸铁	HT300	0.1～6	3～0.75	0.3～4.5	150	<150	4	5	1	1	宜用于低速、轻载的不重要轴承、价廉
灰铸铁	HT150～HT250	1～4	2～0.5	—	—	—	4	5	1	1	

15.3 滑动轴承润滑剂的选用

滑动轴承种类繁多,使用条件和重要程度往往相差较大,因而对润滑剂的要求也各不相同。下面仅就滑动轴承常用润滑剂的选择方法作一简要介绍。

15.3.1 润滑脂及其选择

使用润滑脂也可以形成将滑动表面完全分开的一层薄膜。由于润滑脂属于半固体润滑剂,流动性极差,故无冷却效果。常用在那些要求不高、难以经常供油,或者低速重载以及作摆动运动之处的轴承中。

选择润滑脂品种的一般原则为:

① 当压力高和滑动速度低时,选择针入度小一些的品种;反之,选择针入度大一些的品种。

② 所用润滑脂的滴点,一般应较轴承的工作温度高约20～30℃,以免工作时润滑脂过多地流失。

③ 在有水淋或潮湿的环境下,应选择防水性强的钙基或铝基润滑脂。在温度较高处应选用钠基或复合钙基润滑脂。

选择润滑脂牌号时可参考表15-4。

表 15-4 滑动轴承润滑脂的选择

压力 p/MPa	轴颈圆周速度 v/(m·s^{-1})	最高工作温度/℃	选用的牌号
≤1.0	≤1	75	3号钙基脂
1.0～6.5	0.5～5	55	2号钙基脂
≥6.5	≤0.5	75	3号钙基脂
≤6.5	≤1	120	2号钠基脂
≥6.5	≤0.5	110	1号钙钠基脂
1.0～6.5	≤1	-50～100	锂基脂
≥6.5	0.5	60	2号压延机脂

注：① 在潮湿环境，温度在75～120℃的条件下，应考虑用钙钠基润滑脂；
② 在潮湿环境，工作温度在75℃以下，没有3号钙基脂时也可以用铝基脂；
③ 工作温度在110～120℃可用锂基脂或钡基脂；
④ 集中润滑时，稠度要小些。

15.3.2 润滑油及其选择

润滑油是滑动轴承中应用最广的润滑剂。液体动压轴承通常采用润滑油作润滑剂。原则上讲，当转速高、压力小时，应选粘度较低的油；反之，当转速低、压力大时，应选粘度较高的油。

润滑油粘度随温度的升高而降低。故在较高温度下工作的轴承(例如 $t > 60℃$)，所用油的粘度应比通常的高一些。

不完全液体润滑轴承润滑油的选择参考表 15-5。

表 15-5 滑动轴承润滑油选择(不选择液体润滑、工作温度＜60℃)

轴颈圆周速度 v/(m·s^{-1})	平均压力 $p<3$ MPa	轴颈圆周速度 v/(m·s^{-1})	平均压力 $p=(3～7.5)$MPa
<0.1	L-AN68、100、150	<0.1	L-AN150
0.1～0.3	L-AN68、100	0.1～0.3	L-AN100、150
0.3～2.5	L-AN46、68	0.3～0.6	L-AN100
2.5～5.0	L-AN32、46	0.6～1.2	L-AN68、100
5.0～9.0	L-AN15、22、32	1.2～2.0	L-AN68
≥9.0	L-AN7、10、15		

注：表中润滑油是以40℃时运动粘度为基础的牌号

15.3.3 固体润滑剂

固体润滑剂可以在摩擦表面上形成固体膜以减小摩擦阻力，通常只用于一些有特殊要求的场合。

15.4 不完全液体润滑滑动轴承设计计算

采用润滑脂、油绳或滴油润滑的径向滑动轴承，由于轴承中得不到足够的润滑剂，在相对运动表面间难以产生一个完全的承载油膜,轴承只能在混合摩擦润滑状态(即边界润滑和液体润滑同时存在的状态)下运转,这类轴承可靠的工作条件是:边界膜不遭破裂,维持粗糙表面微腔内有液体润滑存在。因此,这类轴承的承载能力不仅与边界膜的强度及其破裂温度有关,而且与轴承材料、轴颈与轴承表面粗糙度、润滑油的供给量等因素有着密切的关系。

在工程上,这类轴承常以维持边界油膜不遭破坏作为设计的最低要求。但是促使边界油膜破裂的因素较复杂,所以目前仍采用简化的条件性计算。这种计算方法只适用于一般对工作可靠性要求不高的低速、重载或间歇工作的轴承。

15.4.1 径向滑动轴承的计算

在设计时,通常是已知轴承所受径向载荷 F(单位为 N)、轴颈转速 n(单位为 r/min)及轴颈直径 d(单位为 mm),然后进行以下验算

(1) 验算轴承的平均压力 p(单位力 MPa)

$$P = \frac{F}{dB} \leqslant [P] \tag{15-1}$$

式中:B——轴承宽度,mm(根据宽径比 B/d 确定);

$[P]$——轴瓦材料的许用压力,MPa,其值见表 15-3。

(2) 验算轴承的 pv(单位为 Mpa·m/s)值

轴承的发热量与其单位面积上的摩擦功耗 fpv 成正比(f 是摩擦系数),限制 pv 值就是限制轴承的温升。

$$pv = \frac{F}{Bd} \cdot \frac{\pi dn}{60 \times 1\,000} = \frac{Fn}{19100B} \leqslant [pv] \tag{15-2}$$

式中:v——轴颈圆周速度,即滑动速度,m/s;

$[pv]$——轴承材料的 pv 许用值,Mpa·m/s,其值见表 15-3。

(3) 验算滑动速度 v(单位为 m/s)

$$v \leqslant [v]$$

式中:$[v]$ 为许用滑动速度,m/s,其值见表 15-3。

对于 P 和 pv 的验算均合格的轴承,由于滑动速度过高,也会加速磨损而使轴承报废。这是因为 p 只是平均压力,实际上,在轴发生弯曲或不同心等引起的一系列误差及振动的影响下,轴承边缘可能产生相当高的压力,因而局部区域的 pv 值还会超过许用值。

滑动轴承所选用的材料及尺寸经验算合格后,应选取恰当的配合,一般可选 $\frac{H9}{d9}$ 或 $\frac{H8}{f7}$、$\frac{H7}{f6}$。

15.4.2 止推滑动轴承的计算

止推滑动轴承由轴承座和止推轴颈组成。常用的结构形式有空心式、单环式和多环式,其结构及尺寸见表 15-1。通常不用实心式轴颈,因其端面上的压力分布极不均匀,靠近中心处的压力很高,对润滑极为不利。空心式轴颈接触面上压力分布较均匀,润滑条件较实心式有所改善。单环式是利用轴颈的环形端面止推,而且可以利用纵向油槽输入润滑油,结构简单,润滑方便,广泛用于低速、轻载的场合。多环式止推轴承不仅能承受较大的轴向载荷,有时还可

承受双向轴向载荷。由于载荷在各环间分布不均，许用压力$[p]$及$[pv]$值均应比单环式的降低 50%。

(1) 验算轴承的平均压力 p(单位为 MPa)

$$P = \frac{F_a}{A} = \frac{F_a}{z\frac{\pi}{4}(d^2 - d_0^2)} \leqslant [P] \tag{15-3}$$

式中：d_0——轴承孔直径，单位为 mm；

d——轴环直径，单位为 mm；

F_a——轴向载荷，单位为 N；

z——环的数目；

$[p]$——许用压力，单位为 MPa，见表 15-6。

表 15-6　止推滑动轴承的$[p]$、$[pv]$值

轴(轴环端面、凸缘)	轴承	$[p]$/MPa	$[pv]$/(MPa·m·s^{-1})
未淬火钢	铸铁	2.0～2.5	1～2.5
	青铜	4.0～5.0	
	轴承合金	5.0～6.0	
淬火钢	青铜	7.5～8.0	1～2.5
	轴承合金	8.0～9.0	
	淬火钢	12～15	

(2) 验算轴承的 pv(单位为 MPa·m/s)为

$$v = \frac{\pi n(d + d_0)}{60 \times 1\,000 \times 2}$$

故应满足

$$pv = \frac{4F_a}{z\pi(d^2 - d_0^2)} \times \frac{\pi n(d + d_0)}{60 \times 1\,000 \times 2} = \frac{nF_a}{3\,000z(d - d_0)} \leqslant [p_v] \tag{15-4}$$

式中：n——轴颈的转速，单位为 r/min；

$[pv]$——pv 的许用值，单位为 MPa·m/s，见表 15-6。

其余各符号的意义和单位同前。

15.5　液体动力润滑径向滑动轴承设计计算

15.5.1　流体动压润滑的基本原理

根据摩擦面间油膜形成的原理，可把流体润滑分为流体动力润滑(利用摩擦面间的相对运动而自动形成承载油膜的润滑)及流体静力润滑(从外部将加压的油送入摩擦面间，强迫形成承载油膜的润滑)。当两个曲面体作相对滚动或滚-滑运动时(如滚动轴承中的滚动体与套圈相接触，一对齿轮的两个轮齿相啮合等)，若条件合适，也能在接触处形成承载油膜，这时不但接触处的弹性变形和油膜厚度都同样不容忽视，而且它们还彼此影响，互为因果。因而把这种润滑称为弹性流体动力润滑(简称弹流润滑)。

流体动力润滑

两个作相对运动物体的摩擦表面,用借助于相对速度而产生的粘性流体膜将两摩擦表面完全隔开,由流体膜产生的压力来平衡外载荷,称为流体动力润滑。所用的粘性流体可以是液体(如润滑油),也可以是气体(如空气等),相应地称为液体动力润滑和气体动力润滑。流体动力润滑的主要优点是,摩擦力小,磨损小,并可以缓和振动与冲击。

下面简要介绍流体动力润滑中的楔效应承载机理。

图 15-4(a)所示,A、B 两板平行,板间充满有一定粘度的润滑油,若板 B 静止不动,板 A 以速度 v 沿 x 方向运动。由于润滑油的粘性及它与平板间的吸附作用,与板 A 紧贴的流层的流速 u 等于板速 v,其他各流层的流速 u 则按直线规律分布。这种流动是由于油层受到剪切作用而产生的,所以称为剪切流。这时通过两平行板间的任何垂直截面处的流量皆相等,润滑油虽能维持连续流动,但油膜对外载荷并无承载能力(这里忽略了流体受到挤压作用而产生压力的效应)。

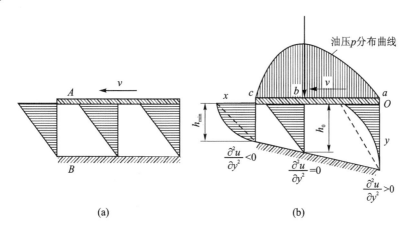

图 15-4 两相对运动平板间油层中的速度分布和压力分布

当两平板相互倾斜使其间形成楔形收敛间隙,且移动件的运动方向是从间隙较大的一方移向间隙较小的一方时,若各油层的分布规律如图 15-4(b)中的虚线所示,那么进入间隙的油量必然大于流出间隙的油量。设液体是不可压缩的,则进入此楔形间隙的过剩油量,必将由进口 a 及出口 c 两处截面被挤出,即产生一种因压力而引起的流动称为压力流。这时,楔形收敛间隙中油层流动速度将由剪切流和压力流二者叠加,因而进口油的速度曲线呈内凹形,出口呈外凸形。只要连续充分地提供一定粘度的润滑油,并且 A、B 两板相对速度 v 值足够大,流入楔形收敛间隙流体产生的动压力是能够稳定存在的。这种具有一定粘性的流体流入楔形收敛间隙而产生压力的效应叫流体动力润滑的楔效应。

15.5.2 流体动力润滑的基本方程

流体动力润滑理论的基本方程是流体膜压力分布的微分方程。它是从粘性流体动力学的基本方程出发,作了一些假设条件而简化后得出的,这些假设条件是:流体为牛顿液体;流体膜中流体的流动是层流;忽略压力对流体粘度的影响;略去惯性力及重力的影响;认为流体不可压缩;流体膜中的压力沿膜厚方向是不变的。

如图 15-5 所示,两平板被润滑油隔开,设板 A 沿 x 轴方向以速度 v 移动;另一板 B 为静止。再假定油在两平板间沿 z 轴方向没有流动(可视此运动副在 z 轴方向的尺寸为无限大)。现从层流运动的油膜中取一微单元体进行分析。

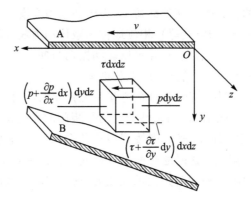

图 15-5 被油膜隔开的两平板的相对运动情况

由图可见,作用在此微单元体右面和左面的压力分别为 p 及 $\left(p+\dfrac{\partial p}{\partial x}\mathrm{d}x\right)$,作用在单元体上、下两面的切应力分别为 τ 及 $\left(\tau+\dfrac{\partial \tau}{\partial y}\mathrm{d}y\right)$。根据 x 方向的平衡条件,得

$$p\mathrm{d}y\mathrm{d}z + \tau\mathrm{d}x\mathrm{d}z - \left(p+\dfrac{\partial p}{\partial x}\mathrm{d}x\right)\mathrm{d}y\mathrm{d}z - \left(\tau+\dfrac{\partial \tau}{\partial y}\mathrm{d}y\right)\mathrm{d}x\mathrm{d}z = 0$$

整理后得

$$\dfrac{\partial p}{\partial x} = -\dfrac{\partial \tau}{\partial y} \tag{15-5}$$

根据牛顿粘性流体摩擦定律,对 y 求导数,得 $\dfrac{\partial \tau}{\partial y} = -\eta\dfrac{\partial^2 u}{\partial y^2}$,代入式(15-6)得

$$\dfrac{\partial p}{\partial x} = \eta\dfrac{\partial^2 u}{\partial y^2} \tag{15-6}$$

该式表示了压力沿 x 轴方向的变化与速度沿 y 轴方向的变化关系。

下面进一步介绍流体动力润滑理论的基本方程。

(1) 油层的速度分布

将式(15-6)改写成

$$\dfrac{\partial^2 u}{\partial y^2} = \dfrac{1}{\eta}\cdot\dfrac{\partial p}{\partial x} \tag{a}$$

对 y 积分后得

$$\dfrac{\partial u}{\partial y} = \dfrac{1}{\eta}\left(\dfrac{\partial p}{\partial x}\right)y + C_1 \tag{b}$$

$$u = \dfrac{1}{2\eta}\left(\dfrac{\partial p}{\partial x}\right)y^2 + C_1 y + C_2 \tag{c}$$

根据边界条件决定积分常数 C_1 及 C_2:当 $y=0$ 时,$u=v$;$y=h$(h 为相应于所取单元体处的油膜厚度)时,$u=0$,则得

$$C_1 = -\dfrac{h}{2\eta}\cdot\dfrac{\partial p}{\partial x} - \dfrac{v}{h}; C_2 = v$$

代入式(c)后,即得

$$u = \frac{v(h-y)}{h} - \frac{y(h-y)}{2\eta} \cdot \frac{\partial p}{\partial x} \tag{d}$$

由上式可见,油层的速度 u 由两部分组成:式中前一项表示速度呈线性分布,这是直接由剪切流引起的;后一项表示速度呈抛物线分布,这是由油流沿 x 方向的变化所产生的压力流所引起的,如图 15-6(b)所示。

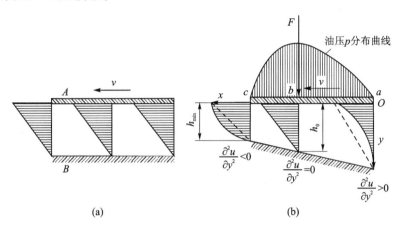

图 15-6 两相对运动平板间油层中的速度分布和压力分布

(2) 润滑油流量

当无侧漏时,润滑油在单位时间内流经任意截面上单位宽度面积的流量为

$$q = \int_0^h u \, dy \tag{e}$$

将式(d)代入式(e)并积分后,得

$$q = \int_0^h \left[\frac{v(h-y)}{h} - \frac{y(h-y)}{2\eta} \cdot \frac{\partial p}{\partial x} \right] dy \tag{f}$$

如图 15-6(b)所示,设在 $p = p_{max}$ 处的油膜厚度为 h_0 (即 $\frac{\partial p}{\partial x} = 0$ 时, $h = h_0$),在该截面处的流量为

$$q = \frac{vh_0}{2} \tag{g}$$

当润滑油连续流动时,各截面的流量相等,由此得

$$\frac{vh_0}{2} = \frac{vh}{2} - \frac{h^3}{12\eta} \cdot \frac{\partial p}{\partial x}$$

整理后得

$$\frac{\partial p}{\partial x} = \frac{6\eta v}{h^3}(h - h_0) \tag{15-7}$$

该式为一维雷诺方程。它是计算流体动力润滑滑动轴承(简称流体动压轴承)的基本方程。由雷诺方程可以看出,油膜压力的变化与润滑油的粘度、表面滑动速度和油膜厚度及其变化有关。利用这一公式,经积分后可求出油膜的承载能力。由式(15-7)及图 15-6(b)也可看出,在 ab ($h > h_0$)段, $\partial^2 u / \partial y^2 > 0$(即速度分布曲线呈凹形),所以 $\partial p / \partial x > 0$,即压力沿 x 方向逐渐增大;而在 bc ($h < h_0$)段, $\partial^2 u / \partial y^2 < 0$(即速度分布曲线呈凸形),即 $\partial p / \partial x < 0$,这表明压

力沿 x 方向逐渐降低。在 a 和 c 之间必有一处（b 点）的油流速度变化规律不变，此处的 $\partial^2 u/\partial y^2=0$，即 $\partial p/\partial x=0$，因而压力 p 达到最大值。由于油膜沿着 x 方向各处的油压都大于入口和出口的油压，且压力形成如图 15-6(b) 上部曲线所示的分布，因而能承受一定的外载荷。

由上可知，形成流体动力润滑（即形成动压油膜）的必要条件是：

① 相对滑动的两表面间必须形成收敛的楔形间隙；

② 被油膜分开的两表面必须有足够的相对滑动速度（亦即滑动表面带油时要有足够的油层最大速度），其运动方向必须使润滑油由大口流进，从小口流出；

③ 润滑油必须有一定的粘度，供油要充分。

15.5.3 径向滑动轴承形成流体动力润滑的过程

径向滑动轴承的轴颈与轴承孔间必须留有间隙，如图 15-7(a) 所示，当轴颈静止时，轴颈处于轴承孔的最低位置，并与轴瓦接触。此时，两表面间自然形成一收敛的楔形空间，当轴颈开始转动时，速度极低，带入轴承间隙中的油量较少，这时轴瓦对轴颈摩擦力的方向与轴颈表面圆周速度方向相反，迫使轴颈在摩擦力作用下沿孔壁向右爬升，如图 15-7(b) 所示。随着转速的增大，轴颈表面的圆周速度增大，带入楔形空间的油量也逐渐加多。这时，右侧楔形油膜产生了一定的动压力，将轴颈向左浮起。当轴颈达到稳定运转时，轴颈便稳定在一定的偏心位置上，如图 15-7(c) 所示。这时，轴承处于流体动力润滑状态，油膜产生的动压力与外载荷 F 相平衡。此时，由于轴承内的摩擦阻力仅为液体的内阻力，故摩擦系数达到最小值。

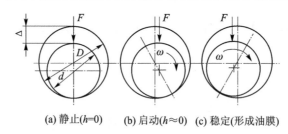

(a) 静止($h=0$)　　(b) 启动($h\approx 0$)　　(c) 稳定(形成油膜)

图 15-7　径向滑动轴承形成流体动力润滑的过程

15.5.4 径向滑动轴承的几何关系和承载量系数

图 15-8 为轴承工作时轴颈的位置。如图所示，轴承和轴颈的连心线 OO_1 于外载荷 F（载荷作用在轴颈中心上）的方向形成一偏位角 φ_a。轴承孔和轴颈直径分别用 D 和 d 表示，则轴承直径间隙为

$$\Delta = D - d \quad (15-8)$$

半径间隙为轴承孔半径 R 与轴颈半径 r 之差，则

$$\delta = R - r = \Delta/2 \quad (15-9)$$

直径间隙与轴颈公称直径之比称为相对间隙，以 ψ 表示，则

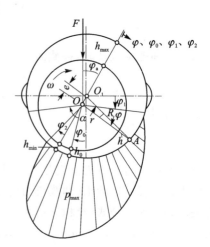

图 15-8　径向滑动轴承的几何参数和油压分布

$$\psi = \frac{\Delta}{d} = \frac{\delta}{r} \qquad (15-10)$$

轴颈在稳定运转时,其中心 O 与轴承中心 O_1 的距离,称为偏心距,用 e 表示。而偏心距与半径间隙的比值,称为偏心率,以 χ 表示,则

$$\chi = \frac{e}{\delta}$$

于是由图可见,最小油膜厚度为

$$h_{\min} = \delta - e = \delta(1-\chi) = r\psi(1-\chi) \qquad (15-11)$$

对于径向滑动轴承,采用极坐标描述较方便。取轴颈中心 o 为极点,连心线 oo_1 为极轴,对应于任意角 φ(包括 $\varphi_0,\varphi_1,\varphi_2$ 均由 oo_1 算起)的油膜厚度为 h,h 的大小可在 $\triangle AOO_1$ 中应用余弦定理求得,即

$$R^2 = e^2 + (r+h)^2 - 2e(r+h)\cos\varphi \qquad (15-12)$$

解上式得

$$r + h = e\cos\varphi \pm R\sqrt{1 - \left(\frac{e}{R}\right)^2 \sin^2\varphi}$$

若略去微量 $\left(\dfrac{e}{R}\right)^2 \sin^2\varphi$,并取根式的正号,则得任意位置的油膜厚度为

$$h = \delta(1 + \chi\cos\varphi) = r\psi(1 + \chi\cos\varphi) \qquad (15-13)$$

在压力最大处的油膜厚度 h_0 为

$$h_0 = \delta(1 + \chi\cos\varphi_0) \qquad (15-14)$$

式中 φ_0 相对应于最大压力处的极角。

将式(15-7)改写成极坐标表达式,即 $\mathrm{d}x = r\mathrm{d}\varphi$,$v = r\omega$ 及 h、h_0 之值代入式(15-7)后得极坐标形式的雷诺方程

$$\frac{\mathrm{d}p}{\mathrm{d}\varphi} = 6\eta \frac{\omega}{\psi^2} \cdot \frac{\chi(\cos\varphi - \cos\varphi_0)}{(1 + \chi\cos\varphi)^3} \qquad (15-15)$$

将上式从油膜起始角 φ_1 到任意角 φ 进行积分,得任意位置的压力,即

$$p_\varphi = 6\eta \frac{\omega}{\psi^2} \int_{\varphi_1}^{\varphi} \frac{\chi(\cos\varphi - \cos\varphi_0)}{(1 + \chi\cos\varphi)^3} \mathrm{d}\varphi \qquad (15-16)$$

压力 p_φ 在外载荷方向上的分量为

$$p_{\varphi y} = p_\varphi \cos[180° - (\varphi_a + \varphi)] = -p_\varphi \cos(\varphi_a + \varphi) \qquad (15-17)$$

把上式在 φ_1 到 φ_2 的区间内积分,就得出在轴承单位宽度上的油膜承载力,即

$$p_y = \int_{\varphi_1}^{\varphi_2} p_{\varphi y} r\mathrm{d}\varphi = -\int_{\varphi_1}^{\varphi_2} p_\varphi \cos(\varphi_a + \varphi) r\mathrm{d}\varphi$$

$$= 6\frac{\eta\omega r}{\psi^2} \int_{\varphi_1}^{\varphi_2} \left[\int_{\varphi_1}^{\varphi} \frac{\chi(\cos\varphi - \cos\varphi_0)}{(1 + \chi\cos\varphi)^3} \mathrm{d}\varphi \right][-\cos(\varphi_a + \varphi)]\mathrm{d}\varphi \qquad (15-18)$$

为了求出油膜的承载能力,理论上只需将 p_y 乘以轴承宽度 B 即可。但在实际轴承中,由于油可能从轴承的两个端面流出,故必须考虑端泄的影响。这时,压力沿轴承宽度的变化呈抛物线分布,而且其油膜压力也比无限宽轴承的油膜压力低(图 15-9),所以乘以系数 C',C' 的值取决于宽径比 B/b 和偏心率 χ 的大小。这样,在 φ 角和距轴承中线为 z 处的油膜压力的数学表达式为

$$p'_y = p_y C^1 \left[1 - \left(\frac{2z}{B}\right)^2\right] \qquad (15-19)$$

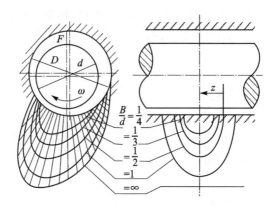

图 15-9 不同宽径比时沿轴承周向和轴向的压力分布

因此,对有限宽轴承,油膜的总承载能力为

$$F = \int_{-B/2}^{+B/2} p'_y \, dz$$

$$= \frac{6\eta \omega r}{\psi^2} \int_{-B/2}^{+B/2} \int_{\varphi_1}^{\varphi_2} \int_{\varphi_1}^{\varphi} \left[\frac{\chi(\cos\varphi - \cos\varphi_0)}{(1+\chi\cos\varphi)^3} d\varphi\right] \cdot \left[-\cos(\varphi_a + \varphi) d\varphi\right] \cdot C' \left[1 - \left(\frac{2z}{B}\right)^2\right] dz$$

$$(15-20)$$

由上式得

$$F = \frac{\eta \omega dB}{\psi^2} C_p \qquad (15-21)$$

式中

$$C_p = 3 \int_{-B/2}^{+B/2} \int_{\varphi_1}^{\varphi_2} \int_{\varphi_1}^{\varphi} \left[\frac{\chi(\cos\varphi - \cos\varphi_0)}{B(1+\chi\cos\varphi)^3} d\varphi\right] \cdot \left[-\cos(\varphi_a + \varphi) d\varphi\right] \cdot C' \left[1 - \left(\frac{2z}{B}\right)^2\right] dz$$

$$(15-22)$$

又由式(15-21)得

$$C_p = \frac{F\psi^2}{\eta \omega dB} = \frac{F\psi^2}{2\eta v B} \qquad (15-23)$$

式中:C_p 为承载量系数,η 为润滑油在轴承平均工作温度下的动力粘度,单位为 $N \cdot s/m^2$;B 为轴承宽度,单位为 m;F 为外载荷,单位为 N;v 为轴颈圆周速度,单位为 m/s。

C_p 的积分非常困难,因而采用数值积分的方法进行计算,并作成相应的线图或表格供设计应用。由式(15-22)可知。在给定边界条件时,C_p 是轴颈在轴承中位置的函数,其值取决于轴承的包角 α(指轴承表面上的连续光滑部分包围轴颈的角度,即入油口到出油口间所包轴颈的夹角),相对偏心率 χ 和宽径比 B/d。由于 C_p 是一个无量纲的量,故称之为轴承的承载量系数。当轴承的包角 α($\alpha = 120°, 180°$ 或 $360°$)给定时,经过一系列换算,C_p 可以表示为

$$C_p \propto (\chi, B/d) \qquad (15-24)$$

若轴承是在非承载区内进行无压力供油,且设液体动压力是在轴颈与轴承衬的 $180°$ 的弧内产生时,则不同 χ 和 B/d 的 C_p 值见表 15-7。

表 15-7 有限宽轴承的承载量系数 C_p

B/d	χ													
	0.3	0.4	0.5	0.6	0.65	0.7	0.75	0.80	0.85	0.90	0.925	0.95	0.975	0.99
	承载量系数 C_p													
0.5	0.133	0.209	0.317	0.493	0.622	0.819	1.98	1.572	2.428	4.261	6.615	10.706	25.62	75.86
0.6	0.182	0.283	0.427	0.655	0.819	1.070	1.418	2.001	3.036	5.214	7.956	12.64	29.17	83.21
0.7	0.234	0.361	0.538	0.816	1.014	1.312	1.720	2.399	3.580	6.029	9.072	14.14	31.88	88.90
0.8	0.287	0.439	0.647	0.972	1.199	1.538	1.965	2.754	4.053	6.721	9.992	15.37	33.99	92.89
0.9	0.339	0.515	0.754	1.118	1.371	1.745	2.248	3.067	4.459	7.294	10.753	16.37	35.66	96.35
1.0	0.391	0.589	0.853	1.253	1.528	1.929	2.469	3.372	4.808	7.772	11.38	17.18	37.00	98.95
1.1	0.440	0.658	0.947	1.377	1.669	2.097	2.664	3.580	5.106	8.186	11.90	17.86	38.12	101.15
1.2	0.487	0.723	1.033	1.489	1.796	2.247	2.838	3.787	5.364	8.533	12.35	18.43	39.04	102.90
1.3	0.529	0.784	1.111	1.590	1.912	2.379	2.990	3.968	5.586	8.831	12.73	18.91	39.81	104.42
1.5	0.610	0.891	1.248	1.763	2.099	2.600	3.242	4.266	5.947	9.304	13.34	19.68	41.07	106.84

15.5.5 最小油膜厚度 $h_{\min}$

由式(15-11)和表 15-7 可知,在其他条件不变的情况下,$h_{\min}$ 愈小,则 χ 愈大,C_p 也愈大,即轴承的承载能力 F 也愈大。然而,$h_{\min}$ 不能无限制地减小,因为它受到轴颈和轴瓦表面粗糙度、轴的刚度及几何形状误差等限制。为保证轴承获得完全液体摩擦,最小油膜厚度 $h_{\min}$ 必须大于或等于许用油膜厚度 $[h]$,即

$$h_{\min} = r\psi(1-\chi) \geqslant [h] \tag{15-25}$$

而
$$[h] = S(R_{z1} + R_{z2}) \tag{15-26}$$

式中:R_{z1}、R_{z2}——分别为轴颈和轴承孔表面粗糙度十点高度(表 15-8),对一般轴承,可分别取 R_{z1} 和 R_{z2} 值为 3.2 μm 和 6.3 μm,或 1.6 μm 和 3.2 μm;对重要轴承可取为 0.8 μm 和 1.6 μm,或 0.2 μm 和 0.4 μm。

S——安全系数,考虑表面几何形状误差和轴颈挠曲变形等,常取 $S \geqslant 2$。

15.5.6 轴承的热平衡计算

轴承工作时,摩擦功耗将转变为热量,使润滑油温度升高。如果油的平均温度超过计算承载能力时所假定的数值,则轴承承载能力就要降低。因此要计算油的温升 Δt,并将其限制在允许的范围内。

轴承运转中达到热平衡状态的条件是:单位时间内轴承摩擦所产生的热量 Q 等于同时间内流动的油所带走的热量 Q_1 与轴承散发的热量 Q_2 之和,即

$$Q = Q_1 + Q_2 \tag{15-27a}$$

轴承中的热量是由摩擦损失的功转变而来的。因此,每秒钟在轴承中产生的热量 Q(单位为 W)为

$$Q = fpv \tag{15-27a}$$

油的流动带走的热量

$$Q_1 = q\rho c(t_o - t_i) \tag{15-27b}$$

式中：q——润滑油流量，按润滑油流量系数求出，单位为 m^3/s；

ρ——润滑油的密度，对矿物油为 $850\sim900$ kg/m^3；

C——润滑油的比热容，对矿物油为 $1\,675\sim2\,090$ $J/(kg\cdot℃)$；

t_o——油的出口温度，单位为℃；

t_i——油的入口温度，通常由于冷却设备的限制，取为 $35\sim40℃$。

除了润滑油带走的热量以外，还可以由轴承的金属表面通过传导和辐射把一部分热量散发到周围介质中去。这部分热量与轴承的散热表面的面积、空气流动速度等有关，很难精确计算。因此，通常采用近似计算。若以 Q_2（单位为 W）代表这部分热量，并以油的出口温度 t_o 代表轴承温度，油的入口温度 t_i 代表周围介质的温度，则

$$Q_2 = \alpha_s \pi dB(t_o - t_i) \tag{15-27c}$$

式中 α_s 为轴承的表面传热系数，随轴承结构的散热条件而定。对于轻型结构的轴承，或周围的介质温度高和难于散热的环境（如轧钢机轴承），取 $\alpha_s = 50$ $w/m^2\cdot℃$；中型结构或一般通风条件，取 $\alpha_s = 80$ $w/m^2\cdot℃$；在良好冷却条件下（如周围介质温度很低，轴承附近有其他特殊用途的水冷或气冷的冷却设备）工作的重型轴承，可取 $\alpha_s = 140$ $w/m^2\cdot℃$。

热平衡时，$Q = Q_1 + Q_2$，即

$$f p v = q\rho c(t_o - t_i) + \alpha_s dB(t_o - t_i)$$

于是得出为了达到热平衡而必须的润滑油温度差 Δt（单位为℃）为

$$\Delta t = t_o - t_i = \frac{\left(\dfrac{f}{\psi}\right)p}{c\rho\left(\dfrac{q}{\psi v B d}\right) + \dfrac{\pi a_s}{\psi v}} \tag{15-28}$$

式中：$\dfrac{q}{\psi v B d}$——润滑油流量系数是一个无量纲数，可根据轴承的宽径比 B/d 及偏心率 χ 由图 15-10 查出。

f——摩擦系数，$f = \dfrac{\pi}{\psi}\cdot\dfrac{\eta\omega}{p} + 0.55\psi\xi$，式中 ξ 为随轴承宽径比而变化的系数，对于 $B/d < 1$ 的轴承，$\xi = (d/B)^{1.5}$；$B/d \geqslant 1$ 时，$\xi = 1$；ω 为轴颈角速度，单位为 rad/s；B、d 的单位为 mm；p 为轴承的平均压力，单位为 Pa；η 为润滑油的动力粘度，单位为 Pa·s。

v——轴颈圆周速度，单位为 m/s。

用式(15-28)只是求出了平均温度差，实际上轴承上各点的温度是不相同的。润滑油从入口到流出轴承，温度逐渐升高，因而在轴承中不同之处的油的粘度也将不同。研究结果表明，在利用式(15-21)计算轴承的承载能力时，可以采用润滑油平均温度时的粘度。润滑油的平均温度 $t_m = (t_i + t_o)/2$，而温升 $\Delta t = t_o - t_i$，所以润滑油的平均温度 t_m 按下式计算：

$$t_m = t_i + \frac{\Delta t}{2} \tag{15-29}$$

为了保证轴承的承载能力，建议平均温度不超过 75℃。

设计时，通常是先给定平均温度 t_m，按式(15-28)求出的温升 Δt 来校核油的入口温度 t_i，即

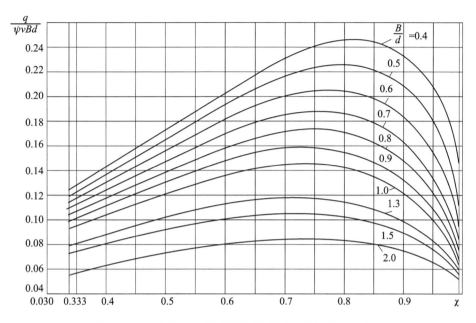

图 15-10 润滑油流量系数线图(指速度供油的耗油量)

$$t_i = t_m - \frac{\Delta t}{2} \tag{15-30}$$

若 $t_i > 35 \sim 40℃$，则表示轴承热平衡易于建立，轴承的承载能力尚未用尽。此时应降低给定的平均温度，并允许适当地加大轴瓦及轴颈的表面粗糙度，再行计算。

若 $t_i < 35 \sim 40℃$，则表示轴承不易达到热平衡状态。此时需加大间隙，并适当地降低轴瓦及轴颈的表面粗糙度，再作计算。

此外要说明的是，轴承的热平衡计算中的润滑油流量仅考虑了速度供油量，即由旋转轴颈从油槽带入轴承间隙的油量，忽略了油泵供油时，油被输入轴承间隙时的压力供油量，这将影响轴承温升计算的精确性。因此，它适用于一般用途的液体动力润滑径向轴承的热平衡计算，对于重要的液体动压轴承计算可参考机械设计手册。

15.5.7 参数选择

(1) 宽径比 B/d

一般轴承的宽径比 B/d 在 0.3~1.5 范围内。宽径比小，有利于提高运转稳定性，增大端泄量以降低温升。但轴承宽度减小，轴承承载能力也随之降低。

高速重载轴承温升高，宽径比宜取小值；低速重载轴承，为提高轴承整体刚性，宽径比宜取大值；高速轻载轴承，如对轴承刚性无过高要求，可取小值；需要对轴有较大支承刚性的机床轴承，宜取较大值。

一般机器常用的 B/d 值为：汽轮机、鼓风机 $B/d=0.3\sim1$；电动机、发电机、离心泵、齿轮变速器 $B/d=0.6\sim1.5$；机床、拖拉机 $B/d=0.8\sim1.2$；轧钢机 $B/d=0.6\sim0.9$。

(2) 相对间隙 ψ

相对间隙主要根据载荷和速度选取。速度愈高，ψ 值应愈大；载荷愈大，ψ 值应愈小。此外，直径大、宽径比小，调心性能好，加工精度高时，ψ 值取小值，反之取大值。

一般轴承,按转速取 ψ 值的经验公式为:

$$\psi \approx \frac{(n/60)^{4/9}}{10^{31/9}} \qquad (15-31)$$

式中:n 为轴颈转速,单位为 r/min。

一般机器中常用的 ψ 值为:汽轮机、电动机、齿轮减速器 $\psi=0.001\sim0.002$;轧钢机、铁路车辆 $\psi=0.0002\sim0.0015$;机床、内燃机 $\psi=0.0002\sim0.00125$;鼓风机、离心泵 $\psi=0.001\sim0.003$。

(3) 粘度 η

这是轴承设计中的一个重要参数。它对轴承的承载能力、功耗和轴承温升都有不可忽视的影响。轴承工作时,油膜各处温度是不同的,通常认为轴承温度等于油膜的平均温度。平均温度的计算是否准确,将直接影响到润滑油粘度的大小。平均温度过低,则油的粘度较大,算出的承载能力偏高;反之,则承载能力偏低。设计时,可先假定轴承平均温度(一般取 $t_m=50\sim75℃$),初选粘度,进行初步设计计算。最后再通过热平衡计算来验算轴承入口油温 t_i 是否在 $35\sim40℃$ 之间,否则应重新选择粘度再作计算。

对于一般轴承,也可按轴颈转速 n(单位为 r/min)先初估油的动力粘度 η'(单位为 Pa·s),即

$$\eta' = \frac{(n/60)^{-1/3}}{10^{7/6}} \qquad (15-32)$$

工程中常用动力粘度 η(单位为 Pa·s)与同温度下该液体密度 ρ(单位为 kg/m³)的比值表示粘度,称为运动粘度 ν(单位为 m²/s)。

$$\nu' = \frac{\eta'}{\rho} \qquad (15-33)$$

由式(15-33)计算相应的运动粘度 ν',选定平均油温 t_m,参照表 15-8 选定全损耗系统用油的牌号。然后查阅图 15-11,重新确定 t_m 时的运动粘度 ν'_{t_m} 及动力粘度 η'_{t_m}。最后再验算入口油温。

表 15-8 常用工业润滑油的粘度分类及相应的粘度值(单位为 cSt)

粘度等级	运动粘度中心值(40℃)	运动粘度范围(40℃)	粘度等级	运动粘度中心值(40℃)	运动粘度范围(40℃)
2	2.2	1.98~2.42	68	68	61.2~74.8
3	3.2	2.88~3.52	100	100	90.0~110
5	4.6	4.14~5.06	150	150	135~165
7	6.8	6.12~7.48	220	220	198~242
10	10	9.00~11.0	320	320	288~352
15	15	13.5~16.5	460	460	414~506
22	22	19.8~24.2	680	680	612~748
32	32	28.8~35.2	1 000	1 000	900~1 100
46	46	41.4~50.6	1 500	1 500	1 350~1 650

15.5.8 液体动力润滑径向滑动轴承设计举例

例题 设计一机床用的液体动力润滑径向滑动轴承,载荷垂直向下,工作情况稳定,采用

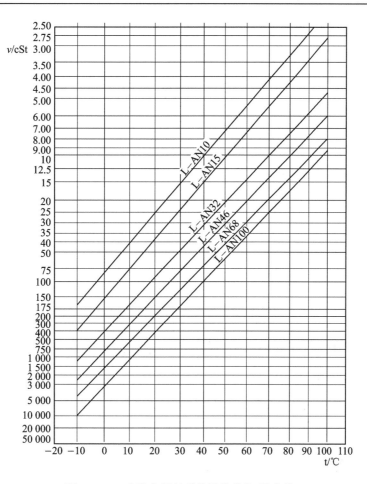

图 15-11 几种全损耗系统用油的粘-温曲线

对开式轴承。已知工作载荷 $F=100\,000$ N，轴颈直径 $d=200$ mm，转速 $n=500$ r/min，在水平剖分面单侧供油。

解：(1) 选择轴承宽径比 根据机床轴承常用的宽径比范围，取宽径比为 1。

(2) 计算轴承宽度
$$B = (B/d) \times d = 1 \times 0.2 = 0.2 \text{ m}$$

(3) 计算轴颈圆周速度
$$v = \frac{\pi d n}{60 \times 1\,000} = \frac{\pi \times 200 \times 500}{60 \times 1\,000} \text{ m/s} = 5.23 \text{ m/s}$$

(4) 计算轴承工作压力
$$p = \frac{F}{dB} = \frac{100\,000}{0.2 \times 0.2} \text{ Pa} = 2.5 \text{ MPa}$$

(5) 选择轴瓦材料

查表 15-3，在保证 $p \leqslant [p]$、$v \leqslant [v]$、$pv \leqslant [pv]$ 的条件下，选定轴承材料为 ZCuSn10P1。

(6) 初估润滑油动力粘度

由式(15-32)
$$\eta' = \frac{(n/60)^{-1/3}}{10^{7/6}} = \frac{(500/60)^{-1/3}}{10^{7/6}} = 0.034 \text{ Pa·s}$$

(7) 计算相应的运动粘度

取润滑油密度 $\rho = 900 \text{ kg/m}^3$

$$v' = \frac{\eta'}{\rho} \times 10^6 = \frac{0.034}{900} \times 10^6 = 38 \text{ cst}$$

(8) 选定平均油温

现选平均油温 $t_m = 50℃$

(9) 选定润滑油牌号

查表 15-8，选定全损耗系统用油 L-AN68。

(10) 运动粘度

查图 15-11，按 $t_m = 50℃$ 查出 L-AN68 的运动粘度 $v_{SD} = 40$ cst。

(11) 动力粘度

换算出 L-AN68 在 50℃ 时的动力粘度

$$\eta_{50} = \rho v_{50} \times 10^{-6} = 900 \times 40 \times 10^{-6} = 0.036 \text{ pa·s}$$

(12) 计算相对间隙

由式(15-31)

$$\psi \approx \frac{(n/60)^{4/9}}{10^{31/9}} = \frac{(500 \times 60)^{4/9}}{10^{31/9}} \approx 0.001, 取为 0.001\ 25$$

(13) 计算直径间隙

$$\Delta = \psi d = 0.001\ 25 \times 200 = 0.25 \text{ mm}$$

(14) 计算承载量系数

由式(15-23)

$$C_p = \frac{F\psi^2}{2\eta v B} = \frac{100\ 000 \times (0.001\ 25)^2}{2 \times 0.036 \times 5.23 \times 0.2} = 2.075$$

(15) 求出轴承偏心率

根据 C_p 及 B/d 的值查表 15-7，经过插值法求出偏心率 $\chi = 0.713$。

(16) 计算最小油膜厚度

由式(15-12)

$$h_{\min} = \frac{d}{2}\psi(1-\chi) = \frac{200}{2} \times 0.001\ 25 \times (1-0.713) = 35.8\ \mu m$$

(17) 确定轴颈、轴承孔表面粗糙度十点高度

按加工精度要求取轴颈表面粗糙度等级为 Ra0.8，轴承孔表面粗糙度等级为 Ra1.6，查手册得轴颈 $Rz_1 = 0.003\ 2$ mm，轴承孔 $Rz_2 = 0.006\ 3$ mm。

(18) 计算许用油膜厚度

取安全系数 $S = 2$，由式(15-26)

$$[h] = S(Rz_1 + Rz_2) = 2 \times (0.003\ 2 + 0.006\ 3) = 19\ \mu m$$

因 $h_{\min} > [h]$，故满足工作可靠性要求。

(19) 计算轴承与轴颈的摩擦系数

因轴承的宽径比 $B/d = 1$，取随宽径比变化的系数 $\xi = 1$，由摩擦系数计算式

$$f = \frac{\pi}{\psi} \cdot \frac{\eta \omega}{\rho} + 0.55\psi\xi = \frac{\pi \times 0.036 \times (2\pi \times 500/60)}{0.001\ 25 \times 2.5 \times 10^6} + 0.55 \times 0.001\ 25 \times 1 = 0.002\ 58$$

(20) 查出润滑油流量系数

由宽径比 $B/b=1$ 及偏心率 $\chi=0.713$ 查图 15-10,得润滑油流量系数 $q/\psi vBd=0.145$。

(21) 计算润滑油温升

按润滑油密度 $\rho=900$ kg/m³,取比热容 $c=1\,800$ J/(kg·℃),表面传热系数 $\alpha_s=80$ w/(m²·℃),由式(15-28)

$$\Delta t=\frac{\left(\dfrac{f}{\psi}\right)p}{c\rho\left(\dfrac{q}{\psi vBd}\right)+\dfrac{\pi\alpha_s}{\psi v}}=\frac{\dfrac{0.002\,58}{0.001\,25}\times 2.5\times 10^6}{1\,800\times 900\times 0.145+\dfrac{\pi\times 80}{0.001\,25\times 5.23}}=18.866\ ℃$$

(22) 计算润滑油入口温度

由式(15-30)

$$t_i=t_m-\frac{\Delta t}{2}=50-\frac{18.866}{2}℃=40.567\ ℃$$

因一般取 $t_i=35\sim 40℃$,故上述入口温度合适。

(23) 选择配合

根据直径间隙 $\triangle=0.25$ mm,按 GB/T 1801—2009 选配合 F6/d7,查得轴承孔尺寸公差为 $\phi 200^{+0.079}_{+0.050}$,轴颈尺寸公差为 $\phi 200^{-0.170}_{-0.216}$。

(24) 求最大、最小间隙

$$\Delta_{max}=0.079\text{mm}-(-0.216)\text{mm}=0.295\ \text{mm}$$
$$\Delta_{min}=0.050\text{mm}-(-0.170)\text{mm}=0.22\ \text{mm}$$

因 $\triangle=0.25$ mm 在 Δ_{max} 与 Δ_{min} 之间,故所选配合合用。

(25) 校核轴承的承载能力、最小油膜厚度及润滑油升温

分别按 Δ_{max} 与 Δ_{min} 进行校核,如果在允许值范围内,则绘制轴承工作图;否则需要重新选择参数,再作设计及校核计算。

15.6 其他形式滑动轴承简介

15.6.1 无润滑轴承与自润滑轴承

无润滑轴承是在不加润滑剂的状态下运转,不能避免磨损,因而要选用磨损率低的材料制造,常用各种工程塑料和碳-石墨作为轴承材料。为了减小磨损率,轴颈材料最好用不锈钢或碳钢镀硬铬,轴颈表面硬度应大于轴瓦表面硬度。

表 15-9 常用无润滑轴承材料及其性能

	轴承材料	最大静压力 p_{max} /MPa	压缩弹性模量 E /CPa	线胀系数 α /(10^{-6}/℃)	导热系数 x /W·(m·℃)$^{-1}$
热塑性塑料	无填料热塑性塑料	10	2.8	99	0.24
	金属瓦无填料热塑性塑料衬套	10	2.8	99	0.24
	有填料热塑性塑料	14	2.8	80	0.26
	金属瓦有填料热塑性塑料衬	300	14.0	27	2.9

续表 15-9

轴承材料		最大静压力 p_{max} /MPa	压缩弹性模量 E /CPa	线胀系数 α /(10^{-6}/℃)	导热系数 x /W·(m·℃)$^{-1}$
聚四氟乙烯	无填料聚四氟乙烯	2	—	86~218	0.26
	有填料聚四氟乙烯	7	0.7	(<20℃)60 (>20℃)80	0.33
	金属瓦有填料聚四氟乙烯衬	350	21.0	20	42.0
	金属瓦无填料聚四氟乙烯衬套	7	0.8	(<20℃)140 (>20℃)96	0.33
	织物增强聚四氟乙烯	700	4.8	12	0.24
热固性塑料	增强热固性塑料	3.5	7.0	(<20℃)11~25 (>20℃)80	0.38
	碳-石墨填料热固性塑料	—	4.8	20	—
碳-石墨	碳-石墨(高碳)	2	9.6	1.4	11
	碳-石墨(低碳)	1.4	4.8	4.2	55
	加铜和铅的碳-石墨	4	15.8	4.9	23
	加巴氏合金的碳-石墨	3	7.0	4	15
	浸渍热固性塑料的碳-石墨	2	11.7	2.7	40
石墨	浸渍金属的石墨	70	28.0	12~20	126

表 15-10 无润滑轴承材料的适用环境

轴承材料	高温 >200℃	低温 <-50℃	辐射	真空	水	油	磨粒	耐酸、腻
有填料热塑性塑料	少数可用	通常好	通常差	大多数可用，避免用石墨作填充物	通常差,注意配合面的粗糙度	通常好	一般尚好	尚好或好
有填料聚四氟乙烯	尚好	很好	很差					极好
有填料热固性塑料	部分可用	好	部分尚好					部分好

由于无润滑轴承常用的材料如石墨、聚四氟乙烯等，本身就是固体润滑剂，这种情况下也常称为自润滑轴承。这类轴承目前应用最多的是镶嵌自润滑轴承，它是在普通滑动轴承的整体轴套或轴瓦上，通过合理设计与钻孔或拉槽后，将适当形状、尺寸与强度的固体润滑剂嵌入孔(槽)中而组成，可在无油(也可外部供油)的条件下工作，主要用于油膜不能或不易形成的工况下，能承受大的稳定或变载荷，摩擦系数 $f=0.04\sim0.09$，使用温度范围为 $-190\sim700$ ℃，并可在高真空、强辐射、粉尘、潮湿或液体介质中正常运转。由于有专业工厂生产，选用方便而经济，具体选用时可参看相关参考文献。

15.6.2 多油楔轴承

前述液体动力润滑径向滑动轴承只能形成一个油楔来产生液体动压油膜，故称为单油楔轴承。这类轴承在轻载、高速条件下运转时，容易出现失稳现象。多油楔轴承的轴瓦则制成可以在轴承工作时产生多个油楔的结构形式,这种轴瓦可分成固定的和可倾的两类。

(1) 固定瓦多油楔轴承

图 15-12(a)、(b)为双油楔椭圆轴承及双油楔错位轴承示意图。显然,前者可以用于双向回转的轴,后者只能用于单向回转的轴。

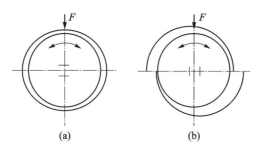

图 15-12 双油楔椭圆轴承和双油楔错位轴承示意图

图 15-13(a)、(b)分别为三油楔和四油楔轴承示意图。它们都是固定瓦多油楔轴承。工作时,各油楔中同时产生油膜压力,以助于提高轴的旋转精度及轴承的稳定性。但是与同样条件下的单油楔轴承相比,承载能力有所降低,功耗有所增大。

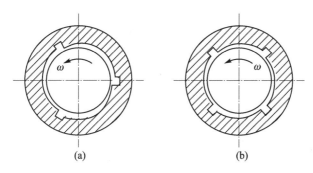

图 15-13 三油楔和四油楔轴承示意图

(2) 可倾瓦多油楔轴承

图 15-14 为可倾瓦多油楔径向轴承,轴瓦由三块或三块以上(通常为奇数)的扇形块组成。扇形块以其背面的球窝支承在调整螺钉尾端的球面上。球窝的中心不在扇形块中部,而是沿圆周偏向轴颈旋转方向的一边。由于扇形块是支承在球面上,所以它的倾斜度可以随轴

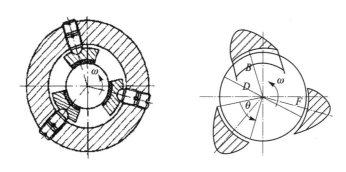

图 15-14 可倾瓦多油楔径向轴承示意图

颈位置的不同而自动地调整,以适应不同的载荷、转速和轴的弹性变形等情况,保持轴颈与轴瓦间的适当间隙,因而能够建立起可靠的液体摩擦的润滑油膜。间隙的大小可用球端螺钉进行调整。

这类轴承的共同特点是,即使在空载运转时,轴与各个轴瓦也相对处于某个偏心位置上,即形成几个有承载能力的油楔,而这些油楔中产生的油膜压力有助于轴的稳定运转。

图 15-15 所示为可倾瓦止推轴承的示意结构。轴颈端面仍为一平面,轴承是由数个(3~20)支承在圆柱面或球面上的扇形块组成。扇形块用钢板制成,其滑动表面敷有轴承衬材料。轴承工作时,扇形块可以自动调位,以适应不同的工作条件。

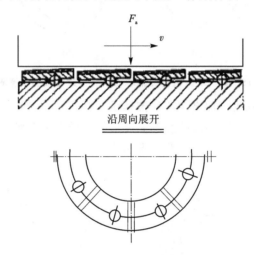

图 15-15 可倾瓦止推轴承的示意结构

15.6.3 液体静压轴承

液体静压轴承是依靠一个液压系统供给压力油,压力油进入轴承间隙里,强制形成压力油膜以隔开摩擦表面,保证了轴颈在任何转速下(包括转速为零)和预定载荷下都与轴承处于液体摩擦状态。

顺便指出,静压轴承在工作转速够高时也要产生动压效应,计入这一因素影响的轴承称为混合轴承。

液体静压轴承的主要优缺点:

① 液体静压轴承是依靠外界供给一定的压力油而形成承载油膜,使轴颈和轴承相对转动时处于完全液体摩擦状态,摩擦系数很小,一般 $f=0.0001 \sim 0.0004$,因此起动力矩小,效率高。

② 由于工作时轴颈与轴承不直接接触(包括起动、停车等),轴承不会磨损,能长期保持精度,故使用寿命长。

③ 静压轴承的油膜不像动压轴承的油膜那样受到速度的限制,因此能在极低或极高的转速下正常工作。

④ 对轴承材料要求不像液体动压轴承那样高,同时对间隙和表面粗糙度也不像液体动压轴承要求那么严,可以采用较大的间隙和较大的粗糙度值。

⑤ 油膜刚性大,具有良好的吸振性,运转平稳,精度高。

其缺点是必须有一套复杂的供给压力油的系统,在重要场合还必须加一套备用设备,故设备费用高,维护管理也较麻烦,一般只在动压轴承难以完成任务时才采用静压轴承。

但由于静压轴承具有上述优点,目前在工业部门中已得到了日益广泛的应用。

15.6.4 气体润滑轴承

当轴颈转速极高($n > 100\,000$ r/min)时,用液体润滑剂的轴承即使在液体摩擦状态下工作,摩擦损失还是很大的。过大的摩擦损失将降低机器的效率,引起轴承过热。如改用气体润滑剂,就可极大地降低摩擦损失,这是由于气体的粘度显著地低于液体粘度的缘故。如在20 ℃时,全损耗系统用油的粘度为 0.072 Pa·s,而空气的粘度为 0.89×10^{-5} Pa·s,二者之比值为 8 100。气体润滑轴承(简称气体轴承)也可以分为动压轴承、静压轴承及混合轴承,其工作原理与液体滑动轴承相同。

气体润滑剂主要是空气,它既不需特别制造,用过之后也无需回收。此外氢的粘度比空气的低 1/2,适用于高速;氮具有惰性,在高温时使用,可使机件不致生锈等。

气体润滑剂除了粘度低的特点之外,其粘度随温度的变化也小,而且具有耐辐射性及对机器不会发生污染等,因而在高速(例如转速在每分钟十几万转以上;目前有的甚至已超过每分钟百万转)要求摩擦很小、高温(600℃以上)、低温以及有放射线存在的场合,气体润滑轴承显示了它的特殊功能。如在高速磨头、高速离心分离机、原子反应堆、陀螺仪表、电子计算机记忆装置等尖端技术上,由于采用了气体润滑轴承,克服了使用滚动轴承或液体润滑滑动轴承所不能解决的困难。

习　题

1. 简答题

(1) 滑动轴承主要适用于那些场合?

(2) 正确设计滑动轴承,需要解决哪些问题?

(3) 滑动轴承有哪些类型?

(4) 滑动轴承润滑剂的选用有哪些原则?

(5) 液体动压润滑轴承的工作能力准则有哪些?

(6) 提高液体动压润滑轴承承载能力的措施有哪些?

(7) 当液体动压润滑轴承的温升过高,降低其温升的措施有哪些?

(8) 何谓摩擦、磨损和润滑?

2. 计算题

(1) 一非液体摩擦滑动轴承,$B = 100$ mm,$d = 100$ mm,轴颈转速 $n = 600$ r/min,轴承材料的 $[p] = 8$ MPa,$[pv] = 15$ MPa·m/s,$[v] = 3$ m/s。求:许用载荷 F。

(2) 已知一起重机卷筒轴用滑动轴承,其径向载荷 $F = 100$ kN,轴颈直径 $d = 90$ mm,转速 $n = 10$ r/min,试按非液体摩擦状态设计此轴承。

(3) 一向心滑动轴承,包角 180°,轴颈直径 $d = 80$ mm,宽径比 $\varphi = B/d = 1$,相对间隙 $\psi = 0.0015$,轴颈和轴瓦的表面粗糙度 $Rz_1 = 1.6\ \mu m$,$Rz_2 = 3.2\ \mu m$,在径向载荷 F、轴颈圆周速度 v 的工作条件下,偏心率 $\varepsilon = 0.8$,能形成液体动压润滑。若其他条件不变,试求:

① 当轴颈速度提高到 $v'=1.7v$ 时,轴承的最小油膜厚度为多少?

② 当轴颈速度降低为 $v'=0.7v$ 时,该轴承能否达到液体动压润滑?

(4) 某一向心滑动轴承,包角为 180°,轴颈直径 $d=80$ mm,轴承宽度 $B=120$ mm,直径间隙 $\Delta=0.1$ mm,径向载荷 $F=50\ 000$ N,轴的转速 $n=1\ 000$ r/min,轴颈和轴瓦的表面粗糙度 $Rz_1=1.6\ \mu m, Rz_2=3.2\ \mu m$,试求:

① 若轴承达到液体动压润滑,润滑油的动力粘度应为多少?

② 若其他条件不变,将径向载荷 F 和直径间隙 Δ 都提高 20%,该轴承还能否达到液体动压润滑状态?

第 16 章　滚动轴承

滚动轴承是现代机器中广泛应用的部件之一，它是依靠主要元件间的滚动接触来支承转动零件的。与滑动轴承相比，滚动轴承具有摩擦阻力小，功率消耗少，起动容易等优点。

图 16-1 所示滚动轴承内有滚动体，运行时轴承内存在着滚动摩擦，与滑动摩擦相比，滚动轴承的摩擦因数与磨损较小。滚动轴承的摩擦阻力小，载荷、转速及工作温度的适用范围广，且为标准件，有专门厂家大批量生产，质量可靠，供应充足，润滑、维修方便，因而本章只讨论如何根据具体工作条件正确选择轴承的类型和尺寸、验算轴承的承载能力，以及与轴承的安装、调整、润滑、密封等有关的"轴承组合设计"问题。

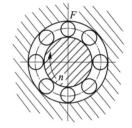

图 16-1　滚动轴承的结构原理

16.1　滚动轴承的结构

16.1.1　滚动轴承的构造

如图 16-2 所示，滚动轴承由外圈 1、内圈 2、滚动体 3 和保持架 4 组成。通常内圈固定在轴上随轴转动，外围装在轴承座孔内不动；但亦有外圈转动、内圈不动的使用情况。滚动体在内、外圈的滚道中滚动。滚动轴承的构造中，有的无外圈或内圈，有的无保持架，但不能没有滚动体。

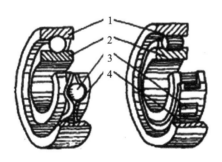

1—外圈；2—内圈；3—滚动体；4—保持架

图 16-2　滚动轴承的构造

保持架的主要作用是均匀地隔开滚动体，如果没有保持架，则相邻滚动体转动时将会由于接触处产生较大的相对滑动速度而引起磨损。保持架有冲压的和实体的两种。冲压保持架一般用低碳钢板冲压制成，它与滚动体间有较大的间隙。实体保持架常用铜合金、铝合金或塑料经切削加工制成，有较好的定心作用。

滚动体的形状有球形、圆柱形、圆锥形、鼓形、滚针形等多种，如图16-3所示。滚动轴承的外圈、内圈、滚动体均采用强度高、耐磨性好的铬锰高碳钢制造。

(a) 球形　(b) 短圆柱形　(c) 圆锥形　(d) 鼓形　(e) 空心螺旋形　(f) 长圆柱形　(g) 滚针形

图 16-3　滚动体形状

16.1.2　滚动轴承的结构特性

（1）接触角

滚动体和外圈内滚道接触处的法线 nn 与轴承的径向平面（垂直于轴承轴心线的平面）的夹角 α，如图16-4所示，称为接触角。α 越大，轴承承受轴向载荷的能力越大。

（2）游　　隙

滚动体和内、外圈之间存在一定的间隙，因此，内、外圈之间可以产生相对位移。其最大位移量称为游隙，分为轴向游隙和径向游隙，如图16-5所示。游隙的大小对轴承寿命、噪声、温升等有很大影响，应按使用要求进行游隙的选择或调整。

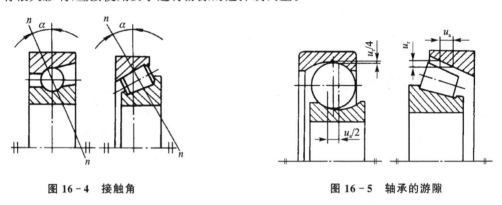

图 16-4　接触角　　　　　　　　图 16-5　轴承的游隙

（3）偏移角

轴承内、外圈轴线相对倾斜时所夹锐角，称为偏移角。能自动适应角偏移的轴承，称为调心轴承。

16.2　滚动轴承的主要类型及选择

16.2.1　常用滚动轴承类型及特点

按轴承所能承受的外载荷不同，可将轴承分为向心轴承、推力轴承和角接触轴承三大类。公称接触角 $\alpha=0°$ 为向心轴承，主要承受径向载荷。公称接触角 $\alpha=90°$ 为推力轴承，只能承受轴向载荷。公称接触角 $0°<\alpha<90°$ 为角接触轴承，可同时承受径向载荷和轴向载荷。

按滚动体形状的不同，又可将轴承分为球轴承和滚子轴承。在外廓尺寸相同的条件下，滚子轴承比球轴承承载能力高。

轴承按游隙能否调整分为：可调游隙轴承（如角接触球轴承、圆锥滚子轴承），不可调游隙轴承（如深沟球轴承、圆柱滚子轴承）

滚动轴承是标准件，类型很多，选用时主要根据载荷的大小、方向和性质、转速的高低及使用要求来选择，同时也必须考虑价格及经济性。

常用滚动轴承种类和特点见表 16-1。

表 16-1 常用滚动轴承类型及特点

类型及代号	结构简图	特 点	极限转速	允许偏移角
深沟球轴承 （6）	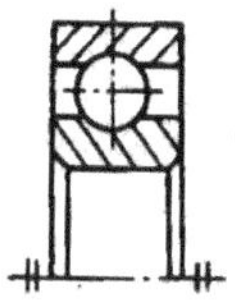	◇ 最典型的滚动轴承，用途广 ◇ 可以承受径向及两个方向的轴向载荷 ◇ 摩擦阻力小，适用于高速和有低噪声低振动的场合	高	$2'\sim10'$
角接触球轴承 （7）	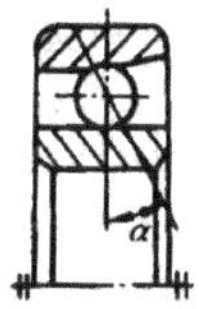	◇ 可以承受径向及单方向的轴向载荷 ◇ 一般将两个轴承成对安装，用于承受两个方向的轴向载荷	较高	$2'\sim10'$
圆锥滚子轴承 （3）	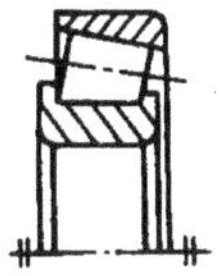	◇ 内外圈可分离 ◇ 可以承受径向及单方向的轴向载荷，承载能力大 ◇ 成对安装，可以承受两个方向的轴向载荷	中等	$2'$
圆柱滚子轴承 （N）	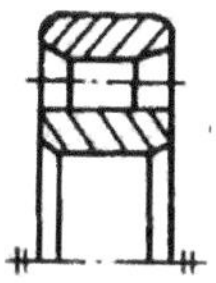	◇ 承载能力大 ◇ 只能承受径向载荷，刚性好 ◇ 内外圈可分离	高	$2'\sim4'$
推力球轴承 （5）	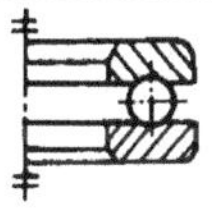	◇ 可以承受单方向的轴向载荷 ◇ 高速时离心力大	低	不允许
调心球轴承 （1）	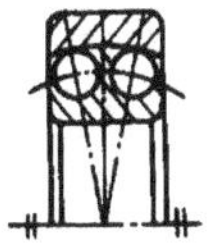	◇ 具有调心能力 ◇ 可以承受径向及两个方向的轴向载荷	中等	$2°\sim3°$
调心滚子轴承 （2）	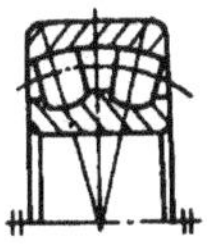	◇ 具有调心能力 ◇ 可以承受径向及两个方向的轴向载荷，径向承载能力强	低	$1°\sim2.5°$

图 16-6 所示为滚动轴承类型选择示例。

例 16-1 吊车滑轮轴及吊钩，如图 16-6(a) 所示，起重量 $Q=5\times10^4$ N，选用何种类型的轴承？

解： 滑轮轴轴承承受较大的径向载荷，转速低，考虑结构选用一对深沟球轴承（6 类）。

吊钩轴承承受较大的单向轴向载荷，摆动，选用一套推力球轴承（5 类）。

例 16-2 起重机卷筒轴，如图 16-6(b) 所示，起重量 $Q=3\times10^5$ N，转速 $n=30$ r/min，动

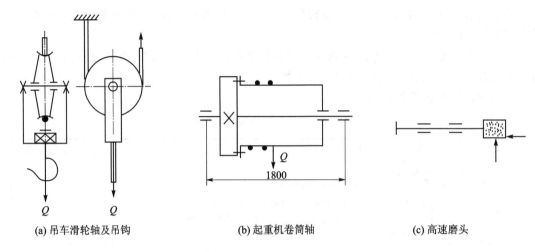

(a) 吊车滑轮轴及吊钩　　(b) 起重机卷筒轴　　(c) 高速磨头

图 16-6　轴承类型选择示例

力由直齿圆柱齿轮输入，选用何种类型的轴承？

解：承受较大的径向载荷，转速低，支点跨距大；轴承座分别安装，对中性较差，轴承内、外圈间可能产生较大的角偏斜，选用一对调心滚子轴承(2类)。

例 16-3　高速内圆磨磨头，如图 16-6(c)所示，转速 $n=18\,000$ r/min，选用何种类型的轴承？

解：同时承受较小的径向和轴向载荷，转速高，要求回转精度高，选用一对公差等级为 P5 的角接触球轴承(7类)。

16.2.2　滚动轴承的代号

滚动轴承代号是表示其结构、尺寸、公差等级和技术性能等特征的产品符号，由字母和数字组成。按 GB/T 272—93 的规定，轴承代号由基本代号、前置代号和后置代号构成，其排列见表 16-2。

表 16-2　轴承代号的构成

前置代号	基本代号				后置代号(组)						
	×	× ×		× ×	□ 或加 ×						
□	×	尺寸系列代号		内径代号	内部结构代号	密封与防尘结构代号	保持架及其材料代号	特殊轴承材料代号	公差等级代号	游隙代号	多轴承配置代号	其他代号
成套轴承分部件代号	(□)类型代号	宽(高)度系列代号	直径系列代号								

注：□——字母；×——数字。

基本代号表示轴承的基本类型、结构和尺寸，是轴承代号的基础。其中类型代号用数字或字母表示，其余用数字表示，最多有 7 位数字或字母。

内径代号　表示轴承的内径尺寸。当轴承内径在 20~480 mm 范围内时，内径代号乘以 5 即为轴承公称内径；对于内径不在此范围的轴承，内径表示方法另有规定，可参看轴承手册。

直径系列代号 表示内径相同的同类轴承有几种不同的外径。
宽度系列代号 表示内、外径相同的同类轴承宽度的变化。
类型代号 表示轴承的基本类型,其对应的常用轴承类型参见表 16-1,其中 0 类可省去不写。

在后置代号中用字母和数字表示轴承的公差等级。按精度高低排列分为 2 级、4 级、5 级、6x 级、6 级和 0 级,分别用/P2,/P4,/P5,/P6x,P6 和/P0 表示,其中 2 级精度最高,0 级为普通级,在代号中省略。

有关前置代号和后置代号的其他内容可参阅有关轴承标准及专业资料。

代号举例:

71908/P5 其代号意义为:7—轴承类型为角接触球轴承,1—宽度系列代号,9—直径系列代号,08—内径为 40 mm,P5—公差等级为 5 级。

6204 其代号意义为:6—轴承类型为深沟球轴承,宽度系列代号为 0(省略),2—直径系列代号,04—内径为 20 mm,公差等级为 0 级(公差等级代号/P0 省略)。

16.3 轴承的组合设计

为了保证轴承的正常工作,除了合理选择轴承的类型和尺寸之外,还必须进行轴承的组合设计,妥善解决滚动轴承的固定、轴系的固定,轴承组合结构的调整,轴承的配合、装拆、润滑和密封等问题。

16.3.1 滚动轴承内、外圈的轴向固定

为了防止轴承在承受轴向载荷时,相对于轴或座孔产生轴向移动,轴承内圈与轴、外圈与座孔必须进行轴向固定,滚动轴承常用的内、外圈轴向固定方式见表 16-3。

表 16-3 滚动轴承常用内、外圈轴向固定方式

轴承内圈的轴向固定方式		简 图	轴承外圈的轴向固定方式	
名 称	特点与应用		名 称	特点与应用
轴肩	结构简单,外廓尺寸小,可承受大的轴向负荷	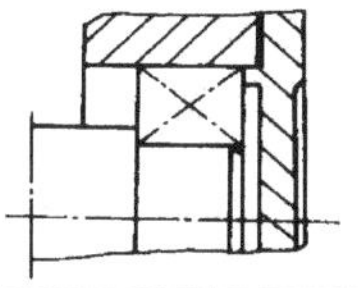	端盖	端盖可为通孔,以通过轴的伸出端,适于高速及轴向负荷较大的场合
弹性挡圈	由轴肩和弹性挡圈实现轴向固定,弹性挡圈可承受不大的轴向负荷,结构尺寸小	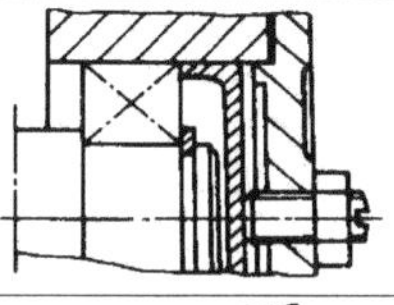	螺钉压盖	类似于端盖式,但便于在箱体外调节轴承的轴向游隙,螺母为防松措施
轴端挡板	由轴肩和轴端挡板实现轴向固定,销和弹簧垫злей为防松措施,适于轴端不宜切制螺纹或空间受限制的场合	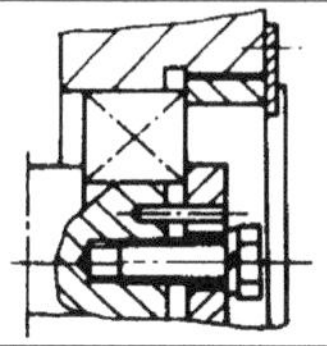	螺纹环	便于调节轴承的轴向游隙,应有防松措施,适于高转速、较大轴向负荷的场合

续表16-3

轴承内圈的轴向固定方式		简 图	轴承外圈的轴向固定方式	
名 称	特点与应用		名 称	特点与应用
锁紧螺母	由轴肩和锁紧螺母实现轴向固定,有止动垫圈防松,安全可靠,适于高速重载		弹性挡圈	结构简单,拆装方便,轴向尺寸小,适于转速不高,轴向负荷不大的场合,弹性挡圈与轴承间的调整环可调整轴承的轴向游隙

16.3.2 轴系的固定

轴系固定的目的是防止轴工作时发生轴向窜动,保证轴上零件有确定的工作位置。常用的固定方式有以下两种。

(1) 两端单向固定

如图16-7所示,两端的轴承都靠轴肩和轴承盖作单向固定,两个轴承的联合作用就能限制轴的双向移动。为了补偿轴的受热伸长,对于深沟球轴承,可在轴承外圈与轴承端盖之间留有补偿间隙C,一般$C=0.25\sim0.4$ mm;对于角接触轴承,应在安装时将间隙留在轴承内部。间隙的大小可通过调整垫片组的厚度实现。这种固定方式结构简单、便于安装、调整容易,适用于工作温度变化不大的短轴。

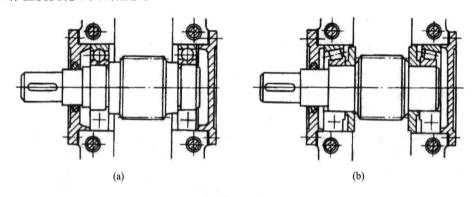

图16-7 两端单向固定支承

(2) 一端固定、一端游动支承

如图16-8(a)所示,一端轴承的内、外圈均作双向固定,限制了轴的双向移动。另一端轴承外圈两侧都不固定。当轴伸长或缩短时,外圈可在座孔内作轴向游动。一般将载荷小的一端做成游动,游动支承与轴承盖之间应留用足够大的间隙,$C=3\sim8$ mm。对角接触球轴承和圆锥滚子轴承,不可能留有很大的内部间隙,应将两个同类轴承装在一端作双向固定,另一端采用深沟球轴承或圆柱滚子轴承作游动支承,如图16-8(b)所示。这种结构比较复杂,但工作稳定性好,适用于工作温度变化较大的长轴。

16.3.3 滚动轴承组合结构的调整

滚动轴承组合结构的调整包括轴承间隙的调整和轴系轴向位置的调整。

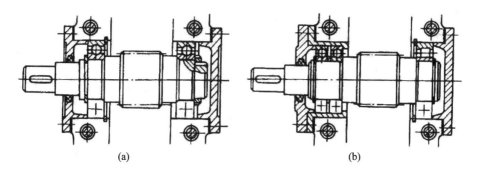

图 16-8　一端固定、一端游动

(1) 轴承间隙的调整

轴承间隙的大小将影响轴承的旋转精度、轴承寿命和传动零件工作的平稳性。轴承间隙调整的方法有：

① 如图 16-9(a)所示，靠加减轴承端盖与箱体间垫片的厚度进行调整。

② 如图 16-9(b)所示，利用调整环进行调整，调整环的厚度在装配时确定。

③ 如图 16-9(c)所示，利用调整螺钉推动压盖移动滚动轴承外圈进行调整，调整后用螺母锁紧。

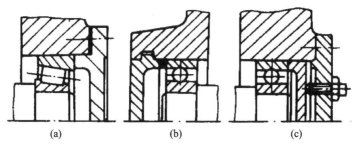

图 16-9　轴承间隙的调整

(2) 轴承的预紧(图 16-10)

轴承预紧的目的是为了提高轴承的精度和刚度，以满足机器的要求。在安装轴承时要加一定的轴向预紧力，消除轴承内部的原始游隙，并使套圈与滚动体产生预变形，在承受外载后，仍不出现游隙，这种方法称为轴承的预紧。预紧的方法有：① 在一对轴承内圈之间加金属垫片，如图 16-10(a)所示；② 磨窄外圈，如图 16-10(b)所示，所加预紧力的传递路线参阅图 16-10(a)、(b)，图 16-10(c)为其结构图。

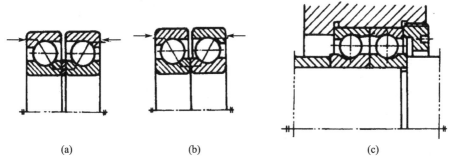

图 16-10　轴承的预紧

(3) 轴系轴向位置的调整

轴系轴向位置调整的目的是使轴上零件有准确的工作位置。如蜗杆传动,要求蜗轮的中间平面必须通过蜗杆轴线,如图 16-11(a)所示;直齿锥齿轮传动,要求两锥齿轮的锥顶必须重合,如图 16-11(b)所示。图 16-12 为锥齿轮轴的轴承组合结构,轴承装在套杯内,通过加减第 1 组垫片的厚度来调整轴承套杯的轴向位置,即可调整锥齿轮的轴向位置;通过加、减第 2 组垫片的厚度,则可以实现轴承间隙的调整。

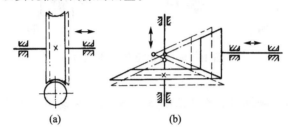

图 16-11 轴向位置要求

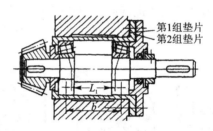

图 16-12 锥齿轮轴系位置调整

16.3.4 滚动轴承的配合

滚动轴承的配合是指轴承内圈与轴颈、轴承外圈与轴承座孔的配合。由于滚动轴承是标准件,故内圈与轴颈的配合采用基孔制,外圈与轴承座孔的配合采用基轴制。配合的松紧程度根据轴承工作载荷的大小、性质、转速高低等确定。转速高、载荷大、冲击振动比较严重时应选用较紧的配合,旋转精度要求高的轴承配合也要紧一些;游动支承和需经常拆卸的轴承,则应配合松一些。

对于一般机械,轴与内圈的配合常选用 m6、k6、js6 等,外圈与轴承座孔的配合常选用 J7、H7、G7 等。由于滚动轴承内径的公差带在零线以下,因此,内圈与轴的配合比圆柱公差标准中规定的基孔制同类配合要紧些。如圆柱公差标准中 H7/k6、H7/m6 均为过渡配合,而在轴承内圈与轴的配合中就成了过盈配合。

16.3.5 滚动轴承的装拆

安装和拆卸轴承的力应直接加在紧配合的套圈端面,不能通过滚动体传递。由于内圈与轴的配合较紧,在安装轴承时:

① 对中、小型轴承,可在内圈端面加垫后,用手锤轻轻打入,如图 16-13(a)所示。

② 对尺寸较大的轴承,可在压力机上压入或把轴承放在油里加热至 80~100℃,然后取出套装在轴颈上。

③ 同时安装轴承的内、外圈时,须用特制的安装工具,图 16-13(b)所示。

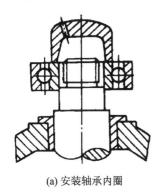 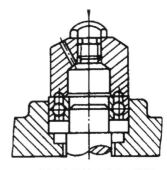

(a) 安装轴承内圈　　　　　　(b) 同时安装轴承的内、外圈

图 16-13

轴承的拆卸可根据实际情况按图 16-14 实施。为使拆卸工具的钩头钩住内圈,应限制轴肩高度。轴肩高度根据轴承代号查找相应的安装尺寸。

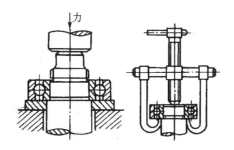

图 16-14　轴承的拆卸

内、外圈可分离的轴承,其外圈的拆卸可用压力机、套筒或螺钉顶出,也可以用专用设备拉出。为了便于拆卸,座孔的结构一般采用图 16-15 的形式。

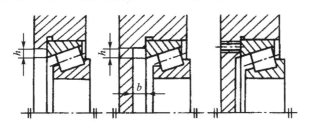

图 16-15　便于外圈拆卸的座孔结构

16.3.6　支承部位的刚度和同轴度

为保证支承部分的刚度,轴承座孔壁应有足够的厚度,并设置加强肋以增强刚度,如图 16-16 所示。

为保证支承部分的同轴度,同一轴上两端的轴承座孔必须保持同心。为此,两端轴承座孔的尺寸应尽量相同,以便加工时一次镗出,减少同轴度误差。若轴上装有不同外径尺寸的轴承时,可采用套杯结构,如图 16-17 所示。

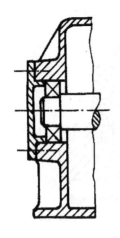

图 16-16 支承部位刚度

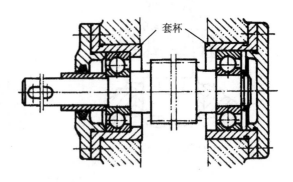

图 16-17 轴承座孔的同轴度

16.3.7 角接触球轴承和圆锥滚子轴承的排列方式

角接触球轴承和圆锥滚子轴承一般成对使用,根据调整、安装以及使用场合的不同,有如下两种排列方式。

(1) 正装(外圈窄端面相对)

两角接触球轴承或圆锥滚子轴承的压力中心距离$\overline{O_1O_2}$小于两个轴承中点跨距时,称为正装,如图 16-18(a)、(c)所示。该方式的轴系,结构简单,装拆、调整方便,但是,轴的受热伸长会减小轴承的轴向游隙,甚至会卡死。

(2) 反装(外圈宽端面相对)

两角接触球轴承或圆锥滚子轴承的压力中心距离$\overline{O_1O_2}$大于两个轴承中点的跨距时,称为反装,如图 16-18(b)、(d)所示,显然,轴的热膨胀会增大轴承的轴向游隙。另外,反装的结构较复杂,装拆、调整不便。

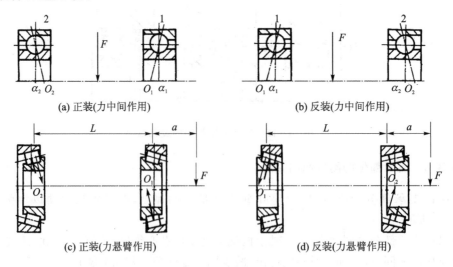

图 16-18 正反装的轴系

(3) 正、反装的刚度分析

当传动零件悬臂安装时,反装的轴系刚度比正装的轴系高,这是因为反装的轴承压力中心距离较大,使轴承的反力、变形及轴的最大弯矩和变形均小于正装。

当传动零件介于两轴承中间时,正装使轴承压力中心距离减小而有助于提高轴的刚度,反装则相反。

16.3.8 滚动轴承的润滑

轴承润滑的主要目的是减小摩擦与磨损、缓蚀、吸振和散热。一般采用脂润滑或者油润滑。

多数滚动轴承采用脂润滑。润滑脂粘性大,不易流失,便于密封和维护,且不需经常添加;但转速较高时,功率损失较大。润滑脂的填充量不能超过轴承空间的 $1/3 \sim 1/2$。油润滑的摩擦阻力小,润滑可靠,但需要供油设备和较复杂的密封装置。当采用油润滑时,油面高度不能超出轴承中最低滚动体的中心。高速轴承宜采用喷油或油雾润滑。

轴承内径与转速的乘积 dn 值可作为选择润滑方式的依据。

16.3.9 滚动轴承的密封

密封的目的是为了防止外部的灰尘、水分及其他杂物进入轴承,并阻止轴承内润滑剂的流失。

密封分接触式密封和非接触式密封。

(1) 接触式密封

接触式密封是在轴承盖内放毡圈、密封圈,使其直接与轴接触,起到密封作用。由于工作时,轴与毛毡等相互摩擦,故这种密封适用于低速,且要求接触处轴的表面硬度大于 40HRC,粗糙度 $Ra < 0.8~\mu m$。

① 毡圈密封,如图 16-19(a)。矩形毡圈压在梯形槽中与轴接触,适用于脂润滑,环境清洁,轴颈圆周速度 $v < 4 \sim 5$ m/s,工作温度 < 90 ℃ 的场合。

② 密封圈密封,图 16-19(b)。密封圈由皮革或橡胶制成,有或无骨架,利用环形螺旋弹簧,将密封圈的唇部压在轴上,图中唇部向外,可防止尘土入内;如唇部向内,可防止油泄漏。密封圈密封适用于油润滑或脂润滑,轴颈圆周速度 $v < 7$ m/s,工作温度在 $-40 \sim 100$ ℃ 的场合,密封圈为标准件。

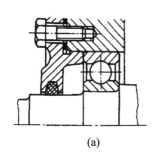
(a)

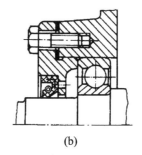
(b)

图 16-19 接触式密封

(2) 非接触式密封

非接触式密封是利用狭小和曲折的间隙密封,不直接与轴接触,故可用在高速场合。

① 间隙密封,如图 16-20(a)。在轴与轴承盖间,留有细小的环形间隙,半径间隙为 0.1~0.3 mm,中间填以润滑脂。它用于工作环境清洁、干燥的场合。

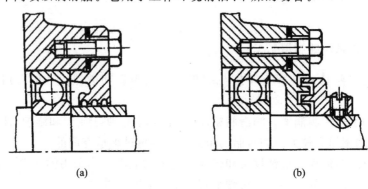

图 16-20 非接触式密封

② 迷宫密封,如图 16-20(b)。在轴与轴承盖间有曲折的间隙,纵向间隙要求 1.5~2 mm,以防轴受热膨胀。迷宫密封适用于脂润滑或油润滑,工作环境要求不高,密封可靠的场合。

也可将毡圈和迷宫组合使用,其密封效果更好。

16.3.10 轴承的维护

轴承的维护工作,除保证良好的润滑、完善的密封外,还要注意观察和检查轴承的工作情况,防患于未然。

设备运行时,若出现:① 工作条件未变,轴承突然温度升高,且超过允许范围;② 工作条件未变,轴承运转不灵活,有沉重感,转速严重滞后;③ 设备工作精度显著下降,达不到标准;④ 滚动轴承产生噪声或振动等异常状态,应停机检查。

检查时,首先检查润滑情况,检查供油是否正常,油路是否畅通;再检查装配是否正确,有无游隙过紧、过松情况;然后检查零件有无损坏,尤其要仔细察看轴与轴承表面状态,从油迹、伤痕可以判别损坏原因。针对故障原因,提出办法,加以解决。

16.4 滚动轴承的工作情况分析及计算

16.4.1 滚动轴承的主要失效形式

(1) 疲劳点蚀

疲劳点蚀使轴承产生振动和噪声,旋转精度下降,影响机器的正常工作,是一般滚动轴承的主要失效形式。

(2) 塑性变形

当轴承转速很低($n \leqslant 10$ r/min)或间歇摆动时,一般不会发生疲劳点蚀,此时轴承往往因受过大的静载荷或冲击载荷而产生塑性变形,使轴承失效。

(3) 磨损 润滑不良、杂质和灰尘的侵入都会引起磨损,使轴承丧失旋转精度而失效。

16.4.2 滚动轴承的设计准则

① 对于一般运转的轴承,为防止疲劳点蚀发生,以疲劳强度计算为依据,称为轴承的寿命计算;

② 对于不回转、转速很低($n \leqslant 10$ r/min)或间歇摆动的轴承,为防止塑性变形,以静强度计算为依据,称为轴承的静强度计算。

16.4.3 轴承的寿命计算

(1) 寿命计算中的基本概念

① 寿命 滚动轴承的寿命是指在一定转速下轴承中任何一个滚动体或内、外圈滚道上出现疲劳点蚀前轴承转过的总圈数,或总的工作小时数。

② 基本额定寿命 一批类型、尺寸相同的轴承,其材料、加工精度、热处理与装配质量不可能完全相同。即使在同样条件下工作,各个轴承的寿命也是不同的。在国标中规定以基本额定寿命作为计算依据。基本额定寿命是指一批相同的轴承,在同样工作条件下,其中10%的轴承产生疲劳点蚀时转过的总圈数,或总的工作小时数。

③ 额定动载荷 基本额定寿命为10^6转时轴承所能承受的载荷,称为额定动载荷,以"C"表示,轴承在额定动载荷作用下,不发生疲劳点蚀的可靠度是90%。各种类型和不同尺寸轴承的C值可查设计手册。

④ 额定静载荷 轴承工作时,受载最大的滚动体与内、外圈滚道接触处的接触应力达到一定值(向心和推力球轴承为4 200 MPa,滚子轴承为4 000 MPa)时的静载荷,称为额定静载荷,用"C"表示,其值可查设计手册。

⑤ 当量载荷 额定动、静载荷是向心轴承只承受径向载荷、推力轴承只承受轴向载荷的条件下,根据试验确定的。实际上,轴承承受的载荷往往与上述条件不同,因此,必须将实际载荷等效为一假想载荷,这个假想载荷称为当量动、静载荷,以"P"表示。

(2) 寿命计算

$$L_h = \frac{10^6}{60n} \left(\frac{f_T C}{f_P P} \right)^\varepsilon \tag{16-1}$$

在实际应用中,额定寿命常用给定转速下运转的小时数L_h表示。考虑到机器振动和冲击的影响,引入载荷因数f_P,如表16-4所列;考虑到工作温度的影响,引入了温度因数f_T,如表16-5所列。实用的寿命计算公式为

$$C_C = \frac{f_p P}{f_T} \sqrt[\varepsilon]{\frac{60 n L_h'}{10^6}} \leqslant C \tag{16-2}$$

若当量动载荷P与转速n均已知,预期寿命L_h'已选定,则可根据式(16-2)选择轴承型号。

式中,C_C为计算额定动载荷,kN;C为额定动载荷,kN,可查设计手册;ε为寿命指数,球轴承$\varepsilon=3$,滚子轴承$\varepsilon=10/3$。

(3) 当量动、静载荷的计算

当量动载荷是一假想载荷,在该载荷作用下,轴承的寿命与实际载荷作用下的寿命相同。

当量动载荷 P 的计算式为

$$P = XF_r + YF_a \tag{16-3}$$

式中,X 为径向载荷因数,如表 16-7 所列;Y 为轴向载荷因数,如表 16-7 所列;F_r 为轴承承受的径向载荷,F_a 为轴承承受的轴向载荷。

表 16-4 载荷因数 f_P

载荷性质	f_P	举例
无冲击或有轻微冲击	1.0～1.2	电动机、汽轮机、通风机、水泵
中等冲击和振动	1.2～1.8	车辆、机床、内燃机、起重机、冶金设备、减速器
强大冲击和振动	1.8～3.0	破碎机、轧钢机、石油钻机、振动筛

表 16-5 温度因数 f_T

轴承工作温度/℃	100	125	150	175	200	225	250	300
温度系数 f_T	1	0.95	0.90	0.85	0.80	0.75	0.70	0.60

对于只承受径向载荷的轴承,当量动载荷为轴承的径向载荷 F_r,即

$$P = F_r \tag{16-4}$$

对于只承受轴向载荷的轴承,当量动载荷为轴承的轴向载荷 F_a,即

$$P = F_a \tag{16-5}$$

(4) 角接触轴承轴向载荷的计算

① 角接触轴承的内部轴向力 由于角接触轴承有接触角,故轴承在受到径向载荷作用时,承载区内滚动体的法向力分解,产生一个轴向分力 S,如图 16-21 所示。S 是在径向载荷作用下产生的轴向力,通常称为内部轴向力,其大小按表 16-6 计算。内部轴向力的方向沿轴向,由轴承外圈的宽边指向窄边。

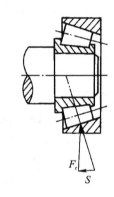

图 16-21 内部轴向力

表 16-6 向心角接触轴承的内部轴向力

圆锥滚子轴承	角接触球轴承		
3000 型	7000C 型	7000AC 型	7000B 型
$S=F_r/(2Y)$	$S=0.4F_r$	$S=0.7F_r$	$S=F_r$

② 角接触轴承的实际轴向载荷 角接触轴承在使用时实际所受的轴向载荷 F_a,除与外加轴向载荷 F_A(图 16-22)有关外,还应考虑内部轴向力 S 的影响。计算两支点实际轴向载荷的步骤如下:

A. 先计算出两支点内部轴向力 S_1、S_2 的大小,并绘出其方向。

B. 将外加轴向载荷 F_A 与同向的内部轴向力之和与另一内部轴向力进行比较,以判定轴承的"压紧"端与"放松"端。

C. "放松"端轴承的轴向载荷等于它本身的内部轴向力。

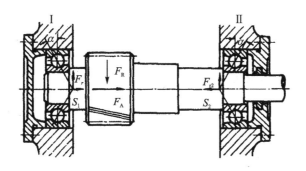

图 16－22 角接触轴承的轴向力

D. "压紧"端轴承的轴向载荷等于外部轴向力和它本身的内部轴向力的代数和。

表 16－7 单列向心轴承的径向载荷系数 X 和轴向载荷系数 Y

轴承类型		F_a/C_0	e	$F_a/F_r > e$		$F_a/F_r \leqslant e$	
				X	Y	X	Y
深沟球轴承 （6类）		0.014	0.19	0.56	2.30	1	0
		0.028	0.22		1.99		
		0.056	0.26		1.71		
		0.084	0.28		1.55		
		0.11	0.30		1.45		
		0.17	0.34		1.31		
		0.28	0.38		1.15		
		0.42	0.42		1.04		
		0.56	0.44		1.00		
角接触 球轴承 （7类）	7000C($\alpha=15°$)	0.015	0.38	0.44	1.47	1	0
		0.029	0.40		1.40		
		0.058	0.43		1.30		
		0.087	0.46		1.23		
		0.12	0.47		1.19		
		0.17	0.50		1.12		
		0.29	0.55		1.02		
		0.44	0.56		1.00		
		0.58	0.56		1.00		
	7000AC($\alpha=25°$)	—	0.68	0.41	0.87	1	0
	7000B($\alpha=40°$)	—	1.14	0.35	0.57	1	0
圆锥滚子轴承（3类）		—	见附表	0.40	见附表	1	0

例 16－4 设某水泵转速 $n=2\,900$ r/min，轴颈直径 $d=35$ mm，轴的两端受径向载荷 $F_{r1}=F_{r2}=1\,810$ N，轴向载荷 $F_A=740$ N，预期寿命 $L_h'=5\,000$ h，试选择轴承型号。

解：水泵轴主要承受径向载荷（$F_r > F_a$），转速相当高，所以选深沟球轴承（6 类）；因水泵承受的是中等载荷，则选 0 类宽度系列和 3 类直径系列（注：不是唯一的选择）；根据轴颈直径 $d = 35$ mm，所以选用 6307 轴承，水泵属一般通用机械，对轴承的精度和游隙无特殊要求。

例 16-5 按上例，轴的两端用一对 6307 型号的轴承支承，$d = 35$ mm，设轴承 1 为游动端，轴承 2 为固定端，$F_{r1} = F_{r2} = 1\,810$ N，$F_A = 740$ N，水泵工作时有轻微冲击，轴承正常工作温度低于 100℃，试校核轴承寿命。

解：轴承 1 为游动端，不承受轴向载荷，轴向载荷由轴承 2 承受，即 $F_{a2} = F_A$，

① 按 6307 轴承由手册查得 $C_0 = 19.2$ kN，则 $F_a/C_0 = F_a/C_o = 740/19\,200 = 0.038\,5$，以此值由表 16-7，插值得界限值 $e = 0.231$。

② 因 $F_{a2}/F_{r2} = 740/1810 = 0.409 > e$，根据 $F_a/C_o = 0.038\,5$，插值查得 $Y = 1.87$，$X = 0.56$。

(3) 计算径向当量动载荷

$$P_1 = F_{r1} = 1810 \text{ N}$$

$$P_2 = XF_{r2} + YF_{a2} = 0.56 \times 1\,810 + 1.87 \times 740 = 2\,397 \text{ N}$$

按已知条件查表得 $f_P = 1.1$，$f_T = 1$，球轴承 $\varepsilon = 3$，由公式（16-2）得：

$$C_C = \frac{f_P P}{f_T} \sqrt[\varepsilon]{\frac{60 n L'_h}{10^6}} = \frac{1.1 \times 2\,397}{1} \sqrt[3]{\frac{60 \times 2\,900 \times 5\,000}{10^6}} = 25.17 \text{ kN}$$

经查得 6307 轴承 $C = 33.2$ kN $> C_C$，轴承合格。

习 题

1. 简答题

(1) 在机械设备中为何广泛采用滚动轴承？

(2) 滚动轴承中保持架的作用是什么？常用什么材料制造？

(3) 为什么调心轴承要成对使用，并安装在两个支点上？

(4) 为什么推力球轴承不宜用于高速？

(5) 试说明轴承代号 6210 的主要含义。

(6) 何谓滚动轴承的基本额定寿命？何谓滚动轴承的基本额定动载荷？

(7) 何为角接触轴承的"正装"和"反装"，这两种安装方式对轴系刚度有何影响？

(8) 滚动轴承的组合设计要考虑哪些问题？

2. 计算题

(1) 一根装有两个斜齿轮的轴由一对代号为 7210AC 的滚动轴承支承。已知两轮上的轴向力分别为 $F_{a1} = 3\,000$ N，$F_{a2} = 5\,000$ N，方向如图 16-23 所示。轴承所受径向力 $R_1 = 8\,000$ N，$R_2 = 12\,000$ N。冲击载荷系数 $f_d = 1$，其他参数见表 16-8。求两轴承的当量动载荷 P_1、P_2。

表 16-18 第(1)题参数

S	$F_a/F_r \leq e$		$F_a/F_r > e$		e
	X	Y	X	Y	
0.68R	1	0	0.41	0.87	0.68

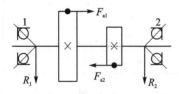

图 16-23 第(1)题图

(2) 某轴由一对代号为 30212 的圆锥滚子轴承支承,其基本额定动载荷 $C=97.8$ kN。轴承受径向力 $R_1=6\,000$ N,$R_2=16\,500$ N。轴的转速 $n=500$ r/min,轴上有轴向力 $F_A=3\,000$ N,方向如图 16-24 所示。轴承的其他参数见表 16-19。冲击载荷系数 $f_d=1$。求轴承的基本额定寿命。

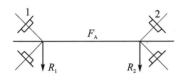

图 16-24 第(2)题图

表 16-19 第(2)题参数

S	$F_a/F_r \leqslant e$		$F_a/F_r > e$		e
$\dfrac{R}{2Y}$	X	Y	X	Y	0.40
	1	0	0.4	1.5	

(3) 一传动装置的锥齿轮轴用一对代号为 30212 的圆锥滚子轴承支承,布置如图 16-25 所示。已知轴的转速为 1 200 r/min,两轴承所受的径向载荷 $R_1=8\,500$ N,$R_2=3\,400$ N。$f_d=1$,常温下工作。轴承的预期寿命为 15 000 小时。试求:

① 允许作用在轴上的最大轴向力 F_A

② 滚动轴承所受的轴向载荷 F_{a1}、F_{a2}。

(4) 某轴的轴承组合如图 16-26 所示,两轴承的代号为 6313,已知轴的转速为 485 r/min,轴承所受的径向力分别为 $R_1=5\,500$ N,$R_2=6\,400$ N。轴上有轴向力 $F_A=2\,200$ N,方向如图。常温下工作,有轻微冲击。试求轴承的寿命。

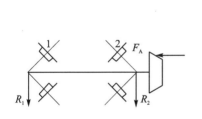

图 16-25 第(3)题图

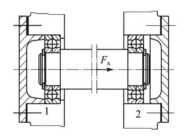

图 16-26 第(4)题图

3. 分析题

(1) 试分析图 16-27 所示轴系结构中的错误,并加以改进。图中齿轮用油润滑,轴承用脂润滑。

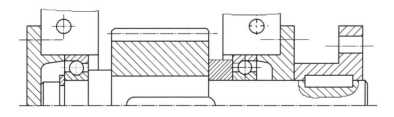

图 16-27 分析题第(1)题图

(2) 试分析图 16-28 所示小锥齿轮套杯轴系结构中的错误,并加以改进。

(3) 如图 16-29 所示为反装圆锥滚子轴承支承小锥齿轮轴的套杯轴系结构,试分析其中

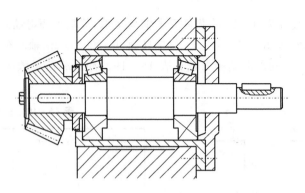

图 16-28 分析题第(2)题图

的结构错误,并加以改进。

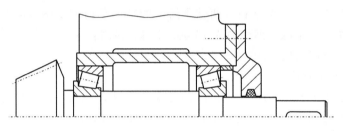

图 16-29 分析题第(2)题图

第 17 章 联轴器和离合器

联轴器和离合器是机械传动中的重要部件。联轴器和离合器可联接主、从动轴,使其一同回转并传递扭矩,有时也可用作安全装置。联轴器联接的分与合只能在停机时进行,而离合器联接的分与合可随时进行。如图 17-1、图 17-2 所示为联轴器和离合器应用实例。

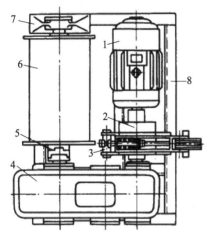

1—电动机;2、5—联轴器;3—制动器;
4—减速器;6—卷筒;7—轴承;8—机架
图 17-1 电动绞车

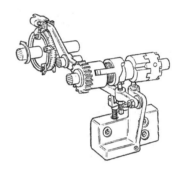

图 17-2 自动车床转塔刀架

图 17-1 所示为电动绞车,电动机输出轴与减速器输入轴之间用联轴器联接,减速器输出轴与卷筒之间同样用联轴器联接来传递运动和扭矩。图 17-2 所示为自动车床转塔刀架上用于控制转位的离合器。

联轴器和离合器的类型很多,其中多数已标准化,设计选择时可根据工作要求,查阅有关手册、样本,选择合适的类型,必要时对其中主要零件进行强度校核。

17.1 联轴器

17.1.1 联轴器的性能要求

联轴器所联接的两轴,由于制造及安装误差、承载后变形、温度变化和轴承磨损等原因,不能保证严格对中,使两轴线之间出现相对位移,如图 17-3 所示,如果联轴器对各种位移没有补偿能力,工作中将会产生附加动载荷,使工作情况恶化。因此,要求联轴器具有补偿一定范围内两轴线相对位移量的能力。对于经常负载启动或工作载荷变化的场合,要求联轴器中具有起缓冲、减振作用的弹性元件,以保护原动机和工作机不受或少受损伤。同时还要求联轴器安全、可靠,有足够的强度和使用寿命。

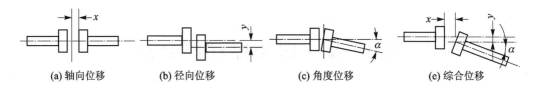

(a) 轴向位移　　(b) 径向位移　　(c) 角度位移　　(e) 综合位移

图 17-3　联轴器所连两轴的相对位移

17.1.2　联轴器的分类

根据联轴器对各种相对位移有无补偿能力,联轴器可分为刚性联轴器和挠性联轴器两大类。

刚性联轴器不具有缓冲性和补偿两轴线相对位移的能力,要求两轴严格对中,但此类联轴器结构简单,制造成本较低,装拆、维护方便,能保证两轴有较高的对中性,传递转矩较大,应用广泛。常用的有凸缘联轴器、套筒联轴器和夹壳联轴器等。

挠性联轴器又可分为无弹性元件挠性联轴器和有弹性元件挠性联轴器,前一类只具有补偿两轴线相对位移的能力,但不能缓冲减振,常见的有滑块联轴器、齿式联轴器、万向联轴器和链条联轴器等;后一类因含有弹性元件,除具有补偿两轴线相对位移的能力外,还具有缓冲和减振作用,但传递的转矩因受到弹性元件强度的限制,一般不及无弹性元件挠性联轴器,常见的有弹性套柱销联轴器、弹性柱销联轴器、梅花形联轴器、轮胎式联轴器、蛇形弹簧联轴器和簧片联轴器等。

17.1.3　常用联轴器的结构和特点

各类联轴器的性能、特点可查阅有关设计手册。

1. 凸缘联轴器

凸缘联轴器是刚性联轴器中应用最广泛的一种,结构如图 17-4 所示,是由 2 个带凸缘的半联轴器用螺栓联接而成,与两轴之间用键联接。常用的结构形式有两种,其对中方法不同,图 17-4(a)所示为两半联轴器的凸肩与凹槽相配合而对中,用普通螺栓联接,依靠接合面间的摩擦力矩传递转矩,对中精度高,装拆时,轴必须作轴向移动。图 17-4(b)所示为两半联轴器用铰制孔螺栓联接,靠螺栓杆与螺栓孔配合对中,依靠螺栓杆的剪切及其与孔的挤压传递转矩,装拆时轴不须作轴向移动。

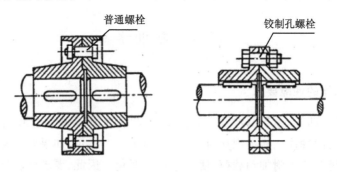

图 17-4　凸缘联轴器

联轴器的材料一般采用铸铁,重载或圆周速度 $v \geqslant 30$ m/s 时应采用铸钢或锻钢。

凸缘联轴器结构简单,价格低廉,能传递较大的转矩,但不能补偿两轴线的相对位移,也不能缓冲减振，故只适用于联接的两轴能严格对中、载荷平稳的场合。

2. 滑块联轴器

滑块联轴器如图 17-5 所示，由两个端面开有凹槽的半联轴器 1、3 与两面带有凸块的中间盘 2 联接，半联轴器 1、3 分别与主、从动轴通过键联接成一体，实现两轴的联接。中间盘沿径向滑动补偿径向位移 y，并能补偿角度位移 α，如图 17-5。若两轴线不同心或偏斜，则在运转时中间盘上的凸块将在半联轴器的凹槽内滑动；转速较高时，由于中间盘的偏心会产生较大的离心力和磨损，并使轴承承受附加动载荷，故这种联轴器适用于低速。为减少磨损，可由中间盘油孔注入润滑剂。

半联轴器和中间盘的常用材料为 45 钢或铸钢 ZG310-570，工作表面淬火 HRC48～58。

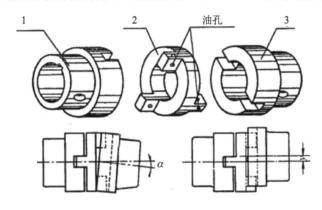

图 17-5 滑块联轴器

3. 万向联轴器

万向联轴器如图 17-6 所示，由两个叉形接头 1、3 和十字轴 2 组成，利用中间联接件十字轴联接的两叉形半联轴器均能绕十字轴的轴线转动，从而使联轴器的两轴线能成任意角度 α，一般 α 最大可达 35°～45°。但 α 角越大，传动效率越低。万向联轴器单个使用时，当主动轴以等角速度转动时，从动轴作变角速度回转，从而在传动中引起附加动载荷。为避免这种现象，可采用两个万向联轴器成对使用，使两次角速度变化的影响相互抵消，从而达到主动轴和从动轴同步转动，如图 17-7 所示。各轴相互位置在安装时必须满

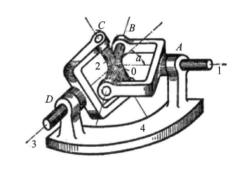

1、3—叉形接头；2—十字轴；4—机架

图 17-6 万向联轴器

足：① 主动轴、从动轴与中间轴的夹角必须相等，即 $\alpha_1 = \alpha_2$；② 中间轴两端的叉形平面必须位于同一平面内。如图 17-8 所示。

万向联轴器的材料常用合金钢制造，以获得较高的耐磨性和较小的尺寸。

万向联轴器能补偿较大的角位移，结构紧凑，使用、维护方便，广泛用于汽车、工程机械等的传动系统中。

4. 弹性套柱销联轴器

弹性套柱销联轴器的结构与凸缘联轴器相似，如图 17-9 所示。不同之处是用带有弹性

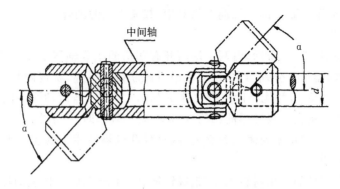

图 17-7　两个万向联轴器成对使用

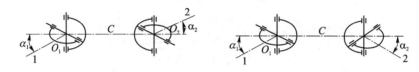

图 17-8　两个万向联轴器的安装

圈的柱销代替了螺栓联接,弹性圈一般用耐油橡胶制成,剖面为梯形以提高弹性。柱销材料多采用 45 钢。为补偿较大的轴向位移,安装时在两轴间留有一定的轴向间隙 c;为了便于更换易损件弹性套,设计时应留一定的距离 B。

弹性套柱销联轴器制造简单,装拆方便,但寿命较短。适用于联接载荷平稳,需正反转或起动频繁的小转矩轴,多用于电动机轴与工作机械的联接上。

5．弹性柱销联轴器

弹性柱销联轴器与弹性套柱销联轴器结构也相似,如图 17-10,只是柱销材料为尼龙,柱销形状一端为柱形,另一端制成腰鼓形,以增大角度位移的补偿能力。为防止柱销脱落,柱销两端装有挡板,用螺钉固定。

弹性柱销联轴器结构简单,能补偿两轴间的相对位移,并具有一定的缓冲、吸振能力,应用广泛,可代替弹性套柱销联轴器。但因尼龙对温度敏感,使用时受温度限制,一般在 $-20°\sim 70°$ 之间使用。

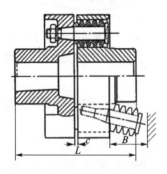

图 17-9　弹性套柱销联轴器

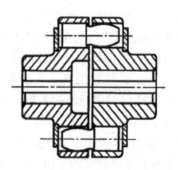

图 17-10　弹性柱销联轴器

17.1.4 联轴器的选择

联轴器多已标准化,其主要性能参数为:额定转矩 T_n、许用转速$[n]$、位移补偿量和被联接轴的直径范围等。选用联轴器时,通常先根据使用要求和工作条件确定合适的类型,再按转矩、轴径和转速选择联轴器的型号,必要时应校核其薄弱件的承载能力。

考虑工作机起动、制动、变速时的惯性力和冲击载荷等因素,应按计算转矩 T_c 选择联轴器。计算转矩 T_c 和工作转矩 T 之间的关系为:

$$T_c = K_A T \tag{17-1}$$

式中 K_A 为工作情况系数,见表 17-1。一般刚性联轴器选用较大的值,挠性联轴器选用较小的值;被传动的转动惯量小,载荷平稳时取较小值。

所选型号联轴器必须同时满足:

$$T_c \leqslant T_n$$
$$n \leqslant [n]$$

表 17-1 工作情况系数 K_A

原动机	工作机械	K
电动机	皮带运输机、鼓风机、连续运转的金属切削机床	1.25~1.5
	链式运输机、刮板运输机、螺旋运输机、离心泵、木工机械	1.5~2.0
	往复运动的金属切削机床	1.5~2.0
	往复式泵、往复式压缩机、球磨机、破碎机、冲剪机	2.0~3.0
	起重机、升降机、轧钢机	3.0~4.0
涡轮机	发电机、离心泵、鼓风机	1.2~1.5
往复式发动机	发电机	1.5~2.0
	离心泵	3~4
	往复式工作机	4~5

例 17-1 功率 $P=11$ kW,转速 $n=970$ r/min 的电动起重机中,联接直径 $d=42$ mm 的主、从动轴,试选择联轴器的型号。

解: 1. 选择联轴器类型

为缓和振动和冲击,选择弹性套柱销联轴器。

2. 选择联轴器型号

(1) 计算转矩:由表 17-1 查取 $K_A=3.5$,按式(17-1)计算:

$$T_c = K_A \cdot T = K_A \cdot 9\,550 \frac{P}{n} = 3.5 \times 9\,550 \times \frac{11}{970} = 379 \text{ N} \cdot \text{m}$$

(2) 按计算转矩、转速和轴径,由 GB 4323—84 中选用 TL7 型弹性套柱销联轴器,标记为:TL7 联轴器 42×112 GB/T 4328—2002。查得有关数据:额定转矩 $T_n=500$ N·m,许用转速 $[n]=3\,600$ r/min,轴径 40~48 mm。

满足 $T_c \leqslant T_n$、$n \leqslant [n]$,适用。

17.2 离合器

17.2.1 离合器的性能要求

离合器在机器传动过程中能方便地接合和分离。对其基本要求是：工作可靠，接合、分离迅速而平稳，操纵灵活、省力，调节和修理方便，外形尺寸小，重量轻，对摩擦式离合器还要求其耐磨性好并具有良好的散热能力。

17.2.2 离合器的分类

离合器的类型很多。按实现接合和分离的过程可分为操纵离合器和自动离合器；按离合的工作原理可分为嵌合式离合器和摩擦式离合器。

嵌合式离合器通过主、从动元件上牙齿之间的嵌合力来传递回转运动和动力，工作比较可靠，传递的转矩较大，但接合时有冲击，运转中接合困难。

摩擦式离合器是通过主、从动元件间的摩擦力来传递回转运动和动力，运动中接合方便，有过载保护性能，但传递转矩较小，适用于高速、低转矩的工作场合。

17.2.3 常用离合器的结构和特点

1. 牙嵌式离合器

牙嵌式离合器如图17-11所示，是由两端面上带牙的半离合器1、2组成。半离合器1用平键固定在主动轴上，半离合器2用导向键3或花键与从动轴联接。在半离合器1上固定有对中环5，从动轴可在对中环中自由转动，通过滑环4的轴向移动操纵离合器的接合和分离，滑环的移动可用杠杆、液压、气压或电磁吸力等操纵机构控制。

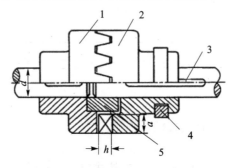

1、2—半离合器；3—导向键；4—滑环；5—对中环

图17-11 牙嵌式离合器

牙嵌离合器常用的牙型有：三角形、矩形、梯形和锯齿形，如图17-12所示。

三角形牙用于传递中小转矩的低速离合器，牙数一般为12～60；矩形牙无轴向分力，接合困难，磨损后无法补偿，冲击也较大，故使用较少；梯形牙强度高，传递转矩大，能自动补偿牙面磨损后造成的间隙，接合面间有轴向分力，容易分离，因而应用最为广泛；锯齿形牙只能单向工作，反转时由于有较大的轴向分力，会迫使离合器自行分离。

牙嵌离合器主要失效形式是牙面的磨损和牙根折断，因此要求牙面有较高的硬度，牙根有

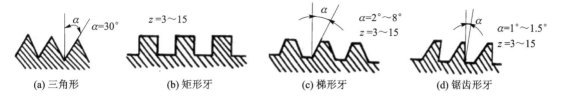

(a) 三角形　　(b) 矩形牙　　(c) 梯形牙　　(d) 锯齿形牙

图 17-12　牙嵌离合器常用的牙型

良好的韧性,常用材料为低碳钢渗碳淬火到 HRC54～60,也可用中碳钢表面淬火。

牙嵌离合器结构简单,尺寸小,接合时两半离合器间没有相对滑动,但只能在低速或停车时接合,以避免因冲击折断牙齿。

2. 圆盘摩擦离合器

摩擦离合器依靠两接触面间的摩擦力来传递运动和动力。按结构形式不同,可分为圆盘式、圆锥式、块式和带式等类型,最常用的是圆盘摩擦离合器。圆盘摩擦离合器分为单片式和多片式两种,如图 17-13、图 17-14 所示。

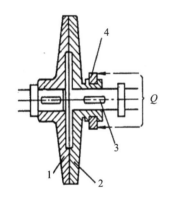

1、2—摩擦圆盘;3—导向键;4—滑环

图 17-13　单片式摩擦离合器

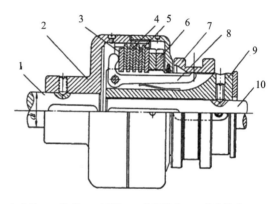

1—主动轴;2—外壳;3—压板;4—外摩擦片;5—内摩擦片;
6—螺母;7—滑环;8—杠杆;9—套筒;10—从动轴

图 17-14　多片式摩擦离合器

单片式摩擦离合器由摩擦圆盘 1、2 和滑环 4 组成。圆盘 1 与主动轴联接,圆盘 2 通过导向键 3 与从动轴联接并可在轴上移动。操纵滑环 4 可使两圆盘接合或分离。轴向压力 F_Q 使两圆盘接合,并在工作表面产生摩擦力,以传递转矩。单片式摩擦离合器结构简单,但径向尺寸较大,只能传递不大的转矩。

多片式摩擦离合器有两组摩擦片,主动轴 1 与外壳 2 相联接,外壳内装有一组外摩擦片 4,形状如图 17-15(a)所示,其外缘有凸齿插入外壳上的内齿槽内,与外壳一起转动,其内孔不与任何零件接触。从动轴 10 与套筒 9 相联接,套筒上装有一组内摩擦片 5,形状如图 17-15(b)所示,其外缘不与任何零件接触,随从动轴一起转动。滑环 7 由操纵机构控制,当滑环向左移动时,使杠杆 8 绕支点顺时针转动,通过压板 3 将两组摩擦片压紧,实现接合;滑环 7 向右移动,则实现离合器分离。摩擦片间的压力由螺母 6 调节。若摩擦片为图 17-15(c)的形状,则分离时能自动弹开。

多片式摩擦离合器由于摩擦面增多,传递转矩的能力提高,径向尺寸相对减小,但结构较为复杂。

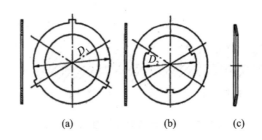

图 17-15　多片式摩擦离合器摩擦片

3. 滚柱超越离合器

超越离合器又称为定向离合器,是一种自动离合器,目前广泛应用的是滚柱超越离合器如图 17-16 所示,由星轮 1、外圈 2、滚柱 3 和弹簧顶杆 4 组成。滚柱的数目一般为 3~8 个,星轮和外圈都可作主动件。当星轮为主动并作顺时针转动时,滚柱受摩擦力作用被楔紧在星轮与外圈之间,从而带动外圈一起回转,离合器为接合状态;当星轮逆时针转动时,滚柱被推到楔形空间的宽敞部分而不再楔紧,离合器为分离状态。超越离合器只能传递单向转矩。若外圈和星轮作顺时针同向回转,则当外圈转速大于星轮转速,离合器为分离状态;当外圈转速小于星轮转速,离合器为接合状态。

超越离合器尺寸小,接合和分离平稳,可用于高速传动。

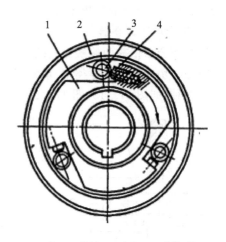

1—星轮;2—外圈;3—滚柱;4—弹簧顶杆

图 17-16　滚柱超越离合器

习　题

1. 简答题

(1) 联轴器和离合器的功用是什么？二者的区别是什么？

(2) 联轴器所联两轴的偏移形式有哪些？如果联轴器不能补偿偏移会发生什么情况？

(3) 刚性联轴器和挠性联轴器的区别是什么？各适用于什么场合？

(4) 选择联轴器类型和尺寸的依据是什么？

2. 设计题

试选择一电动机输出轴用联轴器,已知:电机功率 $P=11$ kW,转速 $n=1\,460$ r/min,轴径 $d=42$ mm,载荷有中等冲击。确定联轴器的轴孔与键槽结构型式、代号及尺寸,写出联轴器的标记。

第18章 弹 簧

弹簧是机械中常用的弹性零件,其功能主要是:

(1) 吸收振动和缓和冲击 例如汽车中的缓冲弹簧、铁路机车车辆的缓冲器、弹性联轴器中的弹簧等。这类弹簧具有较大的弹性变形,以便吸收较多的冲击能量;有些弹簧在变形过程中能依靠摩擦消耗部分能量以增加缓冲和吸振的作用。

(2) 控制机械运动 例如内燃机的阀门弹簧,离合器、制动器和凸轮机构中的弹簧等。这类弹簧,常要求在某变形范围内作用力变化不大。

(3) 储存和释放能量 例如自动机床的刀架自动返回装置中的弹簧、经常开闭的容器中的弹簧、钟表和仪器中的发条等。这类弹簧既要求有较大的弹性,又要求有稳定的作用力。

(4) 测量力或力矩的大小 例如测力器,弹簧称中的弹簧等。这类弹簧要求有稳定的载荷—变形性。

18.1 弹簧的类型

为了满足不同的工作要求,弹簧有各种不同的类型。

弹簧按其承受载荷的形式不同,可分为压缩弹簧、拉伸弹簧、扭转弹簧和弯曲弹簧。

弹簧按其形状可分为圆柱螺旋(等节距或不等节距的)弹簧、圆锥螺旋弹簧、碟形弹簧、环形弹簧等。常用金属弹簧的类型,列于表 18-1 中。

表 18-1 弹簧的基本类型

按载荷分 按形状分	拉 伸	压 缩		扭 转	弯 曲
螺旋形	圆柱螺旋 拉伸弹簧	圆柱螺旋 压缩弹簧	圆锥螺旋 压缩弹簧	圆柱螺旋 扭转弹簧	
其他形		环形弹簧	碟形弹簧	平面涡卷弹簧	板簧

螺旋弹簧是用弹簧丝按螺旋线卷绕而成,由于制造简单,价格较低,宜于检测和安装,所以应用最广。

环形弹簧是由分别带有内外锥形的钢制圆环交错叠合制成的。它可以承受很大的冲击载荷,具有良好的吸振能力,常用于机车车辆、锻压设备和起重机中的重型缓冲装置。

碟形弹簧是用钢板冲压成截锥形的弹簧。这种弹簧的刚性较大,结构紧凑,稳定性好,多用于承受较大冲击载荷,并具有较好的吸振能力,制造和维修方便,多用于重型机械的缓冲和减振装置。

涡卷弹簧(也称盘状弹簧)是由钢带盘绕而成,常用于仪器、钟表的储能装置。

板弹簧是由若干长度不等的条状钢板叠和在一起并用簧夹夹紧而成。板弹簧的刚度很大,是一种强力弹簧。它主要用于各种车辆的减振装置和某些锻压设备的结构中。

18.2 弹簧的材料、许用应力与制造

18.2.1 弹簧的材料和许用应力

弹簧主要承受冲击性的交变载荷,多数弹簧是疲劳破坏。所以弹簧材料应具有较高的弹性极限、疲劳极限、一定的冲击韧性、塑性和良好的热处理性能。工程上常用的弹簧材料有碳素弹簧钢、合金弹簧钢、不锈弹簧钢以及铜合金等。选择弹簧材料时应充分考虑以下几个方面:弹簧的工作条件(工作温度、环境介质);功用及重要性;载荷性质和大小;加工工艺和经济性等因素。

常用金属弹簧材料的性能列于表 18-2、表 18-3 中。

表 18-2 常用弹簧材料及其力学性能

材料代号	许用切应力 $[\tau]$/MPa			剪切模量 G/MPa	拉压弹性模量 E/MPa	推荐硬度 /HRC	推荐使用温度 /℃	特性及用途
	Ⅰ类弹簧	Ⅱ类弹簧	Ⅲ类弹簧					
碳素弹簧钢丝 B、C、D 级	$0.3\sigma_b$	$0.4\sigma_b$	$0.5\sigma_b$	$0.5 \leqslant d \leqslant 4$ 83 000~ 80 000 $d>4$ 80 000	$0.5 \leqslant d \leqslant 4$ 207 500~ 205 000 $d>4$ 200 000	—	−40~130	强度高,加工性能好,适用于小弹簧或要求不高的大弹簧
65Mn								
60Si2Mn	480	640	800	80 000	200 000	45~50	−40~200	弹性和回火稳定性好,易脱碳,用于受重载荷弹簧
50CrVA	450	600	750				−40~210	疲劳性能好,淬透性和回火稳定性好
4Cr13	450	600	750	77000	219000	48~53	−40~300	耐腐蚀,耐高温,适用于较大弹簧
QSi3-1	270	360	450	41000	95000	90~100 HBS	−40~120	耐腐蚀性、防磁性及弹性均好
QBe2	360	450	560	43000	132000	37~40	−40~120	耐腐蚀性、防磁性、导电性及弹性均好

表 18-3　碳素弹簧钢丝的抗拉强度 σ_b（摘自 GB/T4357—1989）　　　　Mpa

弹簧直径 d/mm	B级　低应力弹簧	C级　中应力弹簧	D级　高应力弹簧
1.00	1 660/2 010	1 960～2 360	2 300～2 690
1.20	1 620～1 960	1 910～2 250	2 250～2 550
1.40	1 620～1 910	1 860～2 210	2 150～2 450
1.60	1 570～1 860	1 810～2 160	2 110～2 400
1.80	1 520～1 810	1 760～2 110	2 010～2 300
2.00	1 470～1 760	1 710～2 010	1 910～2 200
2.20	1 420～1 710	1 660～1 960	1 810～2 110
2.50	1 420～1 710	1 660～1 960	1 760～2 060
2.80	1 370～1 670	1 620～1 910	1 710～2 010
3.00	1 370～1 670	1 570～1 810	1 710～1 960
3.20	1 320～1 620	1 570～1 810	1 660～1 910
3.50	1 320～1 620	1 520～1 760	1 620～1 860
4.00	1 320～1 620	1 520～1 760	1 620～1 860
4.50	1 320～1 570	1 470～1 710	1 570～1 810
5.00	1 320～1 570	1 470～1 710	1 570～1 810
5.50	1 270～1 520	1 470～1 710	1 570～1 810
6.00	1 220～1 470	1 420～1 660	1 520～1 760

弹簧材料的许用应力与材料的种类及弹簧类别有关。弹簧按载荷性质可分为三类：I 类弹簧为受变载荷循环次数 $N>10^6$ 或重要的弹簧；II 类弹簧为受变载荷循环次数 $N=10^3-10^5$ 或承受冲击载荷的弹簧。III 类弹簧为受变载荷循环次数碳素弹簧 $N<10^3$ 或基本是静载荷的弹簧。碳素弹簧钢按其力学性能可分为 B、C 和 D 级。B 级用于低应力弹簧，C 级用于中应力弹簧，D 级用于高应力弹簧。碳素弹簧钢丝的许用应力与弹簧的类别、级别和弹簧钢丝的直径有关，不同级别碳素弹簧钢丝的抗拉强度 σ_b 见表 18-3。

18.2.2　弹簧的制造

螺旋弹簧的制造过程包括：卷绕、两端加工、热处理和工艺性能试验等。为了提高承载能力，有时需要在弹簧制成后进行强压处理或喷丸处理。

螺旋弹簧的卷绕方法有冷卷法和热卷法两种。当弹簧丝直径 $d\leqslant 8\sim 10$ mm 或虽弹簧直径较大但易于卷绕时，用经过热处理后的弹簧丝在常温下直接卷制，故称为冷卷。经冷卷后，一般只需进行低温回火以消除在卷绕时产生的内应力。当弹簧丝直径 $d\geqslant 8\sim 10$ mm 或弹簧丝直径虽小于 $8\sim 10$ mm 但螺旋弹簧的直径较小时，则要在 $800\sim 1\,000$ ℃ 下卷制，故称为热卷。热卷后，必须进行淬火和中温回火处理。冷卷的压缩与拉伸螺旋弹簧分别用代号 Y 和 L 表示，而热卷的压缩与拉伸螺旋弹簧分别用代号 RY 和 RL 表示。

压缩弹簧为保证两端支承面与其轴线的垂直，应将端面并紧且磨平；拉伸和扭转弹簧的两端要制作成挂钩和工作臂,以便固定和加载。

工艺试验的目的是检查热处理是否合格,有无缺陷,是否符合规定的公差。一般对压缩弹簧在压力作用下使弹簧圈接触二、三次,对拉伸弹簧则用工作极限载荷进行拉伸。

强压处理是将弹簧在超过工作极限载荷下,持续强压后卸载。喷丸处理是用一定速度的喷射钢丸或铁丸撞击弹簧。这两种强化措施都能使簧丝表层产生与工作应力相反的残余应力。由于残余应力的方向和工作应力的方向相反,从而提高弹簧的承载能力。用于长期振动、高温或有腐蚀介质的弹簧,一般不应进行强压处理;拉伸弹簧一般不进行喷丸和强压处理。

18.3 圆柱螺旋压缩(拉伸)弹簧的设计计算

弹簧的设计主要是确定合理的几何参数,使其具有足够的强度和适宜的刚度及良好的稳定性,以满足工作要求。

18.3.1 圆柱螺旋弹簧的几何参数

图 18-1(a)、(b)分别为圆柱螺旋压缩和拉伸弹簧的基本几何参数。图中 d 为弹簧丝的直径,D 为弹簧的外径,D_2 为弹簧的中径,D_1 为弹簧的内径,α 为螺旋升角(一般为右旋),p 为节距,H_0 为自由高度(长度)。圆柱螺旋压缩弹簧在不受外载荷的自由状态下,各圈之间应留有一定的轴向间隙 δ,以便弹簧受压时,能产生相应的变形。考虑到在最大工作载荷作用下仍能保持一定的弹性,所以在弹簧受到最大压缩后相邻两圈之间仍留有一定的间隙 δ_1,通常 $\delta_1 = 0.1d \geqslant 0.2$ mm。圆柱螺旋拉伸弹簧制造时通常使各圈并紧,即在不受外载荷的自由状态下 $\delta = 0$。

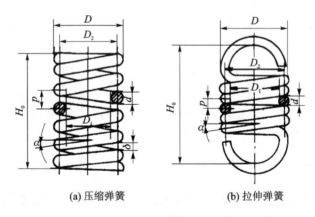

(a) 压缩弹簧 (b) 拉伸弹簧

图 18-1 圆柱螺旋弹簧的基本几何尺寸

圆柱螺旋压缩和拉伸弹簧几何参数的计算公式见表 18-4。

表 18-4 圆柱螺旋压缩和拉伸弹簧的几何参数计算公式

参数名称及代号	压缩弹簧	拉伸弹簧
弹簧丝直径 d	由强度计算公式确定	
弹簧中径 D_2	$D_2 = Cd$	

续表 18-4

参数名称及代号	压缩弹簧	拉伸弹簧
弹簧内径 D_1	$D_1=D_2-d$	
弹簧外径 D	$D=D_2+d$	
弹簧指数(旋绕比) C	$C=D_2/d$,一般 $4 \leqslant C \leqslant 16$	
螺旋升角 α	$\alpha=\arctan \dfrac{p}{\pi D_2}$,一般压缩螺旋弹簧取 $\alpha=5°\sim 9°$	
有效圈数 n	由刚度计算公式确定 $n \geqslant 2$	
节距 p	$p=(0.28\sim 0.5)D_2$	$p=d$
轴向间隙 δ	$\delta=p-d$	$\delta=0$
最小间隙 δ_1	$\delta_1 \geqslant 0.1d$	
弹簧丝展开长度 L	$L=\pi D_2 n_1/\cos \alpha$	$L=\pi D_2 n+$钩环展开长度
弹簧自由高度 H_0	两端并紧、磨平: $H_0=pn+(1.5\sim 2)d$ 两端并紧、不磨平: $H_0=pn+(3\sim 3.5)d$	$H_0=nd+$钩环轴向长度
总圈数 n_1	冷卷: $n_1=n+(2\sim 2.5)$ 热卷: $n_1=n+(1.5\sim 2)$	$n_1=n$
高径比 b	$b=H_0/D_2$	
并紧高度 H_s	磨平 $(1.5\sim 2)d$ 不磨平 $(3\sim 3.5)d$	

18.3.2 弹簧特性曲线

为了清晰地表明工作过程中弹簧的载荷与变形之间的关系,通常绘出载荷 F 与变形 h 的关系曲线,称为弹簧特性曲线。对于等节距的圆柱螺旋弹簧,其受载与变形成正比关系,因其特性曲线为一直线。它是弹簧的制造、检测和实验的依据之一。

图 18-2 所示圆柱螺旋压缩弹簧的特性曲线,H_0 为弹簧未受载荷时的自由高度。安装弹簧时,通常使弹簧预先承受初始载荷 F_1,使其可靠地稳定在安装位置上,F_1 称为弹簧的最小工作载荷。在 F_1 的作用下,弹簧的高度被压缩到 H_1,其压缩变形量为 h_1。F_{max} 为弹簧所受的最大工作载荷,在 F_{max} 作用下,弹簧高度被压缩到 H_2,其压缩变形量增加到 h_{max}。弹簧的工作行程 $H=h_{max}-h_1=H_1-H_2$。F_3 为弹簧的极限载荷,即在它的作用下,弹簧丝内的应力将达到弹簧材料的弹性极限,此时相应的弹簧高度为 H_3,压缩变形量为 h_3。

对于圆柱螺旋拉伸弹簧,按卷绕的方法不同,可分为无初拉应力和有初拉应力两种。图 18-3(b)为无初拉应力的特性曲线,它和压缩弹簧的特性曲线相同。图 18-3(c)为有初拉应力的特性曲线,这种弹簧在卷绕后各圈相互并紧并使弹簧在自由状态下便有初拉应力 F_0 的作用,其相应的拉伸假想变形量为 x。当受载荷时,首先要克服假想变形量 x,弹簧才开始伸长。由此可见,在相同拉力 F 的作用下,有初拉应力的弹簧的实际伸长量比无初拉应力的要小,所以可节省空间尺寸。一般情况下,当弹簧丝直径 $d \leqslant 5$ mm 时,初拉力 F_0 的值取 $F_0=\dfrac{1}{3}F_3$,当弹簧丝直径 $d>5$ mm 时,初拉力 F_0 的值取 $F_0=\dfrac{1}{4}F_3$。

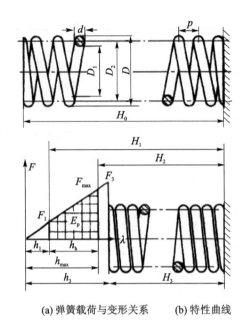

(a) 弹簧载荷与变形关系　　(b) 特性曲线

图 18-2　圆柱螺旋弹簧的特性曲线

螺旋弹簧的最小工作载荷通常取为 $F_1 \geqslant 0.2F_3$，对于有初拉应力的拉伸弹簧还应使 $F_1 > F_0$，F_0 为使具有预应力的拉伸弹簧开始变形时所需的初拉力；最大工作载荷通常取 $F_{max} \leqslant 0.8F_3$；故弹簧的工作变形量应取在 $(0.2 \sim 0.8)\lambda_{max}$ 范围内，以保持弹簧正常工作依据之一。

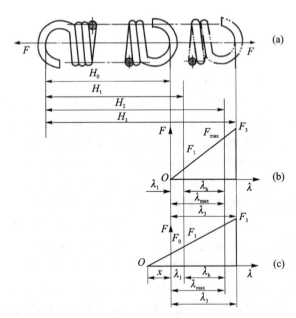

(a) 载荷与变形关系　　(b) 无初拉应力特性曲线　　(c) 有初拉应力特性曲线

图 18-3　圆柱螺旋拉伸弹簧的特性曲线

18.3.3 强度和刚度计算

1. 强度计算

在设计圆柱螺旋弹簧时,通常根据强度计算准则来确定弹簧的直径 D 和弹簧丝的直径 d,根据刚度准则确定弹簧的工作圈数 n。由于圆柱螺旋弹簧压缩(拉伸)弹簧的工作载荷均沿弹簧的轴线作用,因此它们的应力和变形计算都是相同的。现以圆柱螺旋压缩弹簧为例进行分析。

当压缩弹簧受轴向载荷 F 时,略去螺旋升角 α 的影响,作用在弹簧丝截面上的载荷有剪力(其值为 F_N)和转矩$\left(其值 \ T=F\dfrac{D_2}{2}\right)$。最大切应力发生在弹簧丝截面的内侧,如图 18-4 给出的 A 点。因该处弯曲特别厉害,所以最易发生断裂,其数值与强度条件为

$$\tau_{max} = \frac{8KFC}{\pi d^2} \leqslant [\tau] \tag{18-1}$$

于是弹簧丝直径的计算公式为

$$d \geqslant \sqrt{\frac{8KFC}{\pi[\tau]}} = 1.6\sqrt{\frac{KFC}{[\tau]}} \tag{18-2}$$

式中,C 是弹簧指数;d 是弹簧丝直径,单位为 mm;F 是弹簧所承受的最大工作载荷,单位为 N;$[\tau]$ 是弹簧材料的许用切应力,单位为 MPa,由表 18-2 和表 18-3 查取;K 是弹簧的曲度系数,考虑到弹簧丝的升角和曲率对弹簧丝中应力的影响,其值可按表 18-5 查取。

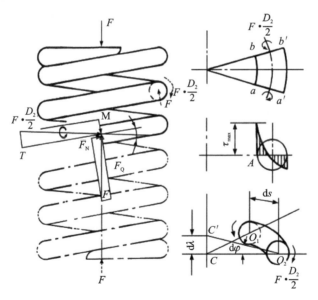

图 18-4 圆柱螺旋压缩弹簧的受力及应力分析

表 18-5 圆柱螺旋压缩和拉伸弹簧的曲度系数 K 值

弹簧指数 C	4	5	6	7	8	9	10	12	14
K	1.4	1.31	1.25	1.21	1.18	1.16	1.14	1.12	1.11

弹簧指数 C 是设计中的重要参数。C 值越大,弹簧越软(刚度小)易颤动;C 值太小,弹簧

过硬(刚度大),卷绕时簧丝弯曲强烈。C 值范围为 4～16,常用值为 5～8。

2. 刚度计算

刚度计算的目的是确定弹簧有效圈数 n,圆柱螺旋压缩(拉伸)弹簧的轴向变形量 λ 为

$$\lambda = \frac{8FC^3 n}{Gd} \tag{18-3}$$

式中:n 为弹簧的工作圈数;G 为弹簧材料的剪切模量,单位为 MPa,如表 18-2 所列。

弹簧刚度 k,是弹簧的主要参数之一,它表示弹簧单位变形所需的力

$$k = \frac{F}{\lambda} = \frac{Gd}{8C^3 n} \tag{18-4}$$

刚度越大,需要的力就越大,弹簧的弹力也就越大。

由式(18-3)或式(18-4)可确定弹簧的工作圈数

$$n = \frac{\lambda Gd}{8FC^3} = \frac{Gd}{8C^3 k} \tag{18-5}$$

n 通常圆整为 0.5 的倍数,且应大于 2。若计算的 n 与 0.5 的倍数相差较大时,应在圆整后再计算弹簧的实际刚度 k。

18.3.4 圆柱螺旋压缩弹簧的稳定性计算

当压缩弹簧高度较大时,受力后有可能失去稳定性,而发生侧弯现象,如图 18-5(a)所示。为了保证压缩弹簧的稳定性,弹簧的高径比 $b = H_0/D_2$ 应小于其许用值时,弹簧应在内侧加导向杆或在外侧加导向套如图 18-5(b),(c)。b 按下列情况选取:当两端固定时,b<5.3;当一端固定时,b<3.7;当两端自由转动时,b<2.6。

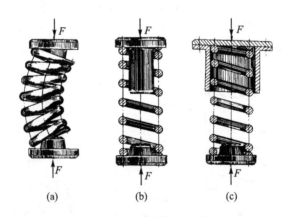

图 18-5 压缩弹簧的稳定性

18.3.5 弹簧的设计实例

设计弹簧时,通常是根据弹簧的最大载荷 F_2、最小工作载荷 F_1 及相应的变形,结构尺寸的限制和工作条件等,确定弹簧丝直径 d、工作圈数 n、弹簧中径 D_2 等尺寸,并绘制工作图。

例 18-1 试设计一圆柱螺旋压缩弹簧,弹簧丝剖面为圆形。已知最小载荷 $F_1 = 200$ N,最大载荷 $F_2 = 500$ N,工作行程 $h = 10$ mm,两端固定,$D = 28$ mm。

解：(1) 选择材料和许用应力

选用 C 级碳素弹簧钢丝,考虑到弹簧刚度取 $C=6$,由 $C=D_2/d=(D-d)/d$,求得 $d=4$ mm,查表 18-3,$\sigma_b=$ MPa,$[\tau]=0.4\sigma_b=0.4\times1520=608$ MPa。

由表 18-5 选取曲度系数 $K=1.25$。

(2) 按强度条件确定弹簧丝的直径

由式(18-2)得

$$d \geqslant \sqrt{\frac{8KF_2C}{\pi[\tau]}}=1.6\sqrt{\frac{KF_2C}{[\tau]}}=1.6\sqrt{\frac{1.25\times500\times6}{608}}=3.97$$

可知 $d=4$ mm 满足强度条件

(3) 按刚度条件计算有效工作圈数 n

$$k=\frac{F}{\lambda}=\frac{500-200}{10}=30 \text{ N/mm}$$

由式(18-5)可求得 n

$$n=\frac{\lambda Gd}{8F_2C^3}=\frac{Gd}{8C^3k}=\frac{8\times10^4\times4}{8\times6^3\times30}=6.17$$

取 $n=6.5$ 圈。考虑两端各并紧一圈,$n_1=n+2=8.5$。

(4) 稳定性计算

中径 $D_2=Cd=6\times4=24$ mm

节距 $p=(0.28\sim0.5)D_2=(6.72\sim12)$ mm 取 $p=8$ mm

弹簧自由高度 $H_0=pn+1.5d=(8\times6.5+1.5\times4)=58$ mm

高径比 $b=H_0/D_2=58/24=2.42$

采用两端固定 $b<5.3$,故不会失稳。

(5) 计算弹簧其他尺寸

外径 $D=D_2+d=24+4=28$ mm

内径 $D_1=D_2-d=24-4=20$ mm

螺旋升角 $\alpha=\arctan p/(\pi D_2)=\arctan 8/(\pi\times24)=5.48°$

基本满足 $\alpha=5°\sim9°$ 的范围。

轴向间距 $\delta=p-d=8-4=4$ mm

弹簧丝展开长度 $L=\pi D_2/n_1/\cos\alpha=\pi\times24\times8.5/\cos 5.48°=643.5$ mm

(6) 绘制弹簧零件工作图(略)

习 题

1. 简答题

(1) 弹簧有哪些用途?

(2) 影响弹簧刚度的因素有哪些?

2. 计算题

(1) 已知一圆柱螺旋压缩弹簧的簧丝直径 $d=6$ mm,中径 $D=30$ mm,有效圈数 $n=10$。采用Ⅱ组碳素弹簧钢丝,受变载荷作用次数在 $10^3\sim10^5$ 次。

① 求允许的最大工作载荷及变形量；

② 若端部采用磨平端支承圈结构时，如图 18-6(a)所示，求弹簧的并紧高度 H_s 和自由高度 H_0；

③ 验算弹簧的稳定性。

(2) 有两根尺寸完全相同的圆柱螺旋拉伸弹簧，一根没有初应力，一根有初应力，两根弹簧的自由高度 $H_0=80$ mm。现对有初应力的那根实测如下：第一次测定时，$F_1=20$ N，$H_1=100$ mm；第二次测定时，$F_2=30$ N，$H_2=120$ mm。试计算：

① 初拉力 F_0；

② 没有初应力的弹簧在 $F_2=30$ N 的拉力下，弹簧的高度。[提示：有初应力的拉伸弹簧比没有初应力的多了一段假想的变形量 x，如图 18-7 所示，也就是说前者在自由状态下具有一定初应力后。工作时，当外力大于初拉力 F_0 时，弹簧才开始伸长。]

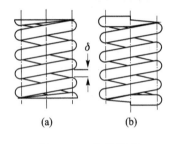

图 18-6　第①题图

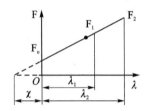

图 18-7　第②题图

(3) 一圆柱螺旋拉伸弹簧用于高压开关中，已知最大工作载荷 $F_2=2070$ N，最小工作载荷 $F_1=615$ N，弹簧丝直径 $d=10$ mm，外径 $D=90$ mm，有效圈数 $n=20$，弹簧材料为 60Si2Mn，载荷性质属于Ⅱ类。

① 在 F_2 作用时弹簧是否会断？求该弹簧能承受的极限载荷 F_{lim}；

② 求弹簧的工作行程。

3. 设计题

(1) 试设计一能承受冲击载荷的圆柱螺旋压缩弹簧。已知：$F_1=40$ N，$F_2=240$ N 工作行程 $\lambda=40$ mm，弹簧外径不大于 45 mm，中间有 $\varphi 30$ mm 的芯轴，用碳素弹簧钢丝Ⅱ组制造。

(2) 设计一圆柱螺旋压缩弹簧。已知：采用 $d=8$ mm 的钢丝制造，$D_2=48$ mm，该弹簧初始时为自由状态，将它压缩 40 mm 后，需要储能 25J。

① 求弹簧刚度；

② 若许用切应力为 400 MPa，问此弹簧的强度是否足够？

③ 求有效圈数 n。

(3) 试设计一受静载荷的圆柱螺旋压缩弹簧，要求所设计弹簧的尺寸尽可能小。已知条件如下：当弹簧承受载荷 $F_1=178$ N 时，其长度 $H_1=89$ mm，当 $F_2=1160$ N 时，$H_2=54$ mm，该弹簧使用时套在直径为 30 mm 的芯棒上，现有材料为 B 级碳素弹簧钢丝。

附录 A

表 A-1 使用系数 K_A

载荷状态	工作机器	原动机			
		发电机、均匀运转的蒸汽机、燃气轮机	蒸汽机、燃气轮机	多缸内燃机	单缸内燃机
均匀平稳	发电机、均匀传送的带式输送机或板式输送机、螺旋输送机、轻型升降机、包装机、通风机、均匀密度材料搅拌机	1.0	1.1	1.25	1.50
轻微冲击	不均匀传送的带式输送机或板式输送机、机床的主传动机构、重型升降机、工业与矿用风机、重型离心机、变密度材料搅拌机	1.25	1.35	1.5	1.75
中等冲击	橡胶挤压机、橡胶和塑料作间断的搅拌机、轻型球磨机、木工机械、钢坯初轧机、提升装置、单缸活塞泵等	1.50	1.60	1.75	2.00
严重冲击	挖掘机、重型球磨机、橡胶揉合机、破碎机、重型给水机、旋转式钻探装置、压砖机、带材冷轧机、压坯机等	1.75	1.85	2.00	2.25 或更大

注：表中所列值仅适用于减速传动，若为增速传动，应乘以 1.1 倍；
当外部的机械与齿轮装置间通过挠性件相连接时，K_A 可适当减小。

表 A-2 齿间载荷分配系数 K_α

$K_A F_t/b$		≥100 N/mm				<100 N/mm
精度等级 II 组		5	6	7	8	5 级或更高精度
经表面硬化的直齿轮	$K_{H\alpha}$	1.0		1.1	1.2	≥1.2
	$K_{F\alpha}$					
经表面硬化的斜齿轮	$K_{H\alpha}$	1.0	1.1	1.2	1.4	≥1.4
	$K_{F\alpha}$					
未经表面硬化的直齿轮	$K_{H\alpha}$	1.0			1.1	≥1.2
	$K_{F\alpha}$					
未经表面硬化的斜齿轮	$K_{H\alpha}$	1.0	1.1	1.2		≥1.4
	$K_{F\alpha}$					

表 A-3 接触疲劳强度计算用的齿向载荷分布系数 $K_{H\beta}$

类 型	精度等级	限制条件	小齿轮的支承位置	齿向载荷分布系数 $K_{H\beta}$
调质齿轮	6	—	对称 非对称 悬臂	$K_{H\beta}=1.11+0.18\psi_d^2+0.15\times10^{-3}b$ $K_{H\beta}=1.11+0.18(1+0.6\psi_d^2)\psi_d^2+0.15\times10^{-3}b$ $K_{H\beta}=1.11+0.18(1+6.7\psi_d^2)\psi_d^2+0.15\times10^{-3}b$
调质齿轮	7	—	对称 非对称 悬臂	$K_{H\beta}=1.12+0.18\psi_d^2+0.23\times10^{-3}b$ $K_{H\beta}=1.12+0.18(1+0.6\psi_d^2)\psi_d^2+0.23\times10^{-3}b$ $K_{H\beta}=1.12+0.18(1+6.7\psi_d^2)\psi_d^2+0.23\times10^{-3}b$
调质齿轮	8	—	对称 非对称 悬臂	$K_{H\beta}=1.15+0.18\psi_d^2+0.31\times10^{-3}b$ $K_{H\beta}=1.15+0.18(1+0.6\psi_d^2)\psi_d^2+0.31\times10^{-3}b$ $K_{H\beta}=1.15+0.18(1+6.7\psi_d^2)\psi_d^2+0.31\times10^{-3}b$
硬齿面齿轮	5	$K_{H\beta}\leqslant1.34$	对称 非对称 悬臂	$K_{H\beta}=1.05+0.26\psi_d^2+0.10\times10^{-3}b$ $K_{H\beta}=1.05+0.26(1+0.6\psi_d^2)\psi_d^2+0.10\times10^{-3}b$ $K_{H\beta}=1.11+0.18(1+6.7\psi_d^2)\psi_d^2+0.15\times10^{-3}b$
硬齿面齿轮	5	$K_{H\beta}>1.34$	对称 非对称 悬臂	$K_{H\beta}=0.99+0.31\psi_d^2+0.12\times10^{-3}b$ $K_{H\beta}=0.99+0.31(1+0.6\psi_d^2)\psi_d^2+0.12\times10^{-3}b$ $K_{H\beta}=0.99+0.31(1+6.7\psi_d^2)\psi_d^2+0.12\times10^{-3}b$
硬齿面齿轮	6	$K_{H\beta}\leqslant1.34$	对称 非对称 悬臂	$K_{H\beta}=1.05+0.26\psi_d^2+0.16\times10^{-3}b$ $K_{H\beta}=1.05+0.26(1+0.6\psi_d^2)\psi_d^2+0.16\times10^{-3}b$ $K_{H\beta}=1.05+0.26(1+6.7\psi_d^2)\psi_d^2+0.16\times10^{-3}b$
硬齿面齿轮	6	$K_{H\beta}>1.34$	对称 非对称 悬臂	$K_{H\beta}=1.0+0.31\psi_d^2+0.19\times10^{-3}b$ $K_{H\beta}=1.0+0.31(1+0.6\psi_d^2)\psi_d^2+0.19\times10^{-3}b$ $K_{H\beta}=1.0+0.31(1+6.7\psi_d^2)\psi_d^2+0.19\times10^{-3}b$

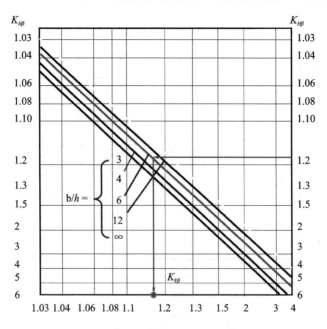

图 A-1 弯曲疲劳强度计算用的齿向载荷分布系数 $K_{F\beta}$

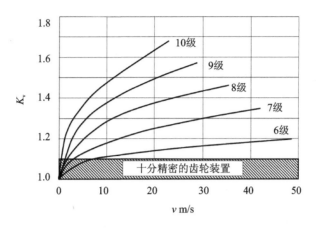

图 A-2 动载系数 K_v

表 A-4 弹性影响系数 Z_E $\text{MPa}^{1/2}$

齿轮材料	配对齿轮材料				
弹性模量 E/MPa	灰铸铁	球墨铸铁	铸钢	锻钢	夹布塑料
	1.18×10^4	17.3×10^4	20.2×10^4	20.6×10^4	0.785×10^4
锻钢	162.0	181.4	188.9	189.8	56.4
铸钢	161.4	180.5	188.0	—	—
球墨铸铁	156.6	173.9	—	—	—
灰铸铁	143.7	—	—	—	—

注：表中所列夹布塑料的泊松比 μ 为 0.5，其余材料的 μ 均为 0.3。

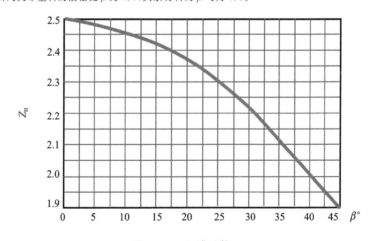

图 A-3 区域系数 Z_H

参考文献

[1] 濮良贵,纪名刚. 机械设计学习指南[M]. 4版. 北京:高等教育出版社,2001.

[2] 成大仙. 机械设计图册:第1卷[M]. 北京:化学工业出版社,2000.

[3] 全国链传动标准化技术委员会. 中国机械工业标准:链传动. 2卷. 北京:中国标准出版社,2002.

[4] 高健. 机械优化设计基础[M]. 北京:科学出版社,2000

[5] 冯守卫. 齿轮齿根应力、轮齿挠度、啮合刚度和端面载荷系统的研究[J]. 机械传动,2005:12~17.

[6] 虞烈. 可控磁悬浮转子系统[M]. 北京:科学出版社,2003.

[7] 吴宗泽. 机械结构设计准则与实例[M]. 北京:机械工业出版社,2006.

[8] 吴宗泽. 机械设计[M]. 2版. 北京:高等教育出版社,2008.

[9] 肖云龙. 创造学[M]. 长沙:湖南大学出版社,2004.

[10] 成大仙. 机械设计手册——常用工程材料[M]. 北京:化学工业出版社,2004.

[11] 濮良贵,陈国定. 机械设计[M]. 9版. 北京:高等教育出版社,2013.

[12] 成大仙. 机械设计手册[M]. 5版. 北京:化学工业出版社,2007.

[13] 徐灏. 设计手册[M]. 2版. 北京:机械工业出版社,2001.

[14] 全国弹簧标准化技术委员会. 中国机械工业标准汇编[M]. 2版. 北京:中国标准出版社,2003.

[15] 张展. 机械设计通用手册[M]. 北京:机械工业出版社,2008.

[16] 吴宗泽,罗圣国. 机械设计课程设计手册[M]. 4版. 北京:高等教育出版社,2012.

[17] 温诗铸,黄平. 摩擦学原理[M]. 3版. 北京清华大学出版社,2008.

[18] 机械设计手册编委会编. 机械设计手册[M]. 北京:机械工业出版社,2004.

[19] 庞振基,黄其胜. 精密机械设计[M]. 北京:机械工业出版社,2003

[20] 黄华梁,彭文生. 机械设计基础[M]. 北京:高等教育出版社,2001

[21] 张春林,等. 机械创新设计[M]. 北京:机械工业出版社,2005.

[22] 周明衡. 离合器、制动器选用手册[M]. 北京:化学工业出版社,2003.

[23] 陈屹. 现代设计方法及其应用[M]. 北京:国防工业出版社,2004.

[24] 蔡兴旺. 汽车构造与原理[M]. 北京:机械工业出版社,2004.

[25] 孙桓,陈作模. 机械原理[M]. 北京:高等教育出版社,2001.

[26] [美] 罗伯特,L·莫特. 机械设计中的机械零件[M]. 北京:机械工业出版社,2003

[27] 杨汝清. 现代机械设计——系统与结构[M]. 上海:上海科学技术文献出版社,2000.

[28] 材学熙. 现代机械设计方法实用手册[M]. 北京:化学工业出版社,2004.

[29] Robert, L. Mott. Machine Elements in Machine Design (third edition)[J]. Englewood: Prentice Hall, 2002.

[30] M. F. Spotts, T. E. shoup. Design of Machine Elements (seventh edition)[J]. Englewood: Prentice Hall, 2002.

[31] 潘存云,唐进元. 机械原理[M]. 2版. 长沙:中南大学出版社,2013.

[32] 王湘江,何哲明.机械原理课程设计[M].长沙:中南大学出版社,2013.
[33] 任济生.机械设计基础课程设计[M].北京:中国矿业大学出版社,2009.
[34] 李必文.机械精度设计与检测[M].长沙:中南大学出版社,2013.
[35] 刘江南,郭克希.机械设计基础[M].2版.长沙:湖南大学出版社,2013.